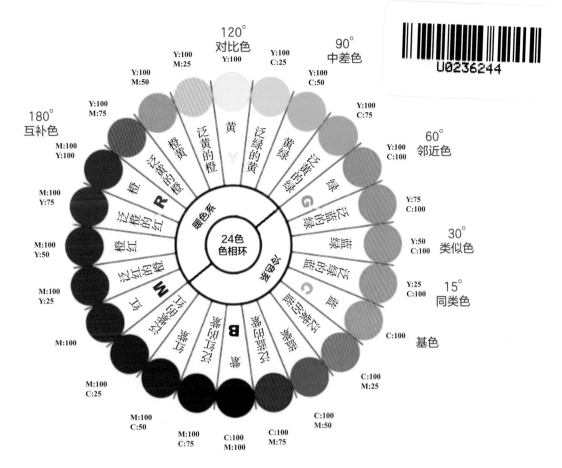

图3-5 色相环

**HOUSE PRICE INDEX FOR SELECTED CITIES**

Index:July 1998=100

300

200

100

July 1998　July 2004　July 2010　July 2016

— Toronto
— Vancouver
— New York
— Las Vegas
— Miami
— San Francisco

SOURCE:S&P/CASE SHILLER:TERANETHPI:MACLEAN'S

**CANADIAN HOUSE PRICES:STEADY GROWTH OR NEW BUBBLE?**

Index:July 1998=100

300

200

100

July 1998　July 2004　July 2010　July 2016

Vancouver

Toronto

San Francisco

Miami

New York

Las Vegas

SOURCE:S&P/CASE SHILLER:TERANETHPI:MACLEAN'S

图3-6 图表配色进行减法前（左图）和减法后（右图）对比

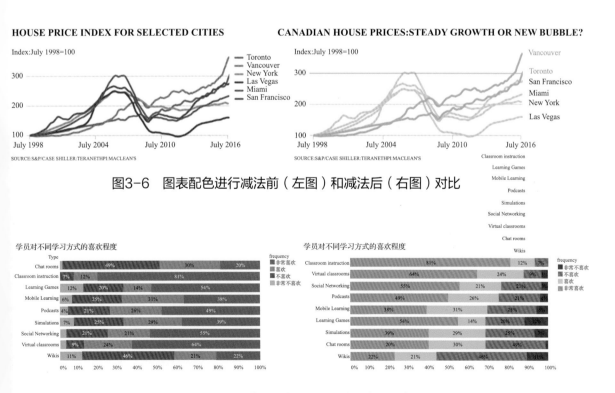

图3-7 无序图表（左图）和有序图表（右图）对比

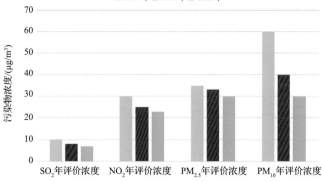

图3-8　配色误区——闪亮的霓虹色

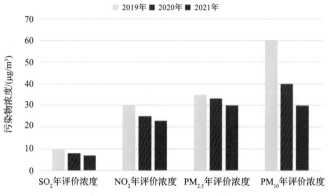

图3-9　配色误区——高饱和度配色

图3-10　配色误区——浅色+浅色

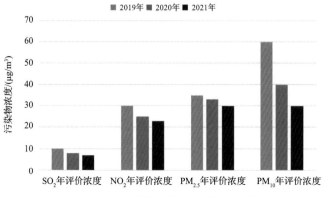

图3-11　配色误区——深色+深色

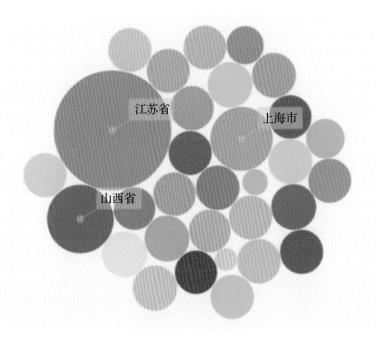

图3-21　聚合气泡图

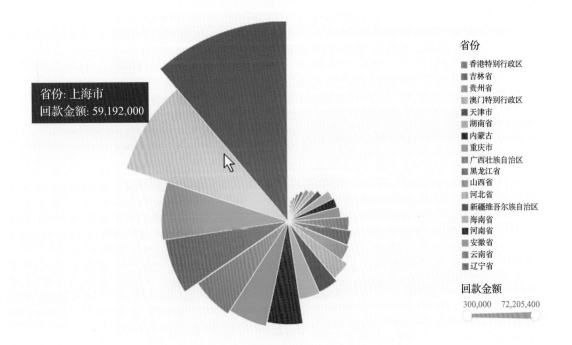

图3-22　南丁格尔玫瑰图

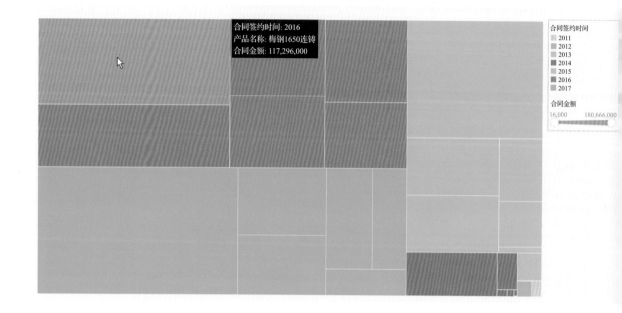

图3-24　矩形块图

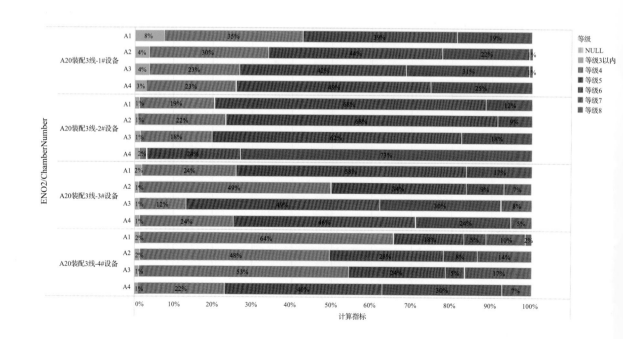

图3-25　百分比堆积柱形图

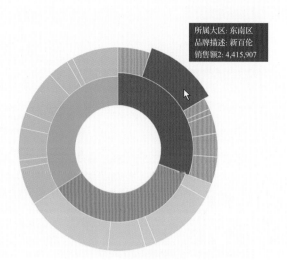

图3-26 多层饼图

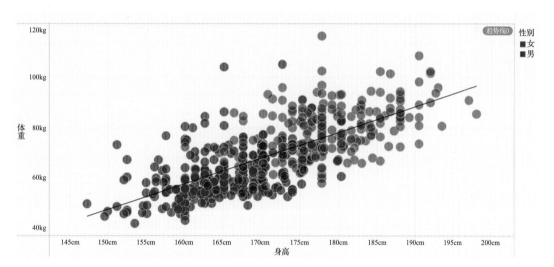

图3-31 散点图

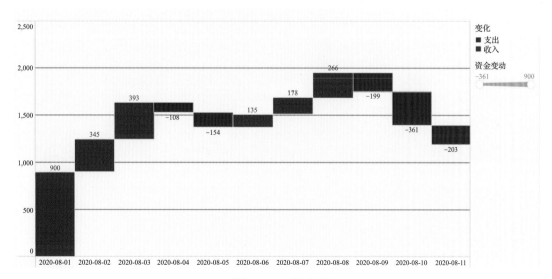

图3-32 瀑布图

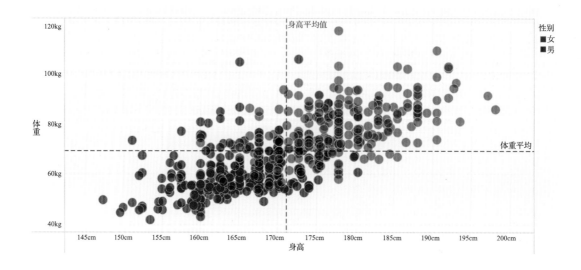

图3-33　散点图

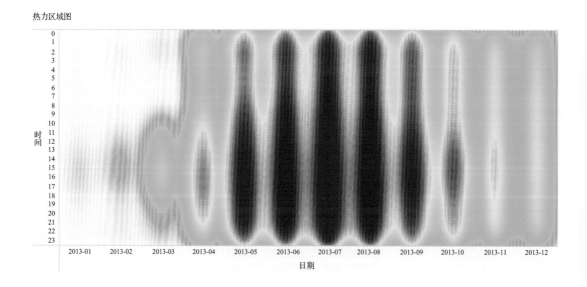

图3-34　热力区域图

高 等 职 业 教 育 教 材

# 环境监测数据管理与分析

林书乐　周俊　刘晓冰　主编

余宇帆　蔡宗平　王虎　副主编

柯钏跃　主审

化学工业出版社

·北京·

## 内容简介

本书为广东省佛山市南海区 2023 年职业教育重点规划教材。全书分为三个项目。项目一是环境监测数据管理部门典型工作任务手册，包括数据采集、数据有效性判别、数据报告、数据处理、数据汇总、数据评价、数据质量监督等。项目二是环境监测数据挖掘部门典型工作任务手册，包括数据抽样、数据描述、假设检验、相关性分析、回归分析等。项目三是环境监测数据可视化部门典型工作任务手册，包括检索数据可视化模板、绘制数据图表等。

本书充分体现了党的二十大精神进教材，贯彻生态文明思想，践行绿水青山就是金山银山的理念。推动绿色发展，促进人与自然和谐共生。本书落实了"立德树人"的根本任务：使用 WPS、帆软 Fine BI 等国产软件，有利于增强学生的家国情怀和保障数据安全；把安全意识、美学素养、科学态度和工匠精神与典型工作任务的知识和技能相融合，有利于实施课程思政；详细介绍软件操作，有利于提高学生的实战能力，便于教师实施翻转课堂；融入了 1＋X 电子商务数据分析职业技能等级证书的知识和技能点，有利于拓宽学生就业面、提升岗位适应能力、增强就业竞争力。

本书为高职高专、职教本科的环境保护类、水利大类相关专业的环境数据管理与应用教学用书，也适用于中等职业教育或作为岗位培训教材，还可供从事环境科学、数据分析等相关工作技术人员和研究人员参考。

**图书在版编目（CIP）数据**

环境监测数据管理与分析/林书乐，周俊，刘晓冰主编 . —北京：化学工业出版社，2023.8

ISBN 978-7-122-43391-6

Ⅰ.①环… Ⅱ.①林…②周…③刘… Ⅲ.①环境监测-数据处理-研究 Ⅳ.①X830.3

中国国家版本馆 CIP 数据核字（2023）第 091500 号

---

责任编辑：王文峡　　　　　　　　　文字编辑：师明远　刘　莎
责任校对：边　涛　　　　　　　　　装帧设计：韩　飞

---

出版发行：化学工业出版社（北京市东城区青年湖南街 13 号　邮政编码 100011）
印　　装：河北鑫兆源印刷有限公司
787mm×1092mm　1/16　印张 15¾　彩插 3　字数 384 千字　2023 年 9 月北京第 1 版第 1 次印刷

---

购书咨询：010-64518888　　　　　　售后服务：010-64518899
网　　址：http://www.cip.com.cn
凡购买本书，如有缺损质量问题，本社销售中心负责调换。

---

定　　价：49.80 元

# 前言

数据具有可复制、非消耗、边际成本接近于零等特性，能够为经济转型升级提供不竭动力，能够放大、叠加、倍增其他生产要素的作用。随着生态环境监测网络的建设和生态环境监测大数据平台的推进，环境监测数据正成为"提气、降碳、强生态，增水、固土、防风险"的关键要素。保障数据高质量、实现评价高质量、提升智慧分析应用能力是2020～2035年生态环境监测的核心工作，是人与自然和谐共生的必然要求，是解决人民日益增长的美好生活需要和不平衡不充分的发展之间的矛盾的重要举措。

环境监测数据管理与应用是一个利用政府数据实现污染源源头监管和生态环境质量考核、服务美丽中国建设的朝阳产业，需要一批政治素质高、业务能力强的复合型技术技能人才。因此，本书充分体现了党的二十大精神进教材，贯彻生态文明思想，践行绿水青山就是金山银山的理念。推动绿色发展，促进人与自然和谐共生。规范环境监测全过程，增强社会责任、法律责任意识等，坚持用最严格制度、最严密法治保护生态环境。本书落实了"立德树人"的根本任务：使用WPS、帆软Fine BI等国产软件，有利于培养家国情怀和保障数据安全意识；把安全意识、美学素养、科学态度和工匠精神与典型工作任务的知识和技能相融合，有利于实施课程思政；详细介绍软件操作，有利于提高学生的实战能力，便于教师实施翻转课堂；融入了1+X电子商务数据分析职业技能等级证书的知识和技能点，有利于拓宽学生就业面、提升岗位适应能力、增强就业竞争力。

本书为广东省佛山市南海区2023年职业教育重点规划教材。全书分为三个项目。项目一是环境监测数据管理部门典型工作任务手册，包括数据采集、数据有效性判别、数据报告、数据处理、数据汇总、数据评价、数据质量监督等。项目二是环境监测数据挖掘部门典型工作任务手册，包括数据抽样、数据描述、假设检验、相关性分析、回归分析等。项目三是环境监测数据可视化部门典型工作任务手册，包括检索数据可视化模板、绘制数据图表等。每个项目均由【学习目标】【引导案例】以及相应工作任务组成，每一个工作任务均设有【任务描述】【任务要求】【任务单】【任务资讯】【任务决策】【任务计划】【任务实施】【任务检查与评价】【教学反馈】【测试题】以及相关知识的二维码链接，每一个实操案例均提供原始数据和操作讲解视频。

本书由广东环境保护工程职业学院林书乐、周俊、刘晓冰担任主编，广东环境保护工程职业学院余宇帆、蔡宗平和杨凌职业技术学院王虎担任副主编。广东省生态环境监测中心高级工程师柯钊跃担任主审。具体编写分工如下：王虎编写项目一的任务一、任务二，余宇帆和广东柯内特环境科技有限公司谢浪辉编写项目一的任务三至任务五；刘晓冰编写项目一的任务六；深圳信息职业技术学院刘艳霖编写项目一的任务七；长沙环境保护职业技术学院郑立国、江西环境工程职业学院王秀林编写项目二的任务一；周俊和林书乐编写项目二的任务二至任务五；蔡宗平编写项目三的任务一；林书乐编写项目三的任务二。广东环境保护工程职业学院胡振华和钱伟、佛山市环境监测中心站陈婷婷为书稿提供了丰富案例、素材。

本书编写时参考了大量的文献资料，在此向作者及相关机构一并表示衷心感谢。

鉴于编者对高等职业教育的理解及专业水平有限，加之编写时间仓促，书中不妥之处在所难免，恳请读者批评指正。

编者

2023 年 2 月

# ⊕ 目 录

## 项目一  环境监测数据管理     1

| | |
|---|---|
| 学习目标 | 1 |
| 引导案例 | 1 |
| **任务一  数据采集关键环节识别** | **2** |
| 任务描述 | 2 |
| 任务要求 | 3 |
| 任务单 | 3 |
| 任务资讯 | 3 |
| 一、污染源自动监控（监测）系统 | 3 |
| 二、污染物在线监控（监测）系统 | |
|    数据传输 | 6 |
| 任务决策 | 14 |
| 任务计划 | 14 |
| 任务实施 | 15 |
| 任务检查与评价 | 15 |
| 教学反馈 | 15 |
| 测试题 | 16 |
| **任务二  数据有效性判别** | **16** |
| 任务描述 | 16 |
| 任务要求 | 17 |
| 任务单 | 17 |
| 任务资讯 | 18 |
| 一、水污染源在线监测数据有效性 | |
|    判别 | 18 |
| 二、地表水自动监测数据有效性 | |
|    判别 | 20 |
| 三、固定污染源烟气在线监测数据 | |
|    有效性判别 | 21 |
| 四、环境空气连续自动监测系统数 | |
|    据有效性判别 | 23 |
| 任务决策 | 25 |
| 任务计划 | 25 |

| | |
|---|---|
| 任务实施 | 26 |
| 任务检查与评价 | 26 |
| 教学反馈 | 27 |
| 测试题 | 27 |
| **任务三  数据报告** | **28** |
| 任务描述 | 28 |
| 任务要求 | 28 |
| 任务单 | 28 |
| 任务资讯 | 29 |
| 一、数据格式要求 | 29 |
| 二、数值修约规则 | 34 |
| 三、WPS 进行数据修约的方法 | 36 |
| 任务决策 | 39 |
| 任务计划 | 39 |
| 任务实施 | 39 |
| 任务检查与评价 | 40 |
| 教学反馈 | 40 |
| 测试题 | 41 |
| **任务四  数据处理** | **41** |
| 任务描述 | 41 |
| 任务要求 | 41 |
| 任务单 | 41 |
| 任务资讯 | 42 |
| 一、设备的性能指标 | 43 |
| 二、性能指标检测方法 | 45 |
| 三、WPS 完成颗粒物 CEMS 相关 | |
|    校准检测 | 58 |
| 任务决策 | 70 |
| 任务计划 | 71 |
| 任务实施 | 71 |
| 任务检查与评价 | 71 |

教学反馈 ············ 72

测试题 ············ 72

**任务五　数据汇总** ············ **73**

　　任务描述 ············ 73

　　任务要求 ············ 73

　　任务单 ············ 73

　　任务资讯 ············ 74

　　　一、数据汇总报表 ············ 74

　　　二、WPS完成某城市空气质量数据
　　　　　汇总 ············ 87

　　任务决策 ············ 100

　　任务计划 ············ 100

　　任务实施 ············ 100

　　任务检查与评价 ············ 101

　　教学反馈 ············ 101

　　测试题 ············ 102

**任务六　数据评价** ············ **102**

　　任务描述 ············ 102

　　任务要求 ············ 102

　　任务单 ············ 102

　　任务资讯 ············ 103

　　　一、评价标准 ············ 103

　　　二、评价方法 ············ 106

　　　三、极限数值的表示和判定方法 ···· 112

四、编制城市空气质量日报 ············ 114

五、评价城市年空气质量 ············ 115

六、制作空气质量日历 ············ 122

　　任务决策 ············ 123

　　任务计划 ············ 124

　　任务实施 ············ 124

　　任务检查与评价 ············ 124

　　教学反馈 ············ 125

　　测试题 ············ 125

**任务七　数据质量监督** ············ **126**

　　任务描述 ············ 126

　　任务要求 ············ 126

　　任务单 ············ 126

　　任务资讯 ············ 127

　　　一、《环境监测数据弄虚作假行为
　　　　　判定及处理办法》 ············ 127

　　　二、案例分析 ············ 129

　　任务决策 ············ 131

　　任务计划 ············ 131

　　任务实施 ············ 132

　　任务检查与评价 ············ 132

　　教学反馈 ············ 133

　　测试题 ············ 133

## 项目二　环境监测数据挖掘　　　　134

**学习目标** ············ 134

**引导案例** ············ 134

**任务一　数据抽样** ············ **134**

　　任务描述 ············ 134

　　任务要求 ············ 135

　　任务单 ············ 135

　　任务资讯 ············ 135

　　　一、总体和样本 ············ 136

　　　二、抽样调查 ············ 136

　　　三、生态环境统计调查 ············ 138

　　　四、绘制臭氧超标日和臭氧不超标
　　　　　日臭氧浓度小时变化特征图 ···· 144

　　任务决策 ············ 149

　　任务计划 ············ 149

　　任务实施 ············ 149

任务检查与评价 ············ 150

教学反馈 ············ 150

测试题 ············ 151

**任务二　数据描述** ············ **151**

　　任务描述 ············ 151

　　任务要求 ············ 151

　　任务单 ············ 151

　　任务资讯 ············ 152

　　　一、数据的类型 ············ 152

　　　二、数据的集中趋势 ············ 152

　　　三、数据的离散程度 ············ 154

　　　四、数据分布 ············ 154

　　　五、描述给定时间段12:00
　　　　　臭氧浓度特征 ············ 157

　　任务决策 ············ 160

　　任务计划 ……………………………… 160
　　任务实施 ……………………………… 160
　　任务检查与评价 ……………………… 161
　　教学反馈 ……………………………… 161
　　测试题 ………………………………… 162

**任务三　假设检验** **162**
　　任务描述 ……………………………… 162
　　任务要求 ……………………………… 162
　　任务单 ………………………………… 162
　　任务资讯 ……………………………… 163
　　　一、假设检验基本原理 …………… 163
　　　二、正态性检验 …………………… 164
　　　三、参数检验 ……………………… 166
　　　四、WPS 进行参数检验案例 ……… 168
　　　五、非参数检验 …………………… 170
　　　六、WPS 进行非参数检验案例 …… 173
　　任务决策 ……………………………… 177
　　任务计划 ……………………………… 177
　　任务实施 ……………………………… 178
　　任务检查与评价 ……………………… 178
　　教学反馈 ……………………………… 178
　　测试题 ………………………………… 179

**任务四　相关性分析** ………………… **179**
　　任务描述 ……………………………… 179
　　任务要求 ……………………………… 179
　　任务单 ………………………………… 180
　　任务资讯 ……………………………… 180

　　　一、变量之间的关系 ……………… 180
　　　二、相关性的表示方法 …………… 181
　　　三、相关系数的假设检验 ………… 182
　　　四、WPS 进行相关性分析案例 …… 184
　　任务决策 ……………………………… 185
　　任务计划 ……………………………… 185
　　任务实施 ……………………………… 186
　　任务检查与评价 ……………………… 186
　　教学反馈 ……………………………… 186
　　测试题 ………………………………… 187

**任务五　回归分析** …………………… **187**
　　任务描述 ……………………………… 187
　　任务要求 ……………………………… 187
　　任务单 ………………………………… 187
　　任务资讯 ……………………………… 188
　　　一、直线型回归 …………………… 188
　　　二、非直线型回归 ………………… 190
　　　三、回归决定系数 $R^2$ …………… 191
　　　四、WPS 进行一元线性回归 ……… 192
　　　五、WPS 进行多元线性回归 ……… 194
　　任务决策 ……………………………… 198
　　任务计划 ……………………………… 198
　　任务实施 ……………………………… 199
　　任务检查与评价 ……………………… 199
　　教学反馈 ……………………………… 199
　　测试题 ………………………………… 200

**项目三　环境监测数据可视化**　　　　　**201**

学习目标 …………………………………… 201
引导案例 …………………………………… 201

**任务一　检索数据可视化模板** ……… **201**
　　任务描述 ……………………………… 201
　　任务要求 ……………………………… 202
　　任务单 ………………………………… 202
　　任务资讯 ……………………………… 202
　　　一、数据可视化工具 ……………… 202
　　　二、优秀数据图表来源 …………… 204
　　　三、图表美学基础 ………………… 204
　　任务决策 ……………………………… 212
　　任务计划 ……………………………… 212

　　任务实施 ……………………………… 213
　　任务检查与评价 ……………………… 213
　　教学反馈 ……………………………… 213
　　测试题 ………………………………… 214

**任务二　绘制数据图表** ……………… **214**
　　任务描述 ……………………………… 214
　　任务要求 ……………………………… 214
　　任务单 ………………………………… 214
　　任务资讯 ……………………………… 215
　　　一、图表的类型 …………………… 215
　　　二、WPS 绘制箱形图 ……………… 226
　　　三、使用 Fine BI 制作数据大屏 …… 229

四、使用WPS制作互动图表············ 234

任务决策 ····························· 236

任务计划 ····························· 236

任务实施 ····························· 237

任务检查与评价 ····················· 237

教学反馈 ····························· 238

测试题 ······························· 238

测试题参考答案      **239**

参考文献      **240**

# 二维码一览表

| 序号 | 二维码名称 | 页码 |
|---|---|---|
| 1 | WPS 进行数据修约的方法——函数 1 | 38 |
| 2 | WPS 进行数据修约的方法——函数 2 | 38 |
| 3 | WPS 进行数据修约的方法——函数 3 | 38 |
| 4 | WPS 按小数位数修约的案例讲解视频 | 38 |
| 5 | WPS 进行数据修约的方法——函数 4 | 38 |
| 6 | WPS 进行数据修约的方法——函数 5 | 38 |
| 7 | WPS 进行数据修约的方法——函数 6 | 38 |
| 8 | WPS 按有效数字位数修约的案例讲解视频 | 38 |
| 9 | WPS 完成颗粒物 CEMS 相关校准检测讲解视频 | 65 |
| 10 | WPS 完成颗粒物 CEMS 相关校准检测——函数 1 | 65 |
| 11 | WPS 完成颗粒物 CEMS 相关校准检测——函数 2 | 65 |
| 12 | WPS 完成颗粒物 CEMS 相关校准检测——内插法讲解视频 | 65 |
| 13 | WPS 完成颗粒物 CEMS 相关校准检测——函数 3 | 65 |
| 14 | WPS 完成颗粒物 CEMS 相关校准检测——函数 4 | 65 |
| 15 | WPS 完成颗粒物 CEMS 相关校准检测——函数 5 | 67 |
| 16 | WPS 完成颗粒物 CEMS 相关校准检测——函数 6 | 67 |
| 17 | WPS 完成颗粒物 CEMS 相关校准检测——函数 7 | 67 |
| 18 | WPS 完成颗粒物 CEMS 相关校准检测——函数 8 | 67 |
| 19 | WPS 完成颗粒物 CEMS 相关校准检测——函数 9 | 67 |
| 20 | WPS 完成某城市空气质量数据汇总——实时报表讲解视频 | 93 |
| 21 | WPS 完成某城市空气质量数据汇总——函数 1 | 95 |
| 22 | WPS 完成某城市空气质量数据汇总——函数 2 | 95 |
| 23 | WPS 完成某城市空气质量数据汇总——函数 3 | 95 |
| 24 | WPS 完成某城市空气质量数据汇总——函数 4 | 95 |
| 25 | WPS 完成某城市空气质量数据汇总——函数 5 | 95 |
| 26 | WPS 完成某城市空气质量数据汇总——函数 6 | 96 |
| 27 | WPS 完成某城市空气质量数据汇总——函数 7 | 96 |
| 28 | WPS 完成某城市空气质量数据汇总——函数 8 | 96 |
| 29 | WPS 完成某城市空气质量数据汇总——函数 9 | 96 |
| 30 | WPS 完成某城市空气质量数据汇总——函数 10 | 96 |
| 31 | WPS 完成某城市空气质量数据汇总——函数 11 | 96 |
| 32 | WPS 完成某城市空气质量数据汇总——函数 12 | 96 |
| 33 | WPS 完成某城市空气质量数据汇总——函数 13 | 96 |
| 34 | WPS 完成某城市空气质量数据汇总——函数 14 | 98 |
| 35 | WPS 完成某城市空气质量数据汇总——函数 15 | 98 |
| 36 | WPS 完成某城市空气质量数据汇总——函数 16 | 98 |
| 37 | WPS 完成某城市空气质量数据汇总——函数 17 | 98 |
| 38 | WPS 完成某城市空气质量数据汇总——函数 18 | 99 |
| 39 | WPS 完成某城市空气质量数据汇总——函数 19 | 99 |
| 40 | WPS 完成某城市空气质量数据汇总——AQI 讲解视频 | 99 |
| 41 | WPS 完成某城市空气质量数据汇总——日报表讲解视频 | 99 |
| 42 | 编制城市空气质量日报讲解视频 | 114 |
| 43 | 编制城市空气质量日报——函数 1 | 114 |
| 44 | 编制城市空气质量日报——函数 2 | 115 |
| 45 | 编制城市空气质量日报——函数 3 | 115 |
| 46 | 评价城市年空气质量——函数 1 | 116 |
| 47 | 评价城市年空气质量——数据计算 | 117 |

| 序号 | 二维码名称 | 页码 |
|---|---|---|
| 48 | 评价城市年空气质量——环形图 | 117 |
| 49 | 评价城市年空气质量——条形图 | 117 |
| 50 | WPS 制作空气质量日历视频 | 122 |
| 51 | 制作空气质量日历——WPS 代码 | 122 |
| 52 | Excel 制作空气质量日历 | 122 |
| 53 | 制作空气质量日历——Excel 代码 | 122 |
| 54 | 绘制臭氧超标日和臭氧不超标日浓度小时变化特征图——数据处理视频 | 144 |
| 55 | 绘制臭氧超标日和臭氧不超标日浓度小时变化特征图——函数 1 | 144 |
| 56 | 绘制臭氧超标日和臭氧不超标日浓度小时变化特征图——函数 2 | 144 |
| 57 | 绘制臭氧超标日和臭氧不超标日浓度小时变化特征图视频 | 147 |
| 58 | 描述给定时间段 12:00 臭氧浓度特征——数据处理视频 | 157 |
| 59 | 描述给定时间段 12:00 臭氧浓度特征——绘图视频 | 158 |
| 60 | 正态性检验——KS 法视频 | 164 |
| 61 | 正态性检验——PP 图视频 | 165 |
| 62 | WPS 进行参数检验案例视频 | 168 |
| 63 | WPS 进行非参数检验案例——案例 1 和案例 2 视频 | 173 |
| 64 | WPS 进行非参数检验案例——案例 3 视频 | 175 |
| 65 | WPS 进行相关性分析案例视频 | 184 |
| 66 | WPS 进行一元线性回归视频 | 192 |
| 67 | WPS 进行多元线性回归视频 | 194 |
| 68 | WPS 绘制箱形图视频 | 226 |
| 69 | 使用 Fine BI 制作数据大屏——效果及数据准备 | 229 |
| 70 | 使用 Fine BI 制作数据大屏——仪表板、过滤组件和其他组件视频 | 230 |
| 71 | 使用 Fine BI 制作数据大屏——地图分布图制作视频 | 231 |
| 72 | 使用 Fine BI 制作数据大屏——仪表盘制作视频 | 231 |
| 73 | 使用 Fine BI 制作数据大屏——排序柱状图视频 | 232 |
| 74 | 使用 Fine BI 制作数据大屏——词云图视频 | 233 |
| 75 | 使用 Fine BI 制作数据大屏——发布产品给客户操作视频 | 234 |
| 76 | 使用 WPS 制作互动图表视频 | 234 |
| 77 | 测试题参考答案 | 239 |

# 环境监测数据管理

 学习目标

| | |
|---|---|
| 知识目标 | 1. 掌握数据采集岗、数据有效性判别岗、数据报告岗、数据处理岗、数据汇总岗、数据评价岗、数据质量监督岗等岗位的工作方法和技能；<br>2. 理解污染源在线自动监控（监测）数据采集传输仪技术要求、污染物在线监控（监测）系统数据传输标准、数据格式要求、数值修约规则、设备的性能指标、性能指标检测方法、数据汇总报表、环境监测数据弄虚作假行为判定及处理办法；<br>3. 熟悉水污染源在线监测数据有效性判别、地表水自动监测数据有效性判别、固定污染源烟气在线监测数据有效性判别、环境空气连续自动监测系统数据有效性判别、评价标准和评价方法、极限数值的表示和判定方法；<br>4. 了解数据管理相关新技术和数据质量监督相关案例 |
| 能力目标 | 能使用 WPS 进行数据修约、完成颗粒物 CEMS 相关校准检测、完成某城市空气质量数据汇总、编制城市空气质量日报、评价城市年空气质量、制作空气质量日历 |
| 素质目标 | 1. 培养数据安全意识、严谨的科学态度和精益求精的工匠精神；<br>2. 提升与人交流、与人合作、信息处理的能力 |

引导案例

　　小明刚入职某在线监测服务商的数据管理部门，在完成《中华人民共和国数据安全法》《中华人民共和国保守国家秘密法》《中华人民共和国反不正当竞争法》以及公司保密制度的培训后，需要在数据采集岗、数据有效性判别岗、数据报告岗、数据处理岗、数据汇总岗、数据评价岗、数据质量监督岗等岗位见习，并接受领导考察。

　　小明在工作中发扬坚持真理、坚守理想，践行初心、担当使命等精神，为公奉献精神，办事公平正义，赢得领导和同事的赞赏。

# 任务一　数据采集关键环节识别

## 任务描述

小明根据水污染源在线监测系统（如图 1-1）和烟气在线监测系统（如图 1-2）的结构，系统地分析了在线监测数据采集的关键环节。

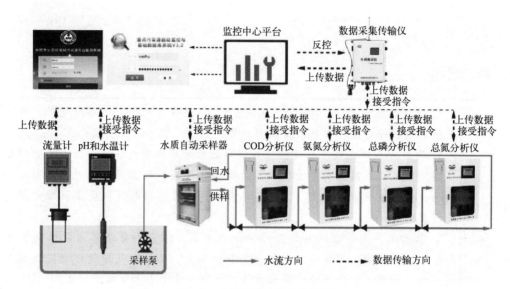

图 1-1　水污染源在线监测系统

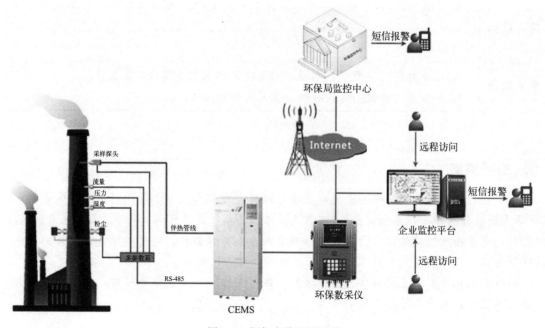

图 1-2　烟气在线监测系统

## 任务要求

根据任务单要求进行任务计划及实施。

 ## 任务单

根据任务描述，本任务需要完成对在线监测数据采集的关键环节的识别。具体任务要求可参照任务单。

任务单

| 项目名称 | 环境监测数据管理 |
|---|---|
| 任务名称 | 数据采集关键环节识别 |
| 任务要求 | 1. 任务开展要求：<br>(1)分组讨论任务实施方案，每组3～5人；<br>(2)所需资料自行收集。<br>2. 完成资料收集与整理。<br>3. 提交在线监测数据采集的关键环节报告并汇报 |
| 任务准备 | 1. 知识准备：<br>(1)《污染源在线自动监控(监测)数据采集传输仪技术要求》(HJ 477—2009)；<br>(2)《污染物在线监控(监测)系统数据传输标准》(HJ 212—2017)。<br>2. 工具及设备支持：<br>计算机 |
| 工作步骤 | 1. 小组讨论分工。<br>2. 小组合作完成资料的收集与整理。<br>3. 小组合作完成报告结构的商定。<br>4. 小组分工完成报告的编写。<br>5. 小组分工完成汇报PPT的编制 |
| 总结与提高 | 1. 自我总结：<br>(1)请对每个组员的工作作风进行相互评价；<br>(2)请分析组内分工的合理性。<br>2. 拓展提高：<br>通过提交报告,进一步明确报告编写的规范性 |

 ## 任务资讯

# 一、污染源自动监控（监测）系统

## 1. 总体结构

污染源自动监控（监测）系统是由对污染源主要污染物排放实施监控的数据收集子系统和信息综合子系统组成的系统。

污染物在线监控（监测）系统从底层逐级向上可分为现场机、传输网络和上位机三个层次。上位机通过传输网络与现场机进行通信（包括发起、数据交换、应答等）。其中，上位机是指安装在各级环保部门，有权对数据采集传输仪发送规定的指令、接收数据采集传输仪的数据和对数据进行处理的系统，包括计算机信息终端设备、监控中心系统等；现场机是安装在污染物监测点现场及影响污染物排放的工艺节点，用于监控、监测污染物排放状况和过程参数并完成与上位机通信传输的设备，包括污染物监控（监测）仪器、流量（速）计、污染治理设施运行记录仪和数据采集传输仪等，例如安装于监测站点的流量计、COD监测仪、烟气监测仪等在线自动监测仪表。

污染物在线监控（监测）系统有两种构成方式：

（1）一台（套）现场机集自动监控（监测）、存储和通信传输功能于一体，可直接通过传输网络与上位机相互作用，如图1-3所示。

图1-3　无数采仪的系统构成方式　　　　图1-4　有数采仪的系统构成方式

（2）现场有一套或多套监控仪器仪表，监控仪器仪表具有数字输出接口，连接到独立的数据采集传输仪（数采仪），上位机通过传输网络与数采仪进行通信（包括发起、数据交换、应答等），如图1-4所示。

### 2. 数据采集传输仪

数据采集传输仪是指用于采集、存储各种类型监测仪表的数据，并具有向上位机传输数据功能的单片机系统、工控机、嵌入式计算机、可编程自动化控制器或可编程控制器等。它是数据传输网络的核心模块。

数据采集传输仪工作原理：数据采集传输仪通过数字通道、模拟通道、开关量通道采集监测仪表的监测数据、状态等信息，然后通过传输网络将数据、状态传输至上位机；上位机通过传输网络发送控制命令，数据采集传输仪根据命令控制监测仪表工作。其中，数字通道指数据采集传输仪的数字输入、输出通道，用于接收监测仪表的数据、状态和向监测仪表发送控制指令，实现数据采集传输仪与监测仪表的双向数据传输；模拟通道指数据采集传输仪的模拟输入通道，用于采集监测仪表等的模拟输出信号；开关量通道指数据采集传输仪的开关量输入通道，用于采集污染治理设施等的运行状态。

数据采集传输仪从功能上可分为数据采集单元、数据存储单元、数据传输单元、电源单元、接线单元、显示单元和壳体组成。

（1）数据采集单元　数据采集单元应满足如下要求：

① 应至少具备5个RS232（或RS485）数字输入通道，用于连接监测仪表，实现数据、命令双向传输。

② 应至少具备8个模拟量输入通道，应支持4～20mA电流输入或1～5V电压输入，应至少达到12位分辨率。

③ 应至少具备4个开关量输入通道，用于接入污染治理设施工作状态。开关量电压输

入范围为 0～5V。

（2）数据存储单元　用于存储所采集到的监测仪表的实时数据和历史数据，存储容量应符合表 1-1 的要求，存储单元应具备断电保护功能，断电后所存储数据应不丢失。数据采集传输仪必须能够在供电（特别是断电后重新供电）后可靠地自动启动运行，并且所存数据不丢失。

（3）数据传输单元　数据传输单元应采用可靠的数据传输设备，保证连续、快速、可靠地进行数据传输；与上位机的通信协议应符合 HJ 212 要求，通信方式应至少具备无线传输方式、以太网方式、有线方式中的一种。

数据采集传输仪应具有数据导出功能，可通过磁盘、U 盘、存储卡或专用软件导出数据。

（4）电源单元　负责将 220V 交流电转换为直流电，为控制主板提供电源，要求具备防浪涌、防雷击功能，要求在输入电压变化±15％条件下保持输出不变。同时，仪器应自带备用电池或配装不间断电源（UPS），在外部供电切断情况下能保证数据采集传输仪连续工作6h，并且在外部电源断电时自动通知上位机或维护人员。

（5）接线单元　用于实现监测仪表与数据采集传输仪的连接，要求采用工业级接口，接线牢靠、方便，便于拆卸，接线头应被相对密封，防止接线头腐蚀、生锈和接触不良。

（6）显示单元　数据采集传输仪应自带显示屏，应能显示所连接监测仪表的实时数据、小时均值、日均值和月均值，还应能够显示污染物的小时总量、日总量和月总量。数据采集传输仪的小时数据是指以 1h 为单位采集并存储的数据，其中包括 1h 内的平均值、最大值、最小值等。

（7）壳体　数据采集传输仪壳体应坚固，应采用塑料、不锈钢或经处理的烤漆钢板等防腐材料制造。壳体应密封，以防水、灰尘、腐蚀性气体进入壳体腐蚀控制电路。

数据采集传输仪表面不应有明显划痕、裂缝、变形和污染，仪器表面涂镀层应均匀，不应起泡、龟裂、脱落和磨损。数据采集传输仪适应温度、湿度环境的能力应符合 GB/T 17214.1 中 B 类场所的要求，抗振动性能应符合 GB/T 17214.2 的要求，抗电磁干扰能力应符合 GB/T 17626 的有关要求。

在环境温度为 5～40℃、相对湿度为 90％以下、大气压力为 86～106kPa、电源电压为220V±22V、电源频率为 50Hz±0.5Hz 的条件下，数据采集传输仪性能指标应符合表 1-1的要求。测试时，将数据采集传输仪安装好，与监测仪表、传输模块连接好，数字输入通道、模拟输入通道、开关量输入通道至少各接一路，并按照数据采集传输仪说明书要求完成相关设置，且加电预热。

**表 1-1　数据采集传输仪性能指标**

| 项目 | 性能要求 | 检测方法 |
|---|---|---|
| 通信协议 | 符合 HJ 212 要求 | 分别测试 HJ 212 中规定的初始化命令、参数命令、数据命令和控制命令，数据采集传输仪的响应应符合 HJ 212 的规定。 |
| 数据采集误差 | ≤1‰ | 将监测仪表（可用标准电流源模拟）的模拟输出信号通过模拟通道接入到数据采集传输仪，然后通过上位机察看实时数据，在监测仪表的量程范围内改变数据，分别记录三次数据的监测仪表显示值 $VS_1$、$VS_2$、$VS_3$ 和上位机显示值$VT_1$、$VT_2$、$VT_3$，按下式计算采集误差 $\Delta V$：$\Delta V = Max(\lvert(VT_1-VS_1)\rvert, \lvert(VT_2-VS_2)\rvert, \lvert(VT_3-VS_3)\rvert)/M \times 1000‰$<br>其中：$M$——监测仪表的测量范围（量程）；<br>$VT_1$、$VT_2$、$VT_3$——上位机显示值；<br>$VS_1$、$VS_2$、$VS_3$——监测仪表显示值 |

| 项目 | 性能要求 | 检测方法 |
|---|---|---|
| 系统时钟计时误差 | ±0.5‰ | 按照说明书根据标准时钟对数据采集传输仪进行对时,连续运行 48h,计算数据采集传输仪走过的时间 $T_h$(s)和标准时钟走过的时间 $T_s$(s),按下式计算计时误差 $\Delta t$: $\Delta t = (T_h - T_s)/T_s \times 1000‰$ |
| 存储容量 | 至少存储 14400 条记录 | 将数据采集传输仪连接好,按 1min 间隔存储数据,记录污染物浓度、流量和总量 3 个参数,不断电连续运行 80h,在上位机提取分钟历史数据,应能完整显示 80h 3 个参数的分钟数据(共 14400 条记录) |
| 控制功能 | 能通过上位机控制监测仪表进行即时采样和设置采样时间 | 将间歇采样的监测仪表通过数字通道与数据采集传输仪连接,在上位机发送即时采样控制指令,监测仪表应能正确响应;通过上位机设置监测仪表的采样时间,监测仪表应该能按照设定时间进行采样 |
| 平均无故障连续运行时间(MTBF) | 1440h 以上 | 将数据采集传输仪连接好,以 1h 为单位存储数据,在规定的检测条件下,不断电连续运行 60d,运行期间应无任何故障;从上位机提取历史数据,应能完整显示 60d 的小时数据 |
| 绝缘阻抗 | 20MΩ 以上 | 在正常环境下,关闭数据采集传输仪电路状态,采用计量检定合格的阻抗计(直流 500V 绝缘阻抗计)测量电源相与机壳(接地端)之间的绝缘阻抗 |

此外,数据采集传输仪还要满足以下要求。

(1) 应至少具备下列通信方式之一。

① 无线传输方式,通过 GPRS、CDMA 等无线方式与上位机通信,数据采集传输仪应能通过串行口与任何标准透明传输的无线模块连接。

② 以太网方式,直接通过局域网或 Internet 与上位机通信。

③ 有线方式,通过电话线、ISDN 或 ADSL 方式与上位机通信。

(2) 数据采集传输仪应具有看门狗复位功能,防止系统死机。

(3) 数据采集传输仪如果采用工控机,应具有硬件/软件防病毒、防攻击机制。

(4) 数据采集传输仪应具备保密功能,能设置密码,通过密码才能调取相关的数据资料。

(5) 应在数据采集传输仪外壳的显著位置按国家有关规定标示以下事项:数据采集传输仪的名称和型号、使用环境温度范围、电源类别和容量、生产企业名称和地址、生产日期和生产批号。

(6) 数据采集传输仪的操作说明书应至少说明以下事项:安装场所的选择、适用环境、信号输入类型、使用方法、维护检查方法、常见故障的解决方法、其他使用上应注意的事项。

## 二、污染物在线监控(监测)系统数据传输

### 1. 传输协议的层次

现场机与上位机通信接口应满足选定的传输网络的要求,数据传输协议对应于 ISO/OSI 定义的协议模型的应用层,在基于不同传输网络的现场机与上位机之间提供交互通信。协议结构如图 1-5 所示。

(1) 基础传输层建构在 TCP/IP 协议上,而 TCP/IP 协议适用于如下通信介质:通用分组无线业务(general packet radio service,缩写 GPRS)、非对称数字用户线(asymmetric digital subscriber line,缩写 ADSL)、码分多址(code-division multiple access,缩写 CD-MA)、宽带码分多址(wideband CDMA,缩写 WCDMA)、时分同步 CDMA(time divi-

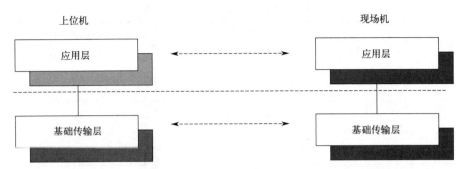

图 1-5 数据传输通信协议结构

sion-synchronous CDMA，缩写 TD-SCDMA）、宽带 CDMA 技术（CDMA2000）、电力线通信（power-line communication，缩写 PLC）、分时长期演进（time division long term evolution 缩写 TD-LTE）、频分双工长期演进（frequency division duplex long term evolution，缩写 FDD-LTE）、全球微波接入互操作性（Worldwide Interoperability for Microwave Access，缩写 WiMax）。

（2）应用层依赖于基础传输层，基础传输层采用 TCP/IP 协议（TCP/IP 协议有 4 层，即网络接口层、网络层、传输层、应用层），TCP/IP 协议建构在所选用的传输网络上，由 TCP/IP 协议中的网络接口层实现与传输网络的接口，一般在线监测系统的应用层替代 TCP/IP 协议中的应用层（只用其三层），整个应用层的协议和具体的传输网络无关，与通信介质无关。

### 2. 通信协议的分类

（1）应答模式　完整的命令由请求方发起、响应方应答组成，具体步骤如下。

① 请求方发送请求命令给响应方。

② 响应方接到请求后，向请求方发送请求应答（握手完成）。

③ 请求方收到请求应答后，等待响应方回应执行结果；如果请求方未收到请求应答，按请求回应超时处理。

④ 响应方执行请求操作。

⑤ 响应方发送执行结果给请求方。

⑥ 请求方收到执行结果，命令完成；如果请求方没有接收到执行结果，按执行超时处理。

（2）超时重发机制

① 请求回应的超时：

a. 一个请求命令发出后在规定的时间内未收到回应，视为超时；

b. 超时后重发，重发超过规定次数后仍未收到回应视为通信不可用，通信结束；

c. 超时时间根据具体的通信方式和任务性质可自定义；

d. 超时重发次数根据具体的通信方式和任务性质可自定义。

② 执行超时：请求方在收到请求回应（或一个分包）后规定时间内未收到返回数据或命令执行结果，认为超时，命令执行失败，请求操作结束。

缺省超时及重发次数定义（可扩充）如表 1-2 所示。

表 1-2 缺省超时及重发次数定义表

| 通信类型 | 缺省超时定义/s | 重发次数 |
|---|---|---|
| GPRS | 10 | 3 |
| CDMA | 10 | 3 |
| ADSL | 5 | 3 |
| WCDMA | 10 | 3 |
| TD-SCDMA | 10 | 3 |
| CDMA2000 | 10 | 3 |
| PLC | 10 | 3 |
| TD-LTE | 10 | 3 |
| FDD-LTE | 10 | 3 |
| WiMax | 10 | 3 |

### 3. 通信协议数据结构

所有的通信包都是由 ASCII 码（汉字除外，采用 UTF-8 码，8 位，1 字节）字符组成。通信协议数据结构如图 1-6 所示。通信包结构组成见表 1-3。

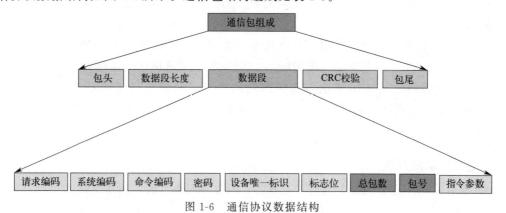

图 1-6 通信协议数据结构

表 1-3 通信包结构组成表

| 名称 | 类型 | 长度 | 描述 |
|---|---|---|---|
| 包头 | 字符 | 2 | 固定为＃＃ |
| 数据段长度 | 十进制整数 | 4 | 数据段的 ASCII 字符数，例如：长 255，则写为"0255" |
| 数据段 | 字符 | 0~1024 | 变长的数据，详见表 1-4 |
| CRC 校验 | 十六进制整数 | 4 | 数据段的校验结果，CRC 校验算法见 HJ 212—2017 的附录 A。接收到一条命令，如果 CRC 错误，执行结束 |
| 包尾 | 字符 | 2 | 固定为<CR><LF>（回车，换行） |

数据段结构组成见表 1-4，其中"长度"包含字段名称、'＝'、字段内容三部分内容。

表 1-4 数据段结构组成表

| 名称 | 类型 | 长度 | 描述 |
|---|---|---|---|
| 请求编码 QN | 字符 | 20 | 精确到毫秒的时间戳：QN＝YYYYMMDDhhmmsszzz，用来唯一标识一次命令交互 |
| 系统编码 ST | 字符 | 5 | ST＝系统编码，系统编码取值详见 HJ 212—2017 中 6.6.1 的表 5。<br>10~29 表示环境质量类别；<br>30~49 表示环境污染源类别；<br>50~69 表示工况类别；<br>91~99 表示系统交互类别；<br>A0~Z9 用于未知系统编码扩展 |

| 名称 | 类型 | 长度 | 描述 |
|---|---|---|---|
| 命令编码 CN | 字符 | 7 | CN＝命令编码,命令编码取值详见 HJ 212—2017 中 6.6.5 的表 9。<br>命令编码用 4 位阿拉伯数字表示。<br>1000～1999 表示初始化命令和参数命令编码;<br>2000～2999 表示数据命令编码;<br>3000～3999 表示控制命令编码;<br>9000～9999 表示交互命令编码 |
| 访问密码 | 字符 | 9 | PW＝访问密码 |
| 设备唯一标识 MN | 字符 | 27 | MN＝设备唯一标识,这个标识固化在设备中,用于唯一标识一个设备。<br>MN 由 EPC-96 编码转化的字符串组成,即 MN 由 24 个 0～9,A～F 的字符组成 |
| 拆分包及应答<br>标志 Flag | 整数<br>(0～255) | 8 | Flag＝标志位,这个标志位包含标准版本号、是否拆分包、数据是否应答。<br>V5～V0:标准版本号;Bit:000000 表示标准 HJ/T 212—2005,000001 表示 HJ 212—2017。<br>A:命令是否应答;Bit:1-应答,0-不应答。<br>D:是否有数据包序号;Bit:1-数据包中包含包号和总包数两部分,0-数据包中不包含包号和总包数两部分。<br>示例:Flag＝7 表示标准版本为本次修订版本号,数据段需要拆分并且命令需要应答 |
| 总包数 PNUM | 字符 | 9 | PNUM 指示本次通信中总共含的包数<br>(注:不分包时可以没有本字段,与标志位有关。) |
| 包号 PNO | 字符 | 8 | PNO 指示当前数据包的包号<br>(注:不分包时可以没有本字段,与标志位有关。) |
| 指令参数 CP | 字符 | 0～950 | CP＝&& 数据区 && |

设备唯一标识 MN 的描述单元格中的嵌套表格:

| EPC-96 编码结构 | | | |
|---|---|---|---|
| 名称 | 标头 | 厂商识别代码 | 对象分类代码 | 序列号 |
| 长度/bit | 8 | 28 | 24 | 36 |

表 1-4 中的数据区规定如下。

(1) 结构定义　字段与其值用"＝"连接;在数据区中,同一项目的不同分类值间用",",来分隔,不同项目之间用";"来分隔。

(2) 字段定义　包括字段名、数据类型和字段对照。

① 字段名要区分大小写,单词的首个字符为大写,其他部分为小写。

② 数据类型包括以下几种。

C4:表示最多 4 位的字符型字符串,不足 4 位按实际位数;

N5:表示最多 5 位的数字型字符串,不足 5 位按实际位数;

N14.2:用可变长字符串形式表达的数字型,表示 14 位整数和 2 位小数,带小数点,带符号,最大长度为 18;

YYYY:日期年,如 2016 表示 2016 年;

MM:日期月,如 09 表示 9 月;

DD:日期日,如 23 表示 23 日;

hh:时间小时;

mm:时间分钟;

ss:时间秒;

zzz:时间毫秒。

③ 字段对照表见表 1-5,其中"宽度"仅包含该字段的内容长度。

## 表 1-5 字段对照表

| 字段名 | 描述 | 字符集 | 宽度 | 取值及描述 |
|---|---|---|---|---|
| SystemTime | 系统时间 | 0~9 | N14 | YYYYMMDDhhmmss |
| QnRtn | 请求回应代码 | 0~9 | N3 | 取值详见 HJ 212—2017 中 6.6.3 的表 7 |
| ExeRtn | 执行结果回应代码 | 0~9 | N3 | 取值详见表 HJ 212—2017 中 6.6.2 的表 6 |
| RtdInterval | 实时采样数据上报间隔 | 0~9 | N4 | 单位为 s, 取值范围为 30≤n≤3600 |
| MinInterval | 分钟数据上报间隔 | 0~9 | N2 | 单位为 min, 取值 1、2、3、4、5、6、10、12、15、20、30min<br>(注:在一套系统中,分钟数据上报间隔只能设置一个值。) |
| RestartTime | 数采仪开机时间 | 0~9 | N14 | YYYYMMDDhhmmss |
| xxxxxx-SampleTime | 污染物采样时间 | 0~9 | N14 | YYYYMMDDhhmmss |
| xxxxxx-Rtd | 污染物实时采样数据 | 0~9 | — | "xxxxxx"是污染因子编码,污染监测因子编码取值详见 HJ 212—2017 附录 B |
| xxxxxx-Min | 污染物指定时间内最小位 | 0~9 | — | — |
| xxxxxx-Avg | 污染物指定时间内平均值 | 0~9 | — | 污水、烟气污染物计算方式参照 HJ 212—2017 附录 D |
| xxxxxx-Max | 污染物指定时间内最大位 | 0~9 | — | |
| xxxxxx-ZsRtd | 污染物实时采样折算数据 | 0~9 | — | |
| xxxxxx-ZsMin | 污染物指定时间内最小折算值 | 0~9 | — | |
| xxxxxx-ZsAvg | 污染物指定时间内平均折算值 | 0~9 | — | 污水、烟气污染物计算方式参照 HJ 212—2017 附录 D |
| xxxxxx-ZsMax | 污染物指定时间内最大折算值 | 0~9 | — | |
| xxxxxx-Flag | 监测仪器数据标记 | A~Z/0~9 | C1 | 数据标记 / 标记说明 见下表 |
| xxxxxx-EFlag | 监测仪器扩充数据标记 | A~Z/0~9 | C4 | 在线监控(监测)仪器仪表设备自行定义 |
| xxxxxx-Cou | 污染物指定时间内累计值 | 0~9 | — | 污水、烟气污染物计算方式参照 HJ 212—2017 附录 D |
| SBxxx-RS | 污染治理设施运行状态的实时采样值 | 0~9 | N1 | 污染治理设施运行状态取值 0:关闭;1:运行;2:校准;3:维护;4:报警;5:反吹等。<br>污染治理设施运行情况与限产、停产等减排措施之间的逻辑关系,在上位机软件中根据现场实际情况进行确定 |
| SBxxx-RT | 污染治理设施一日内的运行时间 | 0~9 | N2.2 | xxx 为设备号,单位为小时,取值范围为 0≤n≤24 |
| xxxxxx-Data | 噪声监测时间段内数据 | 0~9 | N3.1 | — |
| xxxxxx-DayData | 噪声昼间数据 | 0~9 | N3.1 | 昼间的时间区间由当地人民政府按当地习惯和季节变化划定 |

数据标记说明（对应 xxxxxx-Flag）:

| 数据标记 | 标记说明 |
|---|---|
| N | 在线监控(监测)仪器仪表工作正常 |
| F | 在线监控(监测)仪器仪表停运 |
| M | 在线监控(监测)仪器仪表处于维护期间产生的数据 |
| S | 手工输入的设定值 |
| D | 在线监控(监测)仪器仪表故障 |
| C | 在线监控(监测)仪器仪表处于校准状态 |
| T | 在线监控(监测)仪器仪表采样数值超过测量上限 |
| B | 在线监控(监测)仪器仪表与数采仪通信异常 |

| 字段名 | 描述 | 字符集 | 宽度 | 取值及描述 |
|---|---|---|---|---|
| xxxxxx-NightData | 噪声夜间数据 | 0～9 | N3.1 | 昼间的时间区间由当地人民政府按当地习惯和季节变化划定 |
| PolId | 污染因子的编码 | 0～9/a～z | C6 | 取值详见 HJ 212—2017 附录 B |
| BeginTime | 开始时间 | 0～9 | N14 | YYYYMMDDhhmmss |
| EndTime | 截止时间 | 0～9 | N14 | YYYYMMDDhhmmss |
| DataTime | 数据时间信息 | 0～9 | N14 | YYYYMMDDhhmmss,使用分钟数据命令2051、小时数据命令2061、日数据命令2031、2041,时间标签为测量开始时间;使用实时数据命令2011、2021等,时间标签为数据采集的时刻 |
| NewPW | 新密码 | 0～9/a～z/A～Z | C6 | — |
| OverTime | 超时时间 | 0～9 | N2 | 单位为秒,取值范围为 $0 < n \leqslant 99$ |
| ReCount | 重发次数 | 0～9 | N2 | 取值范围为 $0 < n \leqslant 99$ |
| VaseNo | 采样瓶编号 | 0～9 | N2 | 取值范围为 $0 < n \leqslant 99$ |
| CstartTime | 设备采样起始时间 | 0～9 | N6 | hhmmss |
| Ctime | 采样周期 | 0～9 | N2 | 单位为小时,取值范围为 $0 < n \leqslant 24$ |
| Stime | 出样时间 | 0～9 | N4 | 单位为分钟,取值范围为 $0 < n \leqslant 120$ |
| xxxxxx-Info | 现场端信息 | — | — | "xxxxxx"是现场端信息编码,详见 HJ 212—2017 附录 B 表 B.10 |
| InfoId | 现场端信息编码 | 0～9/a～z | C6 | 取值见 HJ 212—2017 附录 B 表 B.10 |
| xxxxxx-SN | 在线监控(监测)仪器仪表编码 | 0～9/A～F | C24 | 采用 EPC-96 编码转化的字符串组成,由 24 个 0～9,A～F 的字符组成 |

注:污染物(折算)实时值、(折算)最大值、(折算)最小值、(折算)平均值等根据实际的污染物监测范围及精度来决定所上传字符的宽度,同时污染物(折算)实时值、(折算)最大值、(折算)最小值、(折算)平均值的计量单位应该保持一致。

## 4. 编码规则

在线监测系统数据一般涉及的监测因子有三类,第一类是污染物因子,第二类是工况监测因子,第三类是现场端信息。污染物因子编码采用相关国家和行业标准 GB 3096—2008、HJ 524—2009、HJ 525—2009 进行定义,工况监测因子和现场端信息编码定义如下。

(1) 工况监测因子编码规则　工况监测因子编码格式采用六位固定长度的字母数字混合格式组成。字母代码采用缩写码,数字代码采用阿拉伯数字表示,采用递增的数字码。

工况监测因子编码分为四层(见图 1-7)。

第一层:编码分类,采用 1 位小写字母表示,"e"表示污水类、"g"表示烟气类。

第二层:处理工艺分类编码,表示生产设施和治理设施处理工艺类别,采用 1 位阿拉伯数字或字母表示,即 1～9、a～b,具体编码参见 HJ 212—2017 附录 B 中的表 B.4 和表 B.6。

第三层:工况监测因子编码,表示监测因子或一个监测指标在一个工艺类型中代码,采用 2 位阿拉伯数字表示,即 01～99,每一种阿拉伯数字表示一种监测因子或一个监测指标。

第四层:相同工况监测设备编码,采用 2 位阿拉伯数字表示,即 01～99,默认值为 01,同一处理工艺中,多个相同监测对象,数字码编码依次递增。

(2) 现场端信息编码规则　现场端信息编码格式采用六位固定长度的字母数字混合格式。字母代码采用缩写码,数字代码采用阿拉伯数字表示,采用递增的数字码。

现场端信息编码分为四层(见图 1-8)。

第一层:编码分类,采用 1 位小写字母表示,"i"表示设备信息。

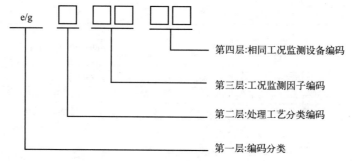

图 1-7　工况监测因子编码规则

第二层：设备分类，表示现场设备的分类，采用 1 位阿拉伯数字或小写字母表示，即 1～5，具体编码参见 HJ 212—2017 附录 B 中的表 B.8。

第三层：信息分类，表示信息分类，如日志、状态、参数等，采用 1 位阿拉伯数字或小写字母表示，即 1-5，具体编码参见 HJ 212—2017 附录 B 中的表 B.9。

第四层：信息编码，表示现场设备的具体信息，采用 3 位阿拉伯数字或小写字母表示，即 001～zzz。现场端信息编码参见 HJ 212—2017 附录 B 中的表 B.10。

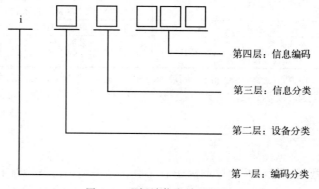

图 1-8　现场端信息编码规则

### 5. 通信流程

（1）请求命令（三步或三步以上）　请求命令流程图见图 1-9。

（2）上传命令（一步或两步）　上传命令流程图见图 1-10。

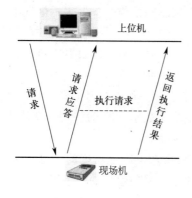

图 1-9　请求命令流程图

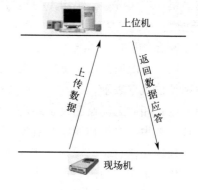

图 1-10　上传命令流程图

（3）通知命令（两步）　通知命令流程图见图 1-11 和图 1-12。

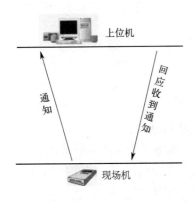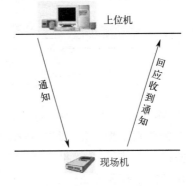

图 1-11　现场机通知上位机命令流程图　　　　图 1-12　上位机通知现场机命令流程图

### 6. 数采仪与监控中心初始化通信流程

数采仪与监控中心首次链接时，监控中心应对数采仪进行设置，具体操作如下。

（1）数采仪时间校准；

（2）超时数据与重发次数设置；

（3）实时数据上报时间间隔设置；

（4）分钟数据上报时间间隔设置；

（5）实时数据是否上报设置；

（6）污染治理设备运行状态是否上报设置。

### 7. 在线监控（监测）仪器仪表与数采仪的通信方式

在线监控（监测）仪器仪表与数采仪之间采用 RS485 串行通信标准实现数据通信。

（1）在线监控（监测）仪器仪表与数采仪的电气接口标准　推荐在线监控（监测）仪器仪表与数采仪采用两线制的 RS485 接口，关于 RS485 接口的电气标准，参照 RS485 工业总线标准。

在线监控（监测）仪器仪表和数采仪的 RS485 接口应明确标明"RS485＋""RS485－"等字样，以指示接线方法。

（2）在线监控（监测）仪器仪表与数采仪的串行通信标准

① 串行通信总线结构　在线监控（监测）仪器仪表与数采仪通信总线结构为一主多从，见图 1-13 所示。

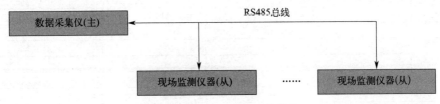

图 1-13　RS485 总线系统结构

② 串行通信传输协议　在线监控（监测）仪器仪表与数采仪的通信协议推荐采用 Modbus RTU 标准。

13

Modbus RTU 协议定义了一个与下层通信层无关的简单协议数据单元（PDU）。串行链路上的 Modbus RTU 帧如图 1-14 所示。（引用 GB/T 19582—2008）

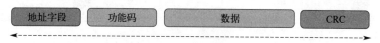

Modbus RTU串行链路PDU

图 1-14　串行链路上的 Modbus 帧

a. 在 Modbus RTU 串行链路上，地址字段只含有从机地址。

b. 功能码指示指令要执行何种操作，功能码的后续数据是请求或响应数据字段。

c. 差错检验字段是"报文内容"数据进行"循环冗余校验"计算所得结果，采用 CRC16 循环冗余校验算法。

③ 串行通信传输内容见 HJ 212—2017 中的表 10。

 **任务决策**

根据任务需求，识别在线监测数据采集的若干关键环节，并分析各环节的重要性，完成最终报告，填写任务决策单。

**任务决策单**

| 项目名称 | 环境监测数据管理 | | | | |
|---|---|---|---|---|---|
| 任务名称 | 数据采集关键环节识别 | | | 建议学时数 | 4 |
| 信息汇总 | | | | | |
| 关键环节 | 重要性排序 | 环节描述 | 核心部件 | 注意事项 | 备注 |
| | | | | | |
| | | | | | |
| | | | | | |
| | | | | | |
| 总结 | | | | | |

**任务计划**

根据任务决策过程中选定的方案，制订任务计划，填写任务计划单。

**任务计划单**

| 项目名称 | 环境监测数据管理 | | |
|---|---|---|---|
| 任务名称 | 数据采集关键环节识别 | 建议学时数 | 4 |
| 计划方式 | 分组讨论、资料收集、技能学习等 | | |
| 序号 | 任务 | 时间 | 负责人 |
| 1 | | | |
| 2 | | | |
| 3 | | | |
| 4 | | | |
| 5 | | | |
| 小组分工 | | | |
| 计划评价 | | | |

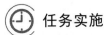 **任务实施**

根据任务计划编制任务实施方案，并完成任务，填写任务实施单

任务实施单

| 项目名称 | 环境监测数据管理 | | |
|---|---|---|---|
| 任务名称 | 数据采集关键环节识别 | 建议学时数 | 4 |
| 实施方式 | 分组讨论、资料收集、技能学习等 | | |
| 序号 | 实施步骤 | | |
| 1 | | | |
| 2 | | | |
| 3 | | | |
| 4 | | | |
| 5 | | | |
| 6 | | | |

 **任务检查与评价**

完成任务后，进行任务检查，可采用小组互评等方式进行任务评价，任务评价单如下。

任务评价单

| 项目名称 | 环境监测数据管理 |
|---|---|
| 任务名称 | 数据采集关键环节识别 |
| 考核方式 | 过程考核、结果考核 |
| 说明 | 主要评价学生在项目学习过程中的操作方式、理论知识、学习态度、课堂表现、学习能力等 |

考核内容与评价标准

| 序号 | 内容 | 评价标准 | | | 成绩比例/% |
|---|---|---|---|---|---|
| | | 优 | 良 | 合格 | |
| 1 | 基本理论掌握 | 完全理解相关标准和技术规范 | 熟悉相关标准和技术规范 | 了解相关标准和技术规范 | 30 |
| 2 | 实践操作技能 | 能够熟练使用各种查询工具收集和查阅相关资料，能够快速完成报告，报告内容完整、格式规范 | 能够较熟练地使用各种查询工具收集和查阅相关资料，能够较快地完成报告，报告内容完整、格式较规范 | 能够使用各种查询工具收集和查阅相关资料，能够参与完成报告，报告内容较完整 | 30 |
| 3 | 职业核心能力 | 具有良好的自主学习能力和分析解决问题能力 | 具有较好的学习能力和分析解决问题能力 | 能主动学习并收集信息，具备一定的分析解决问题能力 | 10 |
| 4 | 工作作风与职业道德 | 具有严谨的科学态度和工匠精神，能够严格遵守相关制度文件 | 具有良好的科学态度和工匠精神，能够自觉遵守相关制度文件 | 具有较好的科学态度和工匠精神，能够遵守相关制度文件 | 10 |
| 5 | 小组评价 | 具有良好的团队合作精神和沟通交流能力，热心帮助小组其他成员 | 具有较好的团队合作精神和与人交流能力，能帮助小组其他成员 | 具有一定的团队合作精神，能配合小组完成项目任务 | 10 |
| 6 | 教师评价 | 包括以上所有内容 | 包括以上所有内容 | 包括以上所有内容 | 10 |
| | | 合计 | | | 100 |

 **教学反馈**

完成任务实施后，进行教学任务反馈，填写教学反馈单。

教学反馈单

| 项目名称 | 环境监测数据管理 | | |
|---|---|---|---|
| 任务名称 | 数据采集关键环节识别 | 建议学时数 | 4 |
| 序号 | 调查内容 | 是/否 | 反馈意见 |
| 1 | 知识点是否讲解清楚 | | |
| 2 | 操作是否规范 | | |
| 3 | 解答是否及时 | | |
| 4 | 重难点是否突出 | | |
| 5 | 课堂组织是否合理 | | |
| 6 | 逻辑是否清晰 | | |
| 本次任务的兴趣点 | | | |
| 本次任务的成就点 | | | |
| 本次任务的疑虑点 | | | |

 测试题

**一、填空题**

1. 污染源自动监控（监测）系统是由对污染源主要污染物排放实施监控的＿＿＿＿子系统和＿＿＿＿子系统组成的系统。

2. ＿＿＿＿＿＿是数据传输网络的核心模块。

3. 现场机与上位机通信接口应满足选定的传输网络的要求，＿＿＿＿对应于 ISO/OSI 定义的协议模型的应用层，在基于不同传输网络的现场机与上位机之间提供交互通信。

4. 在线监控（监测）仪器仪表与数采仪之间采用＿＿＿＿串行通信标准实现数据通信。

**二、判断题**

1. 上位机是安装在污染物监测点现场及影响污染物排放的工艺节点，用于监控、监测污染物排放状况和过程参数并完成与上位机通信传输的设备。（　　）

2. 通信包结构组成包括包头、数据段长度、数据段、CRC 校验、包尾。（　　）

3. 工况监测因子开头字母为"i"。（　　）

**三、简答题**

简述数采仪与监控中心初始化通信流程。

# 任务二　数据有效性判别

 任务描述

小明在广州市环境空气监测监管平台（如图 1-15）判别数据的有效性，需要复核系统的标识是否正确，若发现错误，则要手动操作纠正，以便于系统自动进行统计计算。其中，系统中的 H 表示有效数据不足，LSp 表示数据低于量程下限，HSp 表示数据高于量程上限，均属于无效数据。

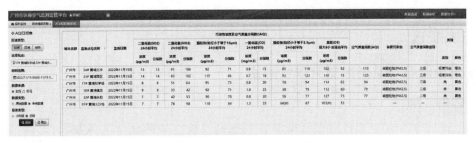

图 1-15 广州市环境空气监测监管平台

 任务要求

根据任务单要求进行任务计划及实施。

 任务单

根据任务描述，本任务需要完成对在线监测数据有效性的判别。具体任务要求可参照任务单。

任务单

| 项目名称 | 环境监测数据管理 |
|---|---|
| 任务名称 | 判别数据的有效性 |
| 任务要求 | |
| 1. 任务开展要求：<br>(1)分组讨论任务实施方案，每组 3～5 人；<br>(2)所需资料自行收集。<br>2. 完成在线监测系统的工作状态、数据报表等资料的收集与整理。<br>3. 提交在线监测数据的有效性判别报告并汇报 | |
| 任务准备 | |
| 1. 知识准备：<br>(1)《水污染源在线监测系统（COD$_{Cr}$、NH$_3$-N 等）数据有效性判别技术规范》(HJ 356—2019)；<br>(2)《地表水自动监测技术规范(试行)》(HJ 915—2017)；<br>(3)《固定污染源烟气(SO$_2$、NO$_x$、颗粒物)排放连续监测技术规范》(HJ 75—2017)；<br>(4)《固定污染源烟气(SO$_2$、NO$_x$、颗粒物)排放连续监测系统技术要求及检测方法》(HJ 76—2017)；<br>(5)《环境空气气态污染物(SO$_2$、NO$_2$、O$_3$、CO)连续自动监测系统运行和质控技术规范》(HJ 818—2018)；<br>(6)《环境空气颗粒物(PM$_{10}$ 和 PM$_{2.5}$)连续自动监测系统运行和质控技术规范》(HJ 817—2018)；<br>(7)《环境空气质量标准》(GB 3095—2012)及其修改单。<br>2. 工具及设备支持：<br>计算机 | |
| 工作步骤 | |
| 1. 小组讨论分工。<br>2. 小组合作完成在线监测系统的工作状态、数据报表等资料的收集与整理。<br>3. 小组合作完成数据有效性判别结果的商定。<br>4. 小组分工完成报告的编写。<br>5. 小组分工完成汇报 PPT 的编制 | |
| 总结与提高 | |
| 1. 自我总结：<br>(1)请对每个组员的工作作风进行相互评价；<br>(2)请分析组内分工的合理性。<br>2. 拓展提高：<br>通过提交报告，进一步明确报告编写的规范性 | |

 **任务资讯**

# 一、水污染源在线监测数据有效性判别

### 1. 适用范围

HJ 356—2019 规定了利用水污染源在线监测系统获取的化学需氧量（$COD_{Cr}$）、氨氮（$NH_3$-N）、总磷（TP）、总氮（TN）、pH 值、温度和流量等监测数据的有效性判别流程、数据有效性判别指标、数据有效性判别方法、有效均值的计算以及无效数据的处理。

所述有效数据，是指水污染源在线监测系统正常采样监测时段获得的经审核符合质量要求的数据。

### 2. 数据有效性判别流程

水污染源在线监测系统的运行状态分为正常采样监测时段和非正常采样监测时段。

正常采样监测时段获取的监测数据，根据数据有效性判别标准进行有效性判别。

非正常采样监测时段包括仪器停运时段、故障维修或维护时段、校准校验时段，在此期间，无论在线监测系统是否获得或输出监测数据，均为无效数据。

数据有效性判别流程见图 1-16。

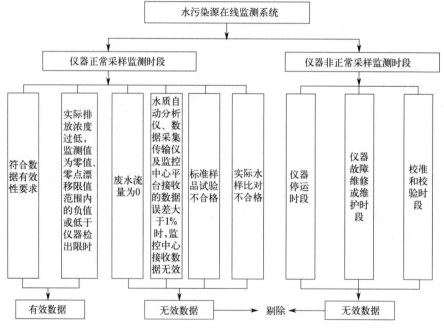

图 1-16  水污染源在线监测系统数据有效性判别流程图

### 3. 数据有效性判别指标

数据有效性判别指标是水污染源在线监测系统的分析仪器的实际水样比对试验误差、标准样本试验误差和超声波明渠流量计比对试验误差的结果是否满足 HJ 355—2019 表 1 的要求。

#### 4. 数据有效性判别方法

（1）有效数据判别

① 正常采样监测时段获取的监测数据，满足 HJ 356—2019 规定的数据有效性判别标准，可判别为有效数据。

② 监测值为零值、零点漂移限值范围内的负值或低于仪器检出限时，需要通过现场检查、实际水样比对试验、标准样品试验等质控手段来识别，对于因实际排放浓度过低而产生的上述数据，仍判断为有效数据。

③ 监测值如出现急剧升高、急剧下降或连续不变时，需要通过现场检查、实际水样比对试验、标准样品试验等质控手段来识别，再做判别和处理。

④ 水污染源在线监测系统的运维记录中应当记载运行过程中报警、故障维修、日常维护、校准等内容，运维记录可作为数据有效性判别的证据。

⑤ 水污染源在线监测系统应可调阅和查看详细的日志，日志记录可作为数据有效性判别的证据。

（2）无效数据判别

① 当流量为零时，在线监测系统输出的监测值为无效数据。

② 水质自动分析仪、数据采集传输仪以及监控中心平台接收到的数据误差大于1%时，监控中心平台接收到的数据为无效数据。

③ 发现标准样品试验不合格、实际水样比对试验不合格时，从此次不合格时刻至上次校准校验（自动校准、自动标样核查、实际水样比对试验中的任何一项）合格时刻期间的在线监测数据均判断为无效数据，从此次不合格时刻起至再次校准校验合格时刻期间的数据，作为非正常采样监测时段数据，判断为无效数据。

④ 水质自动分析仪停运期间、因故障维修或维护期间、有计划（质量保证和质量控制）地维护保养期间、校准和校验等非正常采样监测时间段内输出的监测值为无效数据，但对该时段数据做标记，作为监测仪器检查和校准的依据予以保留。

⑤ 判断为无效的数据应注明原因，并保留原始记录。

#### 5. 有效均值的计算

（1）数据统计　正常采样监测时段获取的有效数据，应全部参与统计。

监测值为零值、零点漂移限值范围内的负值或低于仪器检出限，并判断为有效数据时，应采用修正后的值参与统计。修正规则为：$COD_{Cr}$ 修正值为 2mg/L、$NH_3\text{-}N$ 修正值为 0.01mg/L、TP 修正值为 0.005mg/L、TN 修正值为 0.025mg/L。

（2）有效日均值　有效日均值是对应于以每日为一个监测周期内获得的某个污染物（$COD_{Cr}$、$NH_3\text{-}N$、TP、TN）的所有有效监测数据的平均值，参与统计的有效监测数据数量应不少于当日应获得数据数量的 75%。有效日均值是以流量为权的某个污染物的有效监测数据的加权平均值。

有效日均值的加权平均值计算公式如式(1-1) 所示。

$$C_d = \frac{\sum\limits_{i=1}^{n} C_i Q_i}{\sum\limits_{i=1}^{n} Q_i} \tag{1-1}$$

式中 $C_d$——有效日均值，mg/L；

$\quad\quad C_i$——第 $i$ 个有效监测数据，mg/L；

$\quad\quad Q_i$——$C_i$ 对应时段的累积流量，m$^3$。

（3）有效月均值 有效月均值是对应于以每月为一个监测周期内获得的某个污染物（COD$_{Cr}$、NH$_3$-N、TP、TN）的所有有效日均值的算术平均值，参与统计的有效日均值数量应不少于当月应获得数据数量的75%。有效月均值的算术平均值计算公式如式（1-2）所示。

$$C_m = \frac{\sum_{i=1}^{n} C_{di}}{n} \qquad (1-2)$$

式中 $C_m$——有效月均值，mg/L；

$\quad\quad C_{di}$——第 $i$ 个有效日均值，mg/L；

$\quad\quad n$——当月参与统计的有效日均值的数量。

### 6. 无效数据的处理

正常采样监测时段，当 COD$_{Cr}$、NH$_3$-N、TP 和 TN 监测值判断为无效数据，且无法计算有效日均值时，其污染物日排放量可以用上次校准校验合格时刻前30个有效日排放量中的最大值进行替代，污染物浓度和流量不进行替代。

非正常采样监测时段，当 COD$_{Cr}$、NH$_3$-N、TP 和 TN 监测值判断为无效数据，且无法计算有效日均值时，优先使用人工监测数据进行替代，每天获取的人工监测数据应不少于4次，替代数据包括污染物日均浓度、污染物日排放量。如无人工监测数据替代，其污染物日排放量可以用上次校准校验合格时刻前30个有效日排放量中的最大值进行替代，污染物浓度和流量不进行替代。

流量为零时的无效数据不进行替代。

## 二、地表水自动监测数据有效性判别

### 1. 有效数据与无效数据的定义

地表水自动监测系统中仪器的分析数据分为有效数据和无效数据。有效数据是指经过仪器标样测试、手工分析、在线质控等方式确认符合要求的数据；无效数据是指经确认仪器故障、在线或非在线质控手段等方式产生的数据。当无法准确判定时，可标记为存疑数据，但必须在24h内确定为有效数据或无效数据。定期进行数据有效率计算，即有效数据量占总数据量的百分比，数据有效率应大于90%。

验证手段分为在线验证和人工验证，分别采用标样和实际水样比对的方式。

### 2. 仪器运行有效率的计算

仪器运行有效率按照式（1-3）和式（1-4）计算，记录填报表1-6。在运行测试结束时，系统仪器运行有效率应不小于90%。

$$\text{仪器运行有效率（%）} = \text{有效运行时数/运行考核总时数} \times 100\% \qquad (1-3)$$

$$\text{有效运行时数} = \text{运行考核总时数} - \text{无效运行时数} \qquad (1-4)$$

式中，有效运行时数为系统所有仪器设备运行正常时其监测数据有效的时数总和。地表水水质自动监测数据采集频率一般为 4h 一次，出现应急特殊情况应根据实际情况进行调整。

【注意】仪器设备预热、停电、校准和公共通信线路故障等引起的无效数据时数不计入运行考核总时数和无效运行时数中。

表 1-6　仪器运行有效率记录表

| 流域及水体名称： | | | | | 断面名称： | |
|---|---|---|---|---|---|---|
| 序号 | 项目 | 仪器名称及型号 | 运行考核总时数 | 无效运行时数 | 有效运行时数 | 备注 |
| 1 | pH | | | | | |
| 2 | 溶解氧 | | | | | |
| 3 | 电导率 | | | | | |
| 4 | 浊度 | | | | | |
| 5 | 氨氮 | | | | | |
| 6 | 高锰酸盐指数 | | | | | |
| 7 | 总磷 | | | | | |
| 8 | 总氮 | | | | | |
| 9 | 总有机碳 | | | | | |
| 10 | …… | | | | | |
| 合计 | | | | | | |
| 仪器运行有效率(%) | | | | | | |
| 测试人： | | 复核人： | | 审核人： | | |

## 三、固定污染源烟气在线监测数据有效性判别

### 1. 有效数据的定义

有效数据是指符合 HJ 75—2017 的技术指标要求，经验收合格的 CEMS，在固定污染源排放烟气条件下，CEMS 正常运行所测得的数据。

有效小时均值是整点 1h 内不少于 45min 的有效数据的算术平均值。

CEMS 小时数据应包含本小时内至少 45min 的分钟有效数据，数据为该时段的平均值；主要包括：颗粒物质量浓度（折算浓度）、颗粒物排放量、气态污染物质量浓度（折算浓度）、气态污染物排放量、烟气含氧量、烟气流量、烟气温度、烟气静压、烟气湿度和生产负荷等。小时数据记录表即为日报表。

CEMS 日数据应包含本日至少 20h 的小时有效数据，数据为该时段的平均值；主要包括：颗粒物质量浓度和排放量、气态污染物质量浓度和排放量、烟气含氧量、烟气流量、烟气温度、烟气静压、烟气湿度和生产负荷等。日数据记录表即为月报表。

CEMS 月数据应包含本月至少 25d（其中二月份至少 23d）的日有效数据，数据均为该时段的平均值；主要包括：颗粒物排放量、气态污染物排放量、烟气含氧量、烟气流量、烟气温度、烟气静压、烟气湿度和生产负荷等。月数据记录表即为年报表。

### 2. 判别依据

CEMS 在定期校准、校验期间的技术指标要求及数据失控时段的判别标准见表 1-7。当发现任一参数不满足技术指标要求时，应及时按照 HJ 75—2017 及仪器说明书等的相关要求，采取校准、调试乃至更换设备重新验收等纠正措施直至满足技术指标要求为止。当发现任一参数数据失控时，应记录失控时段（即从发现失控数据起到满足技术指标要求后止的时间段）及失控参数，并进行数据修约。

表 1-7　CEMS 定期校准、校验技术指标要求及数据失控时段的判别标准

| 项目 | CEMS 类型 | | 校准功能 | 校准周期 | 技术指标 | 技术指标要求 | 失控指标 | 最少样本数/对 |
|---|---|---|---|---|---|---|---|---|
| 定期校准 | 颗粒物 CEMS | | 自动 | 24h | 零点漂移 | 不超过±2.0% | 超过±8.0% | — |
| | | | | | 量程漂移 | 不超过±2.0% | 超过±8.0% | |
| | | | 手动 | 15d | 零点漂移 | 不超过±2.0% | 超过±8.0% | |
| | | | | | 量程漂移 | 不超过±2.0% | 超过±8.0% | |
| | 气态污染物 CEMS | 抽取测量或直接测量 | 自动 | 24h | 零点漂移 | 不超过±2.5% | 超过±5.0% | |
| | | | | | 量程漂移 | 不超过±2.5% | 超过±10.0% | |
| | | 抽取测量 | 手动 | 7d | 零点漂移 | 不超过±2.5% | 超过±5.0% | |
| | | | | | 量程漂移 | 不超过±2.5% | 超过±10.0% | |
| | | 直接测量 | 手动 | 15d | 零点漂移 | 不超过±2.5% | 超过±5.0% | |
| | | | | | 量程漂移 | 不超过±2.5% | 超过±10.0% | |
| | 流速 CMS | | 自动 | 24h | 零点漂移或绝对误差 | 零点漂移不超过±3.0%或绝对误差不超过±0.9m/s | 零点漂移超过±8.0%且绝对误差超过±1.8m/s | — |
| | | | 手动 | 30d | 零点漂移或绝对误差 | 零点漂移不超过±3.0%或绝对误差不超过±0.9m/s | 零点漂移超过±8.0%且绝对误差超过±1.8m/s | — |
| 定期校验 | 颗粒物 CEMS | | 3个月或6个月 | | 准确度 | 满足 HJ 75—2017 中9.3.8的要求 | 超过 HJ 75—2017 中9.3.8的要求 | 5 |
| | 气态污染物 CEMS | | | | | | | 9 |
| | 流速 CMS | | | | | | | 5 |

### 3. 数据审核和处理

（1）CEMS 数据审核

① 固定污染源生产状况下，经验收合格的 CEMS 正常运行时段为 CEMS 数据有效时间段。CEMS 非正常运行时段（如 CEMS 故障期间、维修期间、超期限未校准时段、失控时段以及有计划的维护保养、校准等时段）均为 CEMS 数据无效时间段。

② 污染源计划停运一个季度以内的，不得停运 CEMS，日常巡检和维护要求仍按 HJ 75—2017 执行；计划停运超过一个季度的，可停运 CEMS，但应报当地环保部门备案。污染源启运前，应提前启运 CEMS 系统，并进行校准，在污染源启运后的两周内进行校验，满足表 1-7 技术指标要求的，视为启运期间自动监测数据有效。

③ 排污单位应在每个季度前五个工作日对上个季度的 CEMS 数据进行审核，确认上季度所有分钟、小时数据均按照要求正确标记，计算本季度的污染源 CEMS 有效数据捕集率。上传至监控平台的污染源 CEMS 季度有效数据捕集率应达到 75%。

数据状态标记要求：系统应在分钟数据报表和小时数据报表的数据组后面给出系统和（或）污染源运行状态标记。

分钟数据标记方法为："N"表示系统各检测参数正常，"F"表示污染源停运，"St"表示污染源启炉过程，"Sd"表示污染源停炉过程，"B"表示污染源闷炉，"C"表示校准，"M"表示维护保养，"Md"表示系统无数据，"T"表示超测量上限，"D"表示系统故障。

小时数据标记方法如下：

N——本小时内系统各检测参数正常，检测时间大于 45min；

F——本小时内污染源处于停运状态，其时间大于等于 45min；

St——本小时内污染源处于启炉状态，其时间大于等于 45min；

Sd——本小时内污染源处于停炉状态，其时间大于等于 45min；

B——本小时内污染源处于闷炉状态，其时间大于等于 45min；

T——本小时内污染物排放浓度平均值超过系统测量上限；

C——本小时内系统处于校准状态，其时间大于 15min；

M——本小时内系统处于维护、修理状态，其时间大于 15min；

D——本小时内系统处于故障、断电状态，其时间大于 15min。

Md——本小时内系统无数据。

对于 N、F、St、Sd、B 和 T 状态，均表明系统在本小时内处于正常工作状态；

对于 C、M、D 和 Md 状态，则表明系统在本小时内处于非正常工作状态；

数据标记优先级顺序从高到低依次为 F→D→M→C→T→St、Sd、B→N。

数据审核标记（针对小时均值）实测数据计算、手工数据替代、按本标准修约数据。

季度有效数据捕集率(％)＝(季度小时数－数据无效时段小时数－污染源停运时段小时数)/(季度小时数－污染源停运时段小时数)。

（2）CEMS 数据无效时间段数据处理　CEMS 故障期间、维修时段数据按照方式 A 处理，超期未校准、失控时段数据按照方式 B 处理，有计划（质量保证/质量控制）的维护保养、校准等时段数据按照方式 C 处理。

① 方式 A：CEMS 因发生故障需停机进行维修时，其维修期间的数据替代按表 1-9 处理；亦可以用参比方法监测的数据替代，频次不低于一天一次，直至 CEMS 技术指标调试到符合 HJ 75—2017 时为止。如使用参比方法监测的数据替代，则监测过程应按照 GB/T 16157 和 HJ/T 397 要求进行，替代数据包括污染物浓度、烟气参数和污染物排放量。

② 方式 B：CEMS 系统数据失控时段污染物排放量按照表 1-8 进行修约，污染物浓度和烟气参数不修约。CEMS 系统超期未校准的时段视为数据失控时段，污染物排放量按照表 1-8 进行修约，污染物浓度和烟气参数不修约。

表 1-8　失控时段的数据处理方法

| 季度有效数据捕集率 $a$ | 连续失控小时数 $N/h$ | 修约参数 | 选取值 |
| --- | --- | --- | --- |
| $a \geqslant 90\%$ | $N \leqslant 24$ | 二氧化硫、氮氧化物、颗粒物的排放量 | 上次校准前 180 个有效小时排放量最大值 |
| | $N > 24$ | | 上次校准前 720 个有效小时排放量最大值 |
| $75\% \leqslant a < 90\%$ | — | | 上次校准前 2160 个有效小时排放量最大值 |

③ 方式 C：CEMS 系统有计划（质量保证/质量控制）的维护保养、校准及其他异常导致的数据无效时段，该时段污染物排放量按照表 1-9 处理，污染物浓度和烟气参数不修约。

表 1-9　维护期间和其他异常导致的数据无效时段的处理方法

| 季度有效数据捕集率 $a$ | 连续无效小时数 $N/h$ | 修约参数 | 选取值 |
| --- | --- | --- | --- |
| $a \geqslant 90\%$ | $N \leqslant 24$ | 二氧化硫、氮氧化物、颗粒物的排放量 | 失效前 180 个有效小时排放量最大值 |
| | $N > 24$ | | 失效前 720 个有效小时排放量最大值 |
| $75\% \leqslant a < 90\%$ | — | | 失效前 2160 个有效小时排放量最大值 |

## 四、环境空气连续自动监测系统数据有效性判别

### 1. 颗粒物（$PM_{10}$ 和 $PM_{2.5}$）

（1）监测系统正常运行时的所有监测数据均为有效数据，应全部参与统计。

（2）对仪器进行检查、校准、维护保养或仪器出现故障等非正常监测期间的数据为无效数据；仪器启动至仪器预热完成时段内的数据为无效数据。

（3）低浓度环境条件下监测仪器技术性能范围内的零值或负值为有效数据，应采用修正后的值 $2\mu g/m^3$ 参加统计。在仪器故障、运行不稳定或其他监测质量不受控情况下出现的零值或负值为无效数据，不参加统计。

（4）对于缺失和判断为无效的数据均应注明原因，并保留原始记录。

### 2. 气态污染物（ $SO_2$ 、 $NO_2$ 、 $O_3$ 、 CO ）

（1）监测系统正常运行时的所有监测数据均为有效数据，应全部参与统计。

（2）对仪器进行检查、校准、维护保养或仪器出现故障等非正常监测期间的数据为无效数据；仪器启动至仪器预热完成时段内的数据为无效数据。

（3）对于每天进行自动检查/校准的仪器，发现仪器零点漂移或跨度漂移超出漂移控制限（参考 HJ 654—2013），从发现超出控制限的时刻算起，到仪器恢复至控制限以下时段内的监测数据为无效数据。

（4）对于手工校准的仪器，发现仪器零点漂移或跨度漂移超出漂移控制限，从发现超出控制限时刻的前 24h 算起，到仪器恢复到控制限以下时段内的监测数据为无效数据。

（5）在监测仪器零点漂移控制限内的零值或负值，应采用修正后的值参与统计。修正规则为： $SO_2$ 修正值为 $3\mu g/m^3$ 、 $NO_2$ 修正值为 $2\mu g/m^3$ 、CO 修正值为 $0.3mg/m^3$ 、 $O_3$ 修正值为 $2\mu g/m^3$ 。在仪器故障、运行不稳定或其他监测质量不受控情况下出现的零值或负值为无效数据，不参与统计。

（6）对于缺失和判断为无效的数据均应注明原因，并保留原始记录。

### 3. 环境空气监测数据统计的有效性规定

（1）应采取措施保证监测数据的准确性、连续性和完整性，确保全面、客观地反映监测结果。所有有效数据均应参加统计和评价，不得选择性地舍弃不利数据以及人为干预监测和评价结果。

（2）采用自动监测设备监测时，监测仪器应全年 365d（闰年 366d）连续运行。在监测仪器校准、停电和设备故障，以及其他不可抗拒的因素导致不能获得连续监测数据时，应采取有效措施及时恢复。

（3）异常值的判断和处理应符合 HJ 630 的规定。对于监测过程中缺失和删除的数据均应说明原因，并保留详细的原始数据记录，以备数据审核。

（4）任何情况下，有效的污染物浓度数据均应符合表 1-10 中的最低要求，否则应视为无效数据。

表 1-10 污染物浓度数据有效性的最低要求

| 污染物项目 | 平均时间 | 数据有效性规定 |
|---|---|---|
| 二氧化硫（ $SO_2$ ）、二氧化氮（ $NO_2$ ）、颗粒物（粒径小于等于 $10\mu m$ ）、颗粒物（粒径小于等于 $2.5\mu m$ ）、氮氧化物（ $NO_x$ ） | 年平均 | 每年至少有 324 个日平均浓度值；每月至少有 27 个日平均浓度值（二月至少有 25 个日平均浓度值） |
| 二氧化硫（ $SO_2$ ）、二氧化氮（ $NO_2$ ）、一氧化碳（CO）、颗粒物（粒径小于等于 $10\mu m$ ）、颗粒物（粒径小于等于 $2.5\mu m$ ）、氮氧化物（ $NO_x$ ） | 24h 平均 | 每日至少有 20 个小时平均浓度值或采样时间 |

| 污染物项目 | 平均时间 | 数据有效性规定 |
|---|---|---|
| 臭氧($O_3$) | 8h 平均 | 每 8h 至少有 6 个小时平均浓度值 |
| 二氧化硫($SO_2$)、二氧化氮($NO_2$)、一氧化碳($CO$)、臭氧($O_3$)、氮氧化物($NO_x$) | 1h 平均 | 每小时至少有 45min 的采样时间 |
| 总悬浮颗粒物($TSP$)、苯并[$a$]芘($BaP$)、铅($Pb$) | 年平均 | 每年至少有分布均匀的 60 个日平均浓度值<br>每月至少有分布均匀的 5 个日平均浓度值 |
| 铅($Pb$) | 季平均 | 每季至少有分布均匀的 15 个日平均浓度值<br>每月至少有分布均匀的 5 个日平均浓度值 |
| 总悬浮颗粒物($TSP$)、苯并[$a$]芘($BaP$)、铅($Pb$) | 24h 平均 | 每日应有 24h 的采样时间 |

（5）自然日内 $O_3$ 日最大 8h 平均的有效性规定为，当日 8 时至 24 时至少有 14 个有效 8h 平均浓度值。当不满足 14 个有效数据时，若日最大 8h 平均浓度超过浓度限值标准时，统计结果仍有效。

（6）日历年内 $O_3$ 日最大 8h 平均的特定百分位数的有效性规定为，日历年内至少有 324 个 $O_3$ 日最大 8h 平均值，每月至少有 27 个 $O_3$ 日最大 8h 平均值（2 月至少 25 个 $O_3$ 日最大 8h 平均值）。

（7）日历年内 $SO_2$、$NO_2$、$PM_{10}$、$PM_{2.5}$、$CO$ 日均值的特定百分位数统计的有效性规定为，日历年内至少有 324 个日平均值，每月至少有 27 个日平均值（2 月至少 25 个日平均值）。

（8）统计评价项目的城市尺度浓度时，所有有效监测的城市点必须全部参加统计和评价，且有效监测点位的数量不得低于城市点总数量的 75%（总数量小于 4 个时，不低于 50%）。

（9）当上述有效性规定不满足时，该统计指标的统计结果无效。

## 任务决策

根据任务需求，判别数据的有效性，并分析无效数据的原因，完成最终报告，填写任务决策单。

**任务决策单**

| 项目名称 | 环境监测数据管理 | | | |
|---|---|---|---|---|
| 任务名称 | 数据有效性判别 | | 建议学时数 | 6 |
| 汇总信息 | | | | |
| 判定 | 判定结果 | 依据标准 | 有效性描述 | 有效/无效原因 | 备注 |
| 判定 | | | | | |
| 判定 | | | | | |
| 判定 | | | | | |
| 总结 | | | | | |

## 任务计划

根据任务决策过程中选定的方案，制订任务计划，填写任务计划单。

任务计划单

| 项目名称 | 环境监测数据管理 | | |
|---|---|---|---|
| 任务名称 | 数据有效性判别 | 建议学时数 | 6 |
| 计划方式 | 分组讨论、资料收集、技能学习等 | | |
| 序号 | 任务 | 时间 | 负责人 |
| 1 | | | |
| 2 | | | |
| 3 | | | |
| 4 | | | |
| 5 | | | |
| 小组分工 | | | |
| 计划评价 | | | |

 ## 任务实施

根据任务计划编制任务实施方案，并完成任务，填写任务实施单。

任务实施单

| 项目名称 | 环境监测数据管理 | | |
|---|---|---|---|
| 任务名称 | 数据有效性判别 | 建议学时数 | 6 |
| 实施方式 | 分组讨论、资料收集、观察状态、技能学习等 | | |
| 序号 | 实施步骤 | | |
| 1 | | | |
| 2 | | | |
| 3 | | | |
| 4 | | | |
| 5 | | | |
| 6 | | | |

## 任务检查与评价

完成任务后，进行任务检查，可采用小组互评等方式进行任务评价，任务评价单如下。

任务评价单

| 项目名称 | 环境监测数据管理 | | | |
|---|---|---|---|---|
| 任务名称 | 数据有效性判别 | | | |
| 考核方式 | 过程考核、结果考核 | | | |
| 说明 | 主要评价学生在项目学习过程中的操作方式、理论知识、学习态度、课堂表现、学习能力等 | | | |

| 序号 | 内容 | 评价标准 | | | 成绩比例/% |
|---|---|---|---|---|---|
| | | 优 | 良 | 合格 | |
| 1 | 基本理论掌握 | 完全理解相关标准和技术规范 | 熟悉相关标准和技术规范 | 了解相关标准和技术规范 | 30 |
| 2 | 实践操作技能 | 能够熟练收集与整理在线监测系统的工作状态、数据报表等资料，能够快速完成报告，报告内容完整、格式规范 | 能够较熟练地收集与整理在线监测系统的工作状态、数据报表等资料，能够较快地完成报告，报告内容完整、格式较规范 | 能够收集与整理在线监测系统的工作状态、数据报表等资料，能够参与完成报告，报告内容较完整 | 30 |

续表

<table>
<tr><td colspan="6" align="center">考核内容与评价标准</td></tr>
<tr><td rowspan="2">序号</td><td rowspan="2">内容</td><td colspan="3" align="center">评价标准</td><td rowspan="2">成绩比例/%</td></tr>
<tr><td align="center">优</td><td align="center">良</td><td align="center">合格</td></tr>
<tr><td>3</td><td>职业核心能力</td><td>具有良好的自主学习能力和分析解决问题能力</td><td>具有较好的学习能力和分析解决问题能力</td><td>能主动学习并收集信息,具备一定的分析解决问题能力</td><td>10</td></tr>
<tr><td>4</td><td>工作作风与职业道德</td><td>具有严谨的科学态度和工匠精神,能够严格遵守相关制度文件</td><td>具有良好的科学态度和工匠精神,能够自觉遵守相关制度文件</td><td>具有较好的科学态度和工匠精神,能够遵守相关制度文件</td><td>10</td></tr>
<tr><td>5</td><td>小组评价</td><td>具有良好的团队合作精神和沟通交流能力,热心帮助小组其他成员</td><td>具有较好的团队合作精神和与人交流能力,能帮助小组其他成员</td><td>具有一定的团队合作精神,能配合小组完成项目任务</td><td>10</td></tr>
<tr><td>6</td><td>教师评价</td><td>包括以上所有内容</td><td>包括以上所有内容</td><td>包括以上所有内容</td><td>10</td></tr>
<tr><td colspan="5" align="center">合计</td><td>100</td></tr>
</table>

 **教学反馈**

完成任务后,进行教学任务反馈,填写教学反馈单。

**教学反馈单**

<table>
<tr><td>项目名称</td><td colspan="4">环境监测数据管理</td></tr>
<tr><td>任务名称</td><td colspan="2">数据有效性判别</td><td>建议学时数</td><td>6</td></tr>
<tr><td>序号</td><td colspan="2">调查内容</td><td>是/否</td><td>反馈意见</td></tr>
<tr><td>1</td><td colspan="2">知识点是否讲解清楚</td><td></td><td></td></tr>
<tr><td>2</td><td colspan="2">操作是否规范</td><td></td><td></td></tr>
<tr><td>3</td><td colspan="2">解答是否及时</td><td></td><td></td></tr>
<tr><td>4</td><td colspan="2">重难点是否突出</td><td></td><td></td></tr>
<tr><td>5</td><td colspan="2">课堂组织是否合理</td><td></td><td></td></tr>
<tr><td>6</td><td colspan="2">逻辑是否清晰</td><td></td><td></td></tr>
<tr><td>本次任务的兴趣点</td><td colspan="4"></td></tr>
<tr><td>本次任务的成就点</td><td colspan="4"></td></tr>
<tr><td>本次任务的疑虑点</td><td colspan="4"></td></tr>
</table>

 **测试题**

**一、判断题**

1. 有效数据,是指水污染源在线监测系统正常采样监测时段获得的经审核符合质量要求的数据。(　　)

2. 非正常采样监测时段包括仪器停运时段、故障维修或维护时段、校准校验时段,在此期间,水污染源在线监测系统获得或输出的监测数据,可视为有效数据。(　　)

3. 监测值为零值、零点漂移限值范围内的负值或低于仪器检出限时,数据均判断为无效数据。(　　)

4. 自然日内 $O_3$ 日最大 8h 平均的有效性规定为当日 8 时至 24 时至少有 14 个有效 8h 平均浓度值。当不满足 14 个有效数据时，若日最大 8h 平均浓度超过浓度限值标准时，统计结果仍有效。（　　）

## 二、填空题

1. 水污染源在线监测系统的监测值为零值、零点漂移限值范围内的负值或低于仪器检出限，并判断为有效数据时，应采用修正后的值参与统计。修正规则为：$COD_{Cr}$ 修正值为＿＿mg/L、$NH_3$-N 修正值为＿＿mg/L、TP 修正值为＿＿＿mg/L、TN 修正值为＿＿＿mg/L。

2. 有效月均值是对应于以每月为一个监测周期内获得的某个污染物（$COD_{Cr}$、$NH_3$-N、TP、TN）的所有有效日均值的算术平均值，参与统计的有效日均值数量应不少于当月应获得数据数量的＿＿%。

3. 地表水自动监测系统定期进行数据有效率计算，即有效数据量占总数据量的百分比，数据有效率应大于＿＿%。

4. 排污单位应在每个季度前五个工作日对上个季度的 CEMS 数据进行审核，上传至监控平台的污染源 CEMS 季度有效数据捕集率应达到＿＿%。

5. 环境空气连续自动监测系统的在监测仪器零点漂移控制限内的零值或负值，应采用修正后的值参与统计。修正规则为：$SO_2$ 修正值为＿＿$\mu g/m^3$、$NO_2$ 修正值为＿＿$\mu g/m^3$、CO 修正值为＿＿$mg/m^3$、$O_3$ 修正值为＿＿$\mu g/m^3$。

6. 固定污染源烟气在线监测的有效小时均值是整点 1h 内不少于＿＿min 的有效数据的算术平均值。

7. 统计评价项目的城市尺度浓度时，所有有效监测的城市点必须全部参加统计和评价，且有效监测点位的数量不得低于城市点总数量的＿＿＿＿＿%（总数量小于 4 个时，不低于＿＿＿%）。

# 任务三　数据报告

## 任务描述

小明在数据报告岗上每天需要对根据标准要求正确报告环境空气监测数据、监测设备运行及质控数据等，需要熟练掌握 WPS 办公软件基础操作，并在 WPS 表格中用公式进行快速处理。

## 任务要求

根据任务单要求进行任务计划及实施。

## 任务单

根据任务描述，本任务需要正确报告数据。具体任务要求可参照任务单。

任务单

| 项目名称 | 环境监测数据管理 |
| --- | --- |
| 任务名称 | 数据报告 |

**任务要求**

1. 任务开展要求：

(1)分组讨论任务实施方案,每组3～5人；

(2)所需资料自行收集。

2. 根据标准要求正确报告环境空气监测数据、监测设备运行及质控数据等。

3. 提交在线监测数据的报告。

**任务准备**

1. 知识准备：

(1)《固定污染源烟气($SO_2$、$NO_x$、颗粒物)排放连续监测系统技术要求及检测方法》(HJ 76—2017)；

(2)《污水监测技术规范》(HJ 91.1—2019)；

(3)《环境空气质量标准》(GB 3095—2012)及其修改单；

(4)《环境空气质量评价技术规范(试行)》(HJ 663—2013)；

(5)《地表水环境质量监测技术规范》(HJ 91.2—2022)；

(6)《地表水环境质量监测数据统计技术规定(试行)》(环办监测函〔2020〕82号)；

(7)《数值修约规则与极限数值的表示和判定》(GB/T 8170—2008)。

2. 工具及设备支持：

计算机

**工作步骤**

1. 小组讨论分工。

2. 小组合作完成在线监测数据的收集。

3. 小组合作查阅相关标准完成数据报告形式的商定。

4. 小组分工完成报告的编写。

5. 小组分工完成汇报PPT的编制。

**总结与提高**

1. 自我总结：

(1)请对每个组员的工作作风进行相互评价；

(2)请分析组内分工的合理性。

2. 拓展提高：

通过提交报告,进一步明确报告编写的规范性

 任务资讯

# 一、数据格式要求

## 1. CEMS 数据

CEMS记录处理实时数据和定时段数据时,数据格式应至少符合表1-11和表1-12的要求。

表1-11 CEMS数据格式一览表

| 序号 | 项目名称 | | 单位 | 小数位 |
| --- | --- | --- | --- | --- |
| 1 | $SO_2$、$NO_x$体积浓度 | >100 | $\mu mol/mol$ | 0 |
| | | ≤100 | | 1 |
| 2 | $SO_2$、$NO_x$质量浓度 | >300 | $mg/m^3$ | 0 |
| | | ≤300 | | 1 |
| 3 | 颗粒物质量浓度 | >100 | $mg/m^3$ | 0 |
| | | ≤100 | | 1 |
| 4 | 烟气含氧量 | | %V/V | 2 |

续表

| 序号 | 项目名称 | 单位 | 小数位 |
|---|---|---|---|
| 5 | 烟气流速 | m/s | 2 |
| 6 | 烟气温度 | ℃ | 1 |
| 7 | 烟气静压(表压) | Pa(或 kPa) | 0(或 2) |
| 8 | 大气压 | kPa | 1 |
| 9 | 烟气湿度(V/V) | % | 2 |
| 10 | 烟道截面积 | $m^2$ | 2 |
| 11 | 污染物排放速率 | kg/h | 3 |
| 12 | 污染物排放量 | kg | 3 |
| 13 | $CO_2$ 体积浓度(V/V) | % | 2 |
| 14 | 小时烟气流量 | $m^3/h$ | 0 |
| 15 | 日排放量 | $\times 10^4 m^3/d$ | 3 |
| 16 | 污染源负荷 | % | 1 |
| 17 | 颗粒物测量一次物理量 | 无量纲 | — |

表 1-12　CEMS 数据时间标签一览表

| 数据时间类型 | 时间标签 | 定义 | 描述与示例 |
|---|---|---|---|
| 实时数据 | YYYYMMDDHHMMSS | 时间标签为数据采集的时刻,数据为相应时刻采集的测量瞬时值 | 20140628130815 为 2014 年 6 月 28 日 13 时 8 分 15 秒的测量瞬时值 |
| 分钟数据 | YYYYMMDDHHMM | 时间标签为测量开始时间,数据为此时刻后一分钟的测量平均值 | 201406281308 为 2014 年 6 月 28 日 13 时 8 分 00 秒至 13 时 9 分 00 秒之间的测量平均值 |
| 小时数据 | YYYYMMDDHH | 时间标签为测量开始时间,数据为此时刻后一小时的测量分钟平均值 | 2014062813 为 2014 年 6 月 28 日 13 时 00 分 00 秒至 14 时 00 分 00 秒之间的测量平均值 |
| 日数据 | YYYYMMDD | 时间标签为测量开始时间,数据为当日 0 时至 24 时(第二天 0 时)的测量小时平均值 | 20140628 为 2014 年 6 月 28 日 0 时 00 分 00 秒至 29 日 0 时 00 分 00 秒的测量平均值 |
| 月数据 | YYYYMM | 时间标签为测量开始时间,数据为当月 1 日至最后一日的测量日平均值 | 201406 为 2014 年 6 月 1 日 1 时至 30 日的测量平均值 |

## 2. 污水监测数据

(1) 监测数据的有效数字及规则

① 分析结果的表示按照分析方法中的要求执行,见表 1-13。

表 1-13　常见污水监测指标分析结果的表示方法

| 序号 | 指标名称 | 分析结果的表示方法 | 依据标准 |
|---|---|---|---|
| 1 | 总汞 | 当测定结果小于 10μg/L 时,保留到小数点后两位;大于等于 10μg/L 时,保留三位有效数字 | HJ 597—2011 |
| 2 | 总镉 | 结果以两位有效数字表示 | GB 7471—87 |
| 3 | 总铬 | 铬含量低于 0.1mg/L,结果以三位小数表示。铬含量高于 0.1mg/L,结果以三位有效数字表示 | GB 7466—87 |
| 4 | 六价铬 | 六价铬含量低于 0.1mg/L,结果以三位小数表示;六价铬含量高于 0.1mg/L,结果以三位有效数字表示。 | GB 7467—87 |
| 5 | 总砷 | 根据有效数字的规则,结果以两位或三位有效数字表示 | GB 7485—87 |
| 6 | 总铅 | 结果最多以两位有效数字表示 | GB 7470—87 |
| 7 | pH | 测定结果保留小数点后一位 | HJ 1147—2020 |
| 8 | 五日生化需氧量 | 结果小于 100mg/L,保留一位小数;100～1000mg/L,取整数位;大于 1000mg/L 以科学记数法报出 | HJ 505—2009 |

| 序号 | 指标名称 | 分析结果的表示方法 | 依据标准 |
|---|---|---|---|
| 9 | 化学需氧量 | 当 $COD_{Cr}$ 测定结果小于 100mg/L 时保留至整数位；当测定结果大于或等于 100mg/L 时，保留三位有效数字 | HJ 828—2017 |
| 10 | 石油类、动植物油 | 测定结果小数点后位数的保留与方法检出限一致，最多保留三位有效数字 | HJ 637—2018 |
| 11 | 挥发酚 | 当计算结果小于 0.1mg/L 时，保留到小数点后四位；大于等于 0.1mg/L 时，保留三位有效数字 | HJ 503—2009 |
| 12 | 硫化物 | 测定结果最多保留三位有效数字，小数点后位数与检出限一致 | HJ 1226—2021 |
| 13 | 氨氮 | 当测定结果小于 1.00mg/L 时，结果保留到小数点后两位；大于等于 1.00mg/L 时，结果保留三位有效数字 | HJ 665—2013 |
| 14 | 氟化物 | 计算结果表示到小数点后两位 | HJ 488—2009 |
| 15 | 磷酸盐、总磷 | 当测定结果小于 1.00mg/L 时，结果保留到小数点后第两位；大于或等于 1.00mg/L 时，结果保留三位有效数字 | HJ 670—2013 |
| 16 | 总铜 | 结果以两位小数表示 | HJ 486—2009 |
| 17 | 总锌 | 结果以两位有效数字表示 | GB 7472—87 |
| 18 | 细菌总数 | 测定结果保留至整数位，最多保留两位有效数字，当测定结果≥100CFU/ml 时，以科学记数法表示；若未稀释的原液的平皿上无菌落生长，则以"未检出"或"<1CFU/ml"表示 | HJ 1000—2018 |

② 分析结果有效数字所能达到的小数点后位数，应与分析方法检出限的保持一致；分析结果的有效数字一般不超过三位。

③ 对检定合格的计量器具，有效位数可以记录到最小分度值，最多保留一位不确定数字（估计值）。

④ 表示精密度的有效数字根据分析方法和待测物的浓度不同，一般只取一到两位有效数字。

⑤ 以一元线性回归方程计算时，校准曲线斜率 $b$ 的有效位数，应与自变量 $x_i$ 的有效数字位数相等，或最多比 $x_i$ 多保留一位。截距 $a$ 的最后一位数，则和因变量 $y_i$ 数值的最后一位取齐，或最多比 $y_i$ 多保留一位数。校准曲线相关系数只舍不入，保留到小数点后第一个非 9 数字。如果小数点后多于四个 9，最多保留四位。

⑥ 在数值计算中，当有效数字位数确定之后，其余数字应按修约规则一律舍去。

⑦ 在数值计算中，某些倍数、分数、不连续物理量的数值，以及不经测量而完全根据理论计算或定义得到的数值，其有效数字的位数可视为无限，在计算中按需要确定有效数字的位数。

（2）数值修约规则　数值修约规则执行 GB/T 8170。

（3）近似计算规则

① 加法和减法。近似值相加减时，其和或差的有效数字位数，与各近似值中小数点后位数最少者相同。运算过程中，可以多保留一位小数，计算结果按数值修约规则处理。

② 乘法和除法。近似值相乘除时，所得积与商的有效数字位数，与各近似值中有效数字位数量少者相同。运算过程中，可先将各近似值修约至比有效数字位数最少者多保留一位，最后将计算结果按上述规则处理。

③ 乘方和开方。近似值乘方或开方时，计算结果的有效数字位数与原近似值有效数字位数相同。

④ 对数和反对数。在近似值的对数计算中，结果的小数点后位数（不包括首数）应与原数的有效数字位数相同。

⑤ 平均值。求四个或四个以上准确度接近的数值的平均值时，其有效位数可增加一位。

（4）异常值的判断和处理 一组监测数据中，个别数值经检验明显偏离其所属样本的其余测定值，即为异常值。异常值的判断和处理，参照 GB/T 4883 中的相关内容。当出现异常值时，应查找原因，原因不明的异常高值不应随意剔除。

（5）监测结果的表示方法

① 监测结果的表示应根据相关分析方法等要求来确定，并采用中华人民共和国法定计量单位。

② 当测定结果高于分析方法检出限时，报实际测定结果值；当测定结果低于分析方法检出限时，报使用的"方法检出限"，并加标志位"L"表示。

（6）监测数据的处理 对低于分析方法检出限的有效测定结果，按以下原则进行数据处理：

① 日均浓度值统计时以 1/2 方法检出限参与计算；

② 总量统计时按 HJ/T 92 执行；

③ 对于某一类污染物的测定，如果每个分项项目的监测结果均小于方法检出限，在填报总量的结果时，可表述为"未检出"检并备注出每个分项项目的方法检出限；当其中某一个或某几个分项的监测结果大于方法检出限时，总量的结果为所有分项之和，低于方法检出限的分项以 0 计。

### 3. 环境空气监测数据

进行现状评价和变化趋势评价前，各污染物项目的数据统计结果按照 GB/T 8170 中规则进行修约，浓度单位及保留小数位数要求见表 1-14。污染物的小时浓度值作为基础数据单元，使用前也应进行修约。

表 1-14　污染物的浓度单位和保留小数位数要求

| 污染物 | 单位 | 保留小数位数 |
|---|---|---|
| $SO_2$、$NO_2$、$PM_{10}$、$PM_{2.5}$、$O_3$、TSP 和 $NO_x$ | $\mu g/m^3$ | 0 |
| CO | $mg/m^3$ | 1 |
| Pb | $\mu g/m^3$ | 2 |
| BaP | $\mu g/m^3$ | 4 |
| 超标倍数 | — | 2 |
| 达标率 | % | 1 |

### 4. 地表水监测数据

（1）有效数字规则 记录、运算和报告测量结果，应使用有效数字，有效数字位数和小数点后位数应执行相关标准分析方法的规定，见表 1-15。

表 1-15　常见地表水监测指标分析结果的表示方法

| 序号 | 指标名称 | 分析结果的表示方法 | 依据标准 |
|---|---|---|---|
| 1 | 水温 | 计算结果保留到小数点后一位 | DB22/T 3102—2020 |
| 2 | 浊度 | 当测定结果小于 10NTU 时,保留小数点后一位；测定结果大于等于 10NTU 时,保留至整数位 | HJ 1075—2019 |
| 3 | pH 值 | 测定结果保留小数点后一位 | HJ 1147—2020 |

| 序号 | 指标名称 | 分析结果的表示方法 | 依据标准 |
|---|---|---|---|
| 4 | 溶解氧 | 结果取一位小数 | GB 7489—87 |
| 5 | 化学需氧量 | 当COD_Cr测定结果小于100mg/L时保留至整数位;当测定结果大于或等于100mg/L时,保留三位有效数字 | HJ 828—2017 |
| 6 | 五日生化需氧量 | 结果小于100mg/L,保留一位小数;100～1000mg/L,取整数位;大于1000mg/L以科学记数法报出 | HJ 505—2009 |
| 7 | 氨氮 | 当测定结果小于1.00mg/L时,结果保留到小数点后两位;大于等于1.00mg/L时,结果保留三位有效数字 | HJ 665—2013 |
| 8 | 总磷 | 当测定结果小于1.00mg/L时,结果保留到小数点后第二位;大于或等于1.00mg/L时,结果保留三位有效数字 | HJ 670—2013 |
| 9 | 总氮 | 当测定结果小于1.00mg/L时,保留到小数点后两位;大于等于1.00mg/L时,保留三位有效数字 | HJ 636—2012 |
| 10 | 铜 | 结果以两位小数表示 | HJ 486—2009 |
| 11 | 锌 | 结果以两位有效数字表示 | GB 7472—87 |
| 12 | 氟化物 | 计算结果表示到小数点后两位 | HJ 488—2009 |
| 13 | 硒 | 结果以两位小数表示 | GB 11902—89 |
| 14 | 砷 | 根据有效数字的规则,结果以两位或三位有效数字表示 | GB 7485—87 |
| 15 | 汞 | 当测定结果小于10μg/L时,保留到小数点后两位;大于等于10μg/L时,保留三位有效数字 | HJ 597—2011 |
| 16 | 镉 | 结果以两位有效数字表示 | GB 7471—87 |
| 17 | 六价铬 | 六价格含量低于0.1mg/L,结果以三位小数表示;六价铬含量高于0.1mg/L,结果以三位有效数字表示 | GB 7467—87 |
| 18 | 铅 | 结果最多以两位有效数字表示 | GB 7470—87 |
| 19 | 氰化物 | 当测定结果小于1mg/L时,保留小数点后三位,测定结果大于等于1mg/L时,保留三位有效数字 | HJ 823—2017 |
| 20 | 挥发酚 | 当计算结果小于0.1mg/L时,保留到小数点后四位;大于等于0.1mg/L时,保留三位有效数字 | HJ 503—2009 |
| 21 | 石油类 | 测定结果小数点后位数的保留与方法检出限一致,最多保留三位有效数字 | HJ 637—2018 |
| 22 | 阴离子表面活性剂 | 当测定结果小于1mg/L时,保留小数点后两位,测定结果大于等于1mg/L时,保留三位有效数字 | HJ 826—2017 |
| 23 | 硫化物 | 测定结果最多保留三位有效数字,小数点后位数与检出限一致 | HJ 1226—2021 |
| 24 | 粪大肠菌群 | 测定结果保留两位有效数字,当测定结果≥100MPN/L时,以科学记数法表示;若97孔均为阴性,可报告为总大肠菌群、粪大肠菌群数或大肠埃希氏菌未检出或<10MPN/L | HJ 1001—2018 |

（2）近似计算规则　由有效数字构成的测定值为近似值,因此测定值运算应遵循近似计算规则。

（3）数值修约规则　数值修约规则执行 GB/T 8170。

（4）异常值的判断和处理　异常值的判断和处理执行 GB/T 4883。若出现异常值,应查找原因,原因不明的异常值不应随意剔除。

（5）监测结果的表示方法

① 监测结果的表示应根据标准分析方法的要求确定,并采用中华人民共和国法定计量单位。

② 若双份平行测定结果在相对偏差允许范围之内,则结果以平均值表示。

③ 若测定结果高于标准分析方法检出限,则报告实际测定结果数值;若测定结果低于

标准分析方法检出限，则执行 HJ 630 相关要求，也可使用"方法检出限"后加"L"表示。

（6）地表水环境质量监测数据统计时，采用修约后的数据进行水质评价，保留的有效小数位数对照表 1-16 进行统一。在此基础上，监测数据一般保留不超过三位有效数字；当修约后结果为 0 时，保留一位有效数字。当监测数据低于检出限时，以 1/2 检出限值参与计算和统计。

表 1-16　评价数据修约要求

| 序号 | 监测指标 | 单位 | 保留小数位数 |
|---|---|---|---|
| 1 | 水温 | ℃ | 1 |
| 2 | pH 值 | 无量纲 | 0 |
| 3 | 溶解氧 | mg/L | 1 |
| 4 | 高锰酸盐指数 | mg/L | 1 |
| 5 | 化学需氧量 | mg/L | 1 |
| 6 | 五日生化需氧量 | mg/L | 1 |
| 7 | 氨氮 | mg/L | 2 |
| 8 | 总磷 | mg/L | 3 |
| 9 | 总氮 | mg/L | 2 |
| 10 | 铜 | mg/L | 3 |
| 11 | 锌 | mg/L | 3 |
| 12 | 氟化物 | mg/L | 3 |
| 13 | 硒 | mg/L | 4 |
| 14 | 砷 | mg/L | 4 |
| 15 | 汞 | mg/L | 5 |
| 16 | 镉 | mg/L | 5 |
| 17 | 铬（六价） | mg/L | 3 |
| 18 | 铅 | mg/L | 3 |
| 19 | 氰化物 | mg/L | 3 |
| 20 | 挥发酚 | mg/L | 4 |
| 21 | 石油类 | mg/L | 2 |
| 22 | 阴离子表面活性剂 | mg/L | 2 |
| 23 | 硫化物 | mg/L | 3 |
| 24 | 电导率 | μS/cm | 1 |
| 25 | 浊度 | NTU | 1 |
| 26 | 透明度 | cm | 0 |
| 27 | 叶绿素 a | mg/L | 3 |
| 28 | 藻密度 | 个/L | 0 |

## 二、数值修约规则

### 1. 定义

（1）数值修约　通过省略原数值的最后若干位数字，调整所保留的末位数字，使最后所得到的值最接近原数值的过程。

【注意】经数值修约后的数值称为（原数值的）修约值。

（2）修约间隔　修约值的最小数值单位。

【注意】修约间隔的数值一经确定，修约值即为该数值的整数倍。

【例 1-1】如指定修约间隔为 0.1，修约值应在 0.1 的整数倍中选取，相当于将数值修约到一位小数。

【例 1-2】如指定修约间隔为 100，修约值应在 100 的整数倍中选取，相当于将数值修约到"百"数位。

### 2. 数值修约规则

（1）确定修约间隔

① 指定修约间隔为 $10^{-n}$（$n$ 为正整数），或指明将数值修约到 $n$ 位小数；

② 指定修约间隔为1，或指明将数值修约到"个"数位；

③ 指定修约间隔为 $10^n$（$n$ 为正整数），或指明将数值修约到 $10^n$ 数位，或指明将数值修约到"十""百""千"……数位。

（2）进舍规则

① 拟舍弃数字的最左一位数字小于5，则舍去，保留其余各位数字不变。

**【例1-3】** 将 12.1498 修约到个数位，得12；将 12.1498 修约到一位小数，得12.1。

② 拟舍弃数字的最左一位数字大于5，则进一，即保留数字的末位数字加1。

**【例1-4】** 将 1268 修约到"百"数位，得 $13×10^2$（特定场合可写为1300）

③ 拟舍弃数字的最左一位数字是5，且其后有非0数字时进一，即保留数字的末位数字加1。

**【例1-5】** 将 10.5002 修约到个数位，得11。

④ 拟舍弃数字的最左一位数字为5，且其后无数字或皆为0时，若所保留的末位数字为奇数（1，3，5，7，9）则进一，即保留数字的末位数字加1；若所保留的末位数字为偶数（0，2，4，6，8），则舍去。

**【例1-6】** 修约间隔为 0.1（或 $10^{-1}$）：

| 拟修约数值 | 修约值 |
| --- | --- |
| 1.050 | $10×10^{-1}$（特定场合可写成为 1.0） |
| 0.35 | $4×10^{-1}$（特定场合可写成为 0.4） |

**【例1-7】** 修约间隔为 1000（或 $10^3$）：

| 拟修约数值 | 修约值 |
| --- | --- |
| 2500 | $2×10^3$（特定场合可写成为 2000） |
| 3500 | $4×10^3$（特定场合可写成为 4000） |

⑤ 负数修约时，先将它的绝对值按①～④的规定进行修约，然后在所得值前面加上负号。

**【例1-8】** 将下列数字修约到"十"数位：

| 拟修约数值 | 修约值 |
| --- | --- |
| -355 | $-36×10$（特定场合可写为 -360） |
| -325 | $-32×10$（特定场合可写为 -320） |

**【例1-9】** 将下列数字修约到三位小数，即修约间隔为 $10^{-3}$：

| 拟修约数值 | 修约值 |
| --- | --- |
| -0.0365 | $-36×10^{-3}$（特定场合可写为 -0.036） |

（3）不允许连续修约　拟修约数字应在确定修约间隔或指定修约数位后一次修约获得结果，不得多次按（2）的规则连续修约。

**【例1-10】** 修约 97.46，修约间隔为1。

正确的做法：97.46→97；

不正确的做法：97.46→97.5→98。

【例 1-11】修约 15.4546，修约间隔为 1。

正确的做法：15.4546→15；

不正确的做法：15.4546→15.455→15.46→15.5→16。

## 三、 WPS 进行数据修约的方法

### 1. 通过设置"单元格格式"完成

若按"四舍五入"的规则，对数据进行修约，可以通过设置"单元格格式"完成，如图 1-17。其步骤是：

（1）选择待修约的数据；

（2）右击选择区域后选择"设置单元格格式"（或 Ctrl+1）；

（3）点击左边的"数值"，然后修改右边"小数位数"的数字即可。

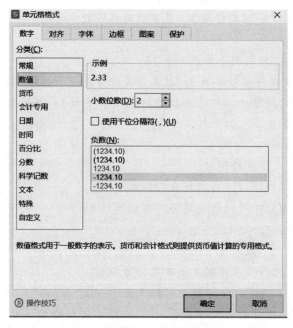

图 1-17　设置"单元格格式"

### 2. 通过函数完成

（1）ROUND 函数：用于按指定位数对数值进行四舍五入。

公式：ROUND(number,num_digits)。

（2）ROUNDDOWN 函数：靠近零值，向下（绝对值减小的方向）舍入数字。

公式：ROUNDDOWN(number,num_digits)。

（3）ROUNDUP 函数：向上（绝对值增加的方向）舍入数字。

公式：ROUNDUP(number,num_digits)。

（4）FLOOR 函数：将参数 number 沿绝对值减小的方向去尾舍入，使其等于最接近的 significance 的倍数。

公式：FLOOR(number,significance)。

如果任一参数为非数值参数，则 FLOOR 将返回错误值 #VALUE！或 #NAME?。

（5）CEILING 函数：FLOOR 函数的反函数，将参数 number 沿绝对值增大的方向去尾舍入，使其等于最接近的 significance 的倍数。

公式：CEILING(number,significance)。

（6）EVEN 函数：沿绝对值增大方向取整后最接近的偶数。

公式：EVEN(number)。

（7）ODD 函数：沿绝对值增大方向取整后最接近的奇数。EVEN 函数的相反函数。

公式：ODD(number)。

（8）INT 函数：将数值向下取整为最接近的整数。

公式：INT(number)。

（9）TRUNC 函数：TRUNC 函数返回处理后的数值，其工作机制与 ROUND 函数极为类似，只是该函数不对指定小数前或后的部分做相应舍入选择处理，而统统截去。

公式：TRUNC(number,num_digits)。

### 3. “四舍六入五留双”的函数

（1）按小数点后 *n* 位进行修约。

方法一（只适用于正数修约）：如图 1-18 所示，在 C2 单元格输入以下内容（详细内容扫描二维码 WPS 进行数据修约的方法——函数 1），其中 A2 是待修约的数据，B2 是保留小数位数。

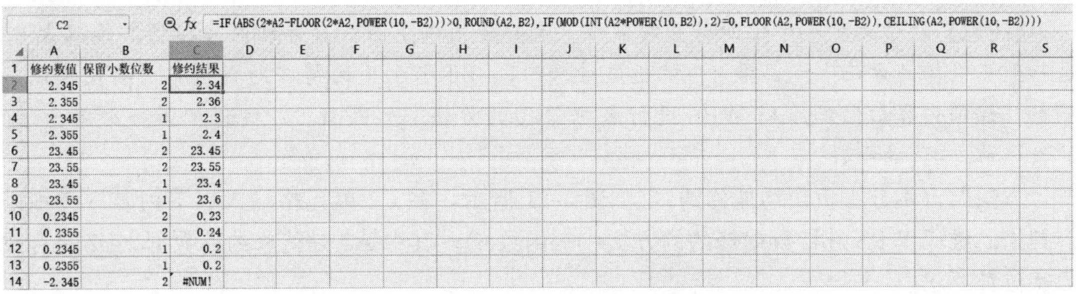

C2　=IF(ABS(2*A2-FLOOR(2*A2,POWER(10,-B2)))>0,ROUND(A2,B2),IF(MOD(INT(A2*POWER(10,B2)),2)=0,FLOOR(A2,POWER(10,-B2)),CEILING(A2,POWER(10,-B2))))

| | A | B | C |
|---|---|---|---|
| 1 | 修约数值 | 保留小数位数 | 修约结果 |
| 2 | 2.345 | 2 | 2.34 |
| 3 | 2.355 | 2 | 2.36 |
| 4 | 2.345 | 1 | 2.3 |
| 5 | 2.355 | 1 | 2.4 |
| 6 | 23.45 | 2 | 23.45 |
| 7 | 23.55 | 2 | 23.55 |
| 8 | 23.45 | 1 | 23.4 |
| 9 | 23.55 | 1 | 23.6 |
| 10 | 0.2345 | 2 | 0.23 |
| 11 | 0.2355 | 2 | 0.24 |
| 12 | 0.2345 | 1 | 0.2 |
| 13 | 0.2355 | 1 | 0.2 |
| 14 | -2.345 | 2 | #NUM! |

图 1-18　按“四舍六入五留双”修约至小数点后 *n* 位（1）

方法二（正负数均能修约）：如图 1-19 所示，在 C2 单元格输入以下内容（详细内容扫描二维码 WPS 进行数据修约的方法——函数 2），其中 A2 是待修约的数据，B2 是保留小数位数。

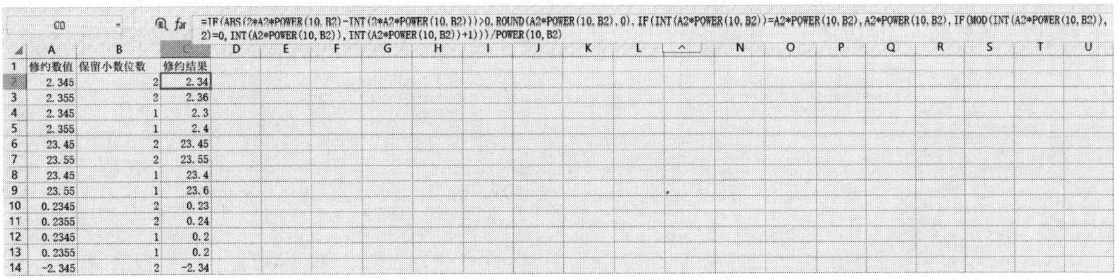

=IF(ABS(2*A2*POWER(10,B2)-INT(2*A2*POWER(10,B2)))>0,ROUND(A2*POWER(10,B2),0),IF(INT(A2*POWER(10,B2))=A2*POWER(10,B2),A2*POWER(10,B2),IF(MOD(INT(A2*POWER(10,B2)),2)=0,INT(A2*POWER(10,B2)),INT(A2*POWER(10,B2))+1)))/POWER(10,B2)

| | A | B | C |
|---|---|---|---|
| 1 | 修约数值 | 保留小数位数 | 修约结果 |
| 2 | 2.345 | 2 | 2.34 |
| 3 | 2.355 | 2 | 2.36 |
| 4 | 2.345 | 1 | 2.3 |
| 5 | 2.355 | 1 | 2.4 |
| 6 | 23.45 | 2 | 23.45 |
| 7 | 23.55 | 2 | 23.55 |
| 8 | 23.45 | 1 | 23.4 |
| 9 | 23.55 | 1 | 23.6 |
| 10 | 0.2345 | 2 | 0.23 |
| 11 | 0.2355 | 2 | 0.24 |
| 12 | 0.2345 | 1 | 0.2 |
| 13 | 0.2355 | 1 | 0.2 |
| 14 | -2.345 | 2 | -2.34 |

图 1-19　按“四舍六入五留双”修约至小数点后 *n* 位（2）

WPS 进行数据修约
的方法——函数 1

WPS 进行数据修约
的方法——函数 2

WPS 进行数据修约
的方法——函数 3

（2）按 $n$ 位有效数字进行修约。

方法一（只适用于正数修约）：如图 1-20 所示，在 C2 单元格输入以下内容（详细内容扫描二维码 WPS 进行数据修约的方法——函数 3），其中 A2 是待修约的数据，B2 是有效数字位数要求。

图 1-20　按"四舍六入五留双"修约至 $n$ 位有效数字（1）

【注意】对于大于等于 1 的待修约数值，直接使用以下函数（详细内容扫描二维码 WPS 进行数据修约的方法——函数 4）就能进行修约；对于小于 1 的待修约数值，需要使用以下函数（详细内容扫描二维码 WPS 进行数据修约的方法——函数 5）找到"第一个不为零"的数字前"0"的个数。

方法二（不分正负数均能修约）：如图 1-21 所示，在 C2 单元格输入以下内容（详细内容扫描二维码 WPS 进行数据修约的方法——函数 6），其中 A2 是待修约的数据，B2 是有效数字位数要求。

WPS 按小数位数修约的案例讲解视频　　WPS 进行数据修约的方法——函数 4　　WPS 进行数据修约的方法——函数 5　　WPS 进行数据修约的方法——函数 6　　WPS 按有效数字位数修约的案例讲解视频

图 1-21　按"四舍六入五留双"修约至 $n$ 位有效数字（2）

【注意】"＝INT(LOG10(ABS(A2)))"用于计算待修约数值"第一个不为零"的数字出现的位置，"0"代表个位，"1"代表十位，"－1"代表小数点后第一位，"－2"代表小数点后第二位，如此类推。

## 任务决策

根据任务需求，按标准要求正确报告数据，并编写算法函数，自动正确报告数据，填写任务决策单。

### 任务决策单

| 项目名称 | 环境监测数据管理 | | | | |
|---|---|---|---|---|---|
| 任务名称 | 数据报告 | | 建议学时数 | | 6 |
| 汇总结果 | | | | | |
| 数据报告 | 测定值 | 依据标准 | 报告值 | 算法、函数 | 备注 |
| | | | | | |
| | | | | | |
| | | | | | |
| | | | | | |
| 总结 | | | | | |

## 任务计划

根据任务决策过程中选定的方案，制订任务计划，填写任务计划单。

### 任务计划单

| 项目名称 | 环境监测数据管理 | | |
|---|---|---|---|
| 任务名称 | 数据报告 | 建议学时数 | 6 |
| 计划方式 | 分组讨论、资料收集、技能学习、结果报告等 | | |
| 序号 | 任务 | 时间 | 负责人 |
| 1 | | | |
| 2 | | | |
| 3 | | | |
| 4 | | | |
| 5 | | | |
| 小组分工 | | | |
| 计划评价 | | | |

## 任务实施

根据任务计划编制任务实施方案，并完成任务，填写任务实施单。

### 任务实施单

| 项目名称 | 环境监测数据管理 | | |
|---|---|---|---|
| 任务名称 | 数据报告 | 建议学时数 | 6 |
| 实施方式 | 分组讨论、资料收集、技能学习、编写函数、报告结果等 | | |
| 序号 | 实施步骤 | | |
| 1 | | | |
| 2 | | | |
| 3 | | | |
| 4 | | | |
| 5 | | | |
| 6 | | | |

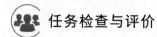 **任务检查与评价**

完成任务后，进行任务检查，可采用小组互评等方式进行任务评价，任务评价单如下。

**任务评价单**

| 项目名称 | 环境监测数据管理 | | | |
|---|---|---|---|---|
| 任务名称 | 数据报告 | | | |
| 考核方式 | 过程考核、结果考核 | | | |
| 说明 | 主要评价学生在项目学习过程中的操作方式、理论知识、学习态度、课堂表现、学习能力等 | | | |
| 考核内容与评价标准 | | | | |
| 序号 | 内容 | 评价标准 | | 成绩比例/% |
| | | 优 | 良 | 合格 | |
| 1 | 基本理论掌握 | 完全理解相关标准和技术规范 | 熟悉相关标准和技术规范 | 了解相关标准和技术规范 | 30 |
| 2 | 实践操作技能 | 能够熟练编写函数，按标准要求正确报告监测数据，能够快速完成报告，报告内容完整、格式规范 | 能够较熟练地编写函数，按标准要求正确报告监测数据，能够较快地完成报告，报告内容完整、格式较规范 | 能够编写函数，按标准要求正确报告监测数据，能够参与完成报告，报告内容较完整 | 30 |
| 3 | 职业核心能力 | 具有良好的自主学习能力和分析解决问题能力 | 具有较好的学习能力和分析解决问题能力 | 能主动学习并收集信息，具备一定的分析解决问题能力 | 10 |
| 4 | 工作作风与职业道德 | 具有严谨的科学态度和工匠精神，能够严格遵守相关制度文件 | 具有良好的科学态度和工匠精神，能够自觉遵守相关制度文件 | 具有较好的科学态度和工匠精神，能够遵守相关制度文件 | 10 |
| 5 | 小组评价 | 具有良好的团队合作精神和沟通交流能力，热心帮助小组其他成员 | 具有较好的团队合作精神和与人交流能力，能帮助小组其他成员 | 具有一定的团队合作精神，能配合小组完成项目任务 | 10 |
| 6 | 教师评价 | 包括以上所有内容 | 包括以上所有内容 | 包括以上所有内容 | 10 |
| 合计 | | | | | 100 |

**教学反馈**

完成任务实施后，进行教学任务反馈，填写教学反馈单。

**教学反馈单**

| 项目名称 | 环境监测数据管理 | | |
|---|---|---|---|
| 任务名称 | 数据报告 | 建议学时数 | 6 |
| 序号 | 调查内容 | 是/否 | 反馈意见 |
| 1 | 知识点是否讲解清楚 | | |
| 2 | 操作是否规范 | | |
| 3 | 解答是否及时 | | |
| 4 | 重难点是否突出 | | |
| 5 | 课堂组织是否合理 | | |
| 6 | 逻辑是否清晰 | | |
| 本次任务的兴趣点 | | | |
| 本次任务的成就点 | | | |
| 本次任务的疑虑点 | | | |

测试题

**一、判断题**

1. CEMS 传感器显示颗粒物质量浓度为 $52.43\text{mg/m}^3$，则报告值应为 $52\text{mg/m}^3$。（　　）

2. 环境空气监测的超标倍数和达标率的报告值均保留一位小数。（　　）

3. pH 值监测结果保留小数点后一位，需要进一步修约成整数后才能用于水质评价。（　　）

4. GB/T 8170—2008 规定拟修约数字可多次按规则连续修约。（　　）

5. WPS 中通过设置"单元格格式"可以按 GB/T 8170—2008 得到修约值。（　　）

**二、简答题**

1. 简述水体监测中一元线性回归方程的结果的有效数字要求。

2. 列举 WPS 中直接进行数值修约的函数，说明其修约方式。

# 任务四　数据处理

 任务描述

　　小明在运维数据处理岗位上每天需要对污染源烟气在线监测数据、监测设备运行及质控数据进行提取与处理，需要熟练掌握 WPS 办公软件基础操作，并在 WPS 表格中用公式进行快速处理。

 任务要求

　　根据任务单要求进行任务计划及实施。

 任务单

　　根据任务描述，本任务需要处理数据。具体任务要求可参照任务单。

任务单

| 项目名称 | 环境监测数据管理 |
|---|---|
| 任务名称 | 数据处理 |
| 任务要求 | |

任务要求

1. 任务开展要求：

(1)分组讨论任务实施方案，每组 3～5 人；

(2)所需资料自行收集。

2. 完成在线监测系统的工作状态、运行记录、数据等资料的收集与整理。

3. 提交在线监测系统运维数据处理报告并汇报

任务准备

1. 知识准备：

(1)《地表水自动监测技术规范(试行)》(HJ 915—2017)；

(2)《水污染源在线监测系统($COD_{Cr}$、$NH_3$-N 等)安装技术规范》(HJ 353—2019)；

(3)《水污染源在线监测系统($COD_{Cr}$、$NH_3$-N 等)验收技术规范》(HJ 354—2019)；

(4)《水污染源在线监测系统($COD_{Cr}$、$NH_3$-N 等)运行技术规范》(HJ 355—2019)；

| 任务准备 |
| --- |
| (5)《环境空气气态污染物（$SO_2$、$NO_2$、$O_3$、CO）连续自动监测系统安装验收技术规范》（HJ 193—2013）； |
| (6)《环境空气气态污染物（$SO_2$、$NO_2$、$O_3$、CO）连续自动监测系统运行和质控技术规范》（HJ 818—2018）； |
| (7)《环境空气颗粒物（$PM_{10}$ 和 $PM_{2.5}$）连续自动监测系统技术要求及检测方法》（HJ 653—2021）； |
| (8)《环境空气颗粒物（$PM_{10}$ 和 $PM_{2.5}$）连续自动监测系统运行和质控技术规范》（HJ 817—2018）； |
| (9)《固定污染源烟气（$SO_2$、$NO_x$、颗粒物）排放连续监测技术规范》（HJ 75—2017）； |
| (10)《固定污染源烟气（$SO_2$、$NO_x$、颗粒物）排放连续监测系统技术要求及检测方法》（HJ 76—2017）。 |
| 2. 工具及设备支持： |
| 计算机 |

| 工作步骤 |
| --- |
| 1. 小组讨论分工。 |
| 2. 小组合作完成在线监测系统的工作状态、运行记录、数据等资料的收集与整理。 |
| 3. 小组合作完成运维数据处理表格和自动化处理函数的商定。 |
| 4. 小组分工完成报告的编写。 |
| 5. 小组分工完成汇报PPT的编制 |

| 总结与提高 |
| --- |
| 1. 自我总结： |
| (1)请对每个组员的工作作风进行相互评价； |
| (2)请分析组内分工的合理性。 |
| 2. 拓展提高： |
| 通过提交报告，进一步明确报告编写的规范性 |

 任务资讯

　　不同自动监测系统都有其相应的系统运维性能指标，常见自动监测系统的运行维护相关标准和技术规范见表1-17。

表 1-17　常见自动监测系统的运行维护相关标准和技术规范

| 自动监测系统类型 | 运行维护相关标准及规范 |
| --- | --- |
| 地表水 | 《地表水自动监测技术规范（试行）》（HJ 915—2017） |
| 污水 | 1.《水污染源在线监测系统（$COD_{Cr}$、$NH_3$-N 等）安装技术规范》（HJ 353—2019）；<br>2.《水污染源在线监测系统（$COD_{Cr}$、$NH_3$-N 等）验收技术规范》（HJ 354—2019）；<br>3.《水污染源在线监测系统（$COD_{Cr}$、$NH_3$-N 等）运行技术规范》（HJ 355—2019） |
| 环境空气 | 1.《环境空气气态污染物（$SO_2$、$NO_2$、$O_3$、CO）连续自动监测系统安装验收技术规范》（HJ 193—2013）；<br>2.《环境空气气态污染物（$SO_2$、$NO_2$、$O_3$、CO）连续自动监测系统运行和质控技术规范》（HJ 818—2018）；<br>3.《环境空气颗粒物（$PM_{10}$ 和 $PM_{2.5}$）连续自动监测系统技术要求及检测方法》（HJ 653—2021）；<br>4.《环境空气颗粒物（$PM_{10}$ 和 $PM_{2.5}$）连续自动监测系统运行和质控技术规范》（HJ 817—2018） |
| 废气 | 1.《固定污染源烟气（$SO_2$、$NO_x$、颗粒物）排放连续监测技术规范》（HJ 75—2017）；<br>2.《固定污染源烟气（$SO_2$、$NO_x$、颗粒物）排放连续监测系统技术要求及检测方法》（HJ 76—2017） |

　　本任务的完成需要参考《固定污染源烟气（$SO_2$、$NO_x$、颗粒物）排放连续监测系统技术要求及检测方法》（HJ 76—2017）。

# 一、设备的性能指标

## 1. 实验室检测

（1）气态污染物（含 $O_2$）监测单元

① 仪表响应时间（上升时间和下降时间） 分析仪器仪表响应时间≤120s。

② 重复性 分析仪器重复性（相对标准偏差）≤2%。

③ 线性误差 分析仪器线性误差不超过±2%满量程。

④ 24h零点漂移和量程漂移 分析仪器24h零点漂移和量程漂移不超过±2%满量程。

⑤ 一周零点漂移和量程漂移分析仪器 一周零点漂移和量程漂移不超过±3%满量程。

⑥ 环境温度及进样流量变化的影响 环境温度在15～35℃范围内变化，分析仪器读数的变化不超过±5%满量程。进样流量变化±10%，分析仪器读数的变化不超过±2%满量程。

⑦ 供电电压变化的影响 供电电压变化±10%，分析仪器读数的变化不超过±2%满量程。

⑧ 干扰成分的影响 依次通入表1-18中相应浓度的干扰成分气体，导致分析仪器读数变化的正干扰和负干扰不超过±5%满量程。

**表 1-18 实验室检测使用的干扰成分气体**

| 气体类型 | 气体名称 | 浓度 |
|---|---|---|
| 干扰气体 | CO | $300mg/m^3$ |
| | $CO_2$ | 15% |
| | $CH_4$ | $50mg/m^3$ |
| | $NH_3$ | $20mg/m^3$ |
| | HCl | $200mg/m^3$ |

⑨ 振动的影响 按照规定的振动条件和频率进行振动实验后，分析仪器读数的变化不超过±2%满量程。

⑩ 二氧化氮转换效率 $NO_x$ 分析仪器或 $NO_2$ 转换器中 $NO_2$ 转换为 NO 的效率≥95%。

⑪ 平行性 三台（套）分析仪器测量同一标准样本读数的相对标准偏差≤5%。

（2）颗粒物监测单元

① 重复性 分析仪器重复性（相对标准偏差）≤2%。

② 24h零点漂移和量程漂移 分析仪器24h零点漂移和量程漂移不超过±2%满量程。

③ 一周零点漂移和量程漂移 分析仪器一周零点漂移和量程漂移不超过±3%满量程。

④ 环境温度变化的影响 环境温度在－20～50℃范围内变化，分析仪器读数的变化不超过±5%满量程。

⑤ 供电电压变化的影响 供电电压变化±10%，分析仪器读数的变化不超过±2%满量程。

⑥ 振动的影响 按照规定的振动条件和频率进行振动实验后，分析仪器读数的变化不超过±2%满量程。

⑦ 检出限分析 仪器满量程值≤$50mg/m^3$ 时，检出限≤$1.0mg/m^3$（满量程值＞$50mg/m^3$ 时不做要求）。

**2. 污染物排放现场检测**

（1）气态污染物 CEMS（含 $O_2$）

① 示值误差

a. 气态污染物 CEMS　当系统检测 $SO_2$ 满量程值≥$100\mu mol/mol$、$NO_x$ 满量程值≥$200\mu mol/mol$ 时，示值误差不超过±5％标准气体标称值；当系统检测 $SO_2$ 满量程值＜$100\mu mol/mol$、$NO_x$ 满量程值＜$200\mu mol/mol$ 时，示值误差不超过±2.5％满量程。

b. $O_2$ CMS　不超过±5％标准气体标称值。

② 系统响应时间　气态污染物 CEMS（含 $O_2$）系统响应时间≤200s。

③ 24h 零点漂移和量程漂移　气态污染物 CEMS（含 $O_2$）24h 零点漂移和量程漂移不超过±2.5％满量程。

④ 准确度

a. 气态污染物 CEMS　当参比方法测量烟气中二氧化硫、氮氧化物排放浓度的平均值：

≥$250\mu mol/mol$ 时，CEMS 与参比方法测量结果相对准确度≤15％；

为 50（含）～250（不含）$\mu mol/mol$ 时，CEMS 与参比方法测量结果平均值绝对误差的绝对值≤$20\mu mol/mol$；

为 20（含）～50（不含）$\mu mol/mol$ 时，CEMS 与参比方法测量结果平均值相对误差的绝对值≤30％；

＜$20\mu mol/mol$ 时，CEMS 与参比方法测量结果平均值绝对误差的绝对值≤$6\mu mol/mol$。

b. $O_2$ CMS　$O_2$ CMS 与参比方法测量结果相对准确度≤15％。

（2）颗粒物 CEMS

① 24h 零点漂移和量程漂移　颗粒物 CEMS 24h 零点漂移和量程漂移不超过±2％满量程。

② 相关校准　颗粒物 CEMS 线性相关校准曲线应符合下列条件：

a. 相关系数：≥0.85（当测量范围上限小于或等于 $50mg/m^3$ 时，相关系数≥0.75）；

b. 置信区间：95％的置信水平区间应落在由距校准曲线适合的颗粒物排放浓度限值±10％的两条直线组成的区间内。

c. 允许区间：允许区间应具有 95％的置信水平，即 75％的测定值应落在由距校准曲线适合的颗粒物排放浓度限值±25％的两条直线组成的区间内。

③ 准确度　当参比方法测量烟气中颗粒物排放浓度的平均值：

＞$200mg/m^3$ 时，CEMS 与参比方法比对测试结果平均值的相对误差不超过±15％；

为 100（不含）～200（含）$mg/m^3$ 时，CEMS 与参比方法测量结果平均值的相对误差不超过±20％；

为 50（不含）～100（含）$mg/m^3$ 时，CEMS 与参比方法测量结果平均值的相对误差不超过±25％；

为 20（不含）～50（含）$mg/m^3$ 时，CEMS 与参比方法测量结果平均值的相对误差不超过±30％；

为 10（不含）～20（含）$mg/m^3$ 时，CEMS 与参比方法测量结果平均值的绝对误差不超过±$6mg/m^3$；

当≤$10mg/m^3$ 时，CEMS 与参比方法测量结果平均值的绝对误差不超过±$5mg/m^3$。

（3）烟气流速连续测量系统

① 测量范围：测量范围上限≥30m/s。

② 速度场系数精密度：速度场系数的相对标准偏差≤5%。

③ 准确度 当参比方法测量烟气流速的平均值：

a. ＞10m/s时，CEMS与参比方法测量结果平均值的相对误差不超过±10%；

b. ≤10m/s时，CEMS与参比方法测量结果平均值的相对误差不超过±12%。

（4）烟气温度连续测量系统

准确度：CEMS与参比方法测量结果平均值的绝对误差不超过±3℃。

（5）烟气湿度连续测量系统

① 准确度 当参比方法测量烟气绝对湿度的平均值：

a. ＞5.0%时，CEMS与参比方法测量结果平均值的相对误差不超过±25%；

b. ≤5.0%时，CEMS与参比方法测量结果平均值的相对误差不超过±1.5%。

② 采用氧传感器通过测量烟气含氧量计算得到烟气湿度的CEMS，应同时满足准确度和示值误差、系统响应时间、24h零点漂移和量程漂移、准确度等相关技术指标要求。

## 二、性能指标检测方法

### 1. 实验室检测

（1）一般要求

① 至少抽取3套同型号CEMS仪器在指定的实验室场地同时进行检测。

② 系统具备双量程或多量程时（非硬件调整），只针对仪器的最小量程进行技术指标检测。气态污染物（$SO_2$、$NO_x$）监测单元检测量程最大值为250$\mu$mol/mol。颗粒物监测单元检测量程最大值为200mg/m³。

③ 检测期间除进行系统零点和量程校准外，不允许对系统进行计划外的维护、检修和调节。

④ 如果因供电问题造成测试中断，在供电恢复正常后，继续进行检测，已经完成的测试指标和数据有效。

⑤ 如果因CEMS故障造成测试中断，在CEMS恢复正常后，重新开始检测，已经完成的测试指标和数据无效；检测期间，每台（套）CEMS故障次数≤2次。

⑥ 可设定任一时间对CEMS进行零点和量程的自动校验和校准；检测期间，自动校验校准时间间隔应设置为≥24h。

⑦ 各技术指标检测数据均采用CEMS数据采集与处理单元存储记录的最终结果。

（2）标准物质要求

① 零气（零点气体） 含二氧化硫、氮氧化物浓度分别≤0.1$\mu$mol/mol的标准气体（一般为高纯氮气，≥99.999%）。当测量烟气中二氧化碳时，零气中二氧化碳不超过400$\mu$mol/mol，含有其他气体的浓度不得干扰仪器的读数。

② 标准气体 由国家计量主管部门批准的国家一、二级标准气体，其不确定度不超过±2.0%。量程校准气体指浓度在80%～100%满量程范围内的标准气体。较低浓度的标准气体如不能满足不确定度要求，可以使用满足要求的高浓度标准气体采用等比例稀释的方式获得，等比例稀释装置的精密度应在1.0%以内。

③ 颗粒物零点和量程校准部件 能够手动或自动完成颗粒物CEMS零点和50%～

100％满量程校准和检验的装置、元件或设备。

（3）实验室检测方法

① 气态污染物（含 $O_2$）监测单元

a. 仪表响应时间（上升时间和下降时间）　待测分析仪器运行稳定后，按照分析仪器设定进样流量通入零点气体，待读数稳定后按照相同流量通入量程校准气体，同时用秒表开始计时；当待测分析仪器显示值上升至标准气体浓度标称值 90％时，停止计时；记录所用时间为待测分析仪器的上升时间。待量程校准气体测量读数稳定后，按照相同流量通入零点气体，同时用秒表开始计时，当待测分析仪器显示值下降至量程校准气体浓度标称值的 10％时，停止计时；记录所用时间为待测分析仪器的下降时间。仪表响应时间每天测试 1 次，重复测试 3 天，平均值应符合仪表响应时间（上升时间和下降时间）的要求。

b. 重复性　待测分析仪器运行稳定后，通入量程校准气体，待读数稳定后记录显示值 $C_i$，使用同一浓度量程校准气体重复上述测试操作至少 6 次，按式(1-5)计算待测分析仪器的重复性（相对标准偏差），应符合重复性的要求

$$S_r = \frac{1}{\bar{C}} \times \sqrt{\frac{\sum_{i=1}^{n}(C_i - \bar{C})^2}{n-1}} \times 100\% \tag{1-5}$$

式中　$S_r$——待测分析仪器重复性，％；

$C_i$——量程校准气体第 $i$ 次测量值，$mg/m^3$；

$\bar{C}$——量程校准气体测量平均值，$mg/m^3$；

$i$——记录数据的序号（$i$ 为 $1\sim n$）；

$n$——测量次数（$n \geqslant 6$）。

c. 线性误差　待测分析仪器运行稳定后，分别进行零点校准和满量程校准。依次通入浓度为 20％±5％满量程、40％±5％满量程、60％±5％满量程和 80％±5％满量程的标准气体；读数稳定后分别记录各浓度标准气体的显示值；再通入零点气体，重复测试 3 次，按式(1-6)计算待测分析仪器每种浓度标准气体测量误差相对于满量程的百分比 $L_{ei}$，$L_{ei}$ 的最大值应符合线性误差的要求。

$$L_{ei} = \frac{(\bar{C}_{di} - C_{si})}{R} \times 100\% \tag{1-6}$$

式中　$L_{ei}$——待测分析仪器测量第 $i$ 种浓度标准气体的线性误差，％；

$C_{si}$——第 $i$ 种浓度标准气体浓度标称值，$mg/m^3$；

$\bar{C}_{di}$——待测分析仪器测量第 i 种浓度标准气体 3 次测量平均值，$mg/m^3$；

$i$——测量标准气体序号（$i$ 为 $1\sim 4$）；

$R$——待测分析仪器满量程值，$mg/m^3$。

d. 24h 零点漂移和量程漂移　待测分析仪器运行稳定后，通入零点气体，记录分析仪器零点稳定读数为 $Z_0$；然后通入量程校准气体，记录稳定读数 $S_0$。通气结束后，待测分析仪器连续运行 24h（期间不允许任何校准和维护）后分别通入同一浓度零点气体和量程校准气体重复上述操作，并分别记录稳定后读数 $Z_n$ 和 $S_n$。按式(1-7)、式(1-8)、式(1-9) 和式

(1-10) 计算待测分析仪器的 24h 零点漂移 $Z_d$ 和 24h 量程漂移 $S_d$，然后可对待测分析仪器进行零点和量程校准（如果不校准可将本次零点和量程测量值作为 CEMS 运行 24h 后零点和量程漂移测试的初始值 $Z_0$ 和 $S_0$）。重复上述测试 7 次，全部 24h 零点漂移 $Z_d$ 和 24h 量程漂移 $S_d$ 均应符合 24h 零点漂移和量程漂移的要求。

$$\Delta Z_n = Z_n - Z_0 \tag{1-7}$$

$$Z_d = \frac{\Delta Z_n}{R} \times 100\% \tag{1-8}$$

式中 $Z_d$——待测分析仪器 24h 零点漂移，%；

$Z_0$——待测分析仪器通入零点气体的初始测量值，$mg/m^3$；

$Z_n$——待测分析仪器运行 24h 后通入零点气体的测量值，$mg/m^3$；

$\Delta Z_n$——待测分析仪器运行 24h 后的零点变化值，$mg/m^3$；

$R$——待测分析仪器满量程值，$mg/m^3$。

$$\Delta S_n = S_n - S_0 \tag{1-9}$$

$$S_d = \frac{\Delta S_n}{R} \times 100\% \tag{1-10}$$

式中 $S_d$——待测分析仪器 24h 量程漂移，%；

$S_0$——待测分析仪器通入量程校准气体的初始测量值，$mg/m^3$；

$S_n$——待测分析仪器运行 24h 后通入量程校准气体的测量值，$mg/m^3$；

$\Delta S_n$——待测分析仪器运行 24h 后的量程点变化值，$mg/m^3$。

e. 一周零点漂移和量程漂移　待测分析仪器运行稳定后，通入零点气体，记录分析仪器零点稳定读数为 $Z_0$；然后通入量程校准气体，记录稳定读数 $S_0$。通气结束后，待测分析仪器连续运行 168h（期间不允许任何手动校准和维护）后重复上述操作，并分别记录稳定后读数 $Z_n$ 和 $S_n$。分别按式(1-7)、式(1-8)、式(1-9) 和式(1-10) 计算待测分析仪器的一周零点漂移 $Z_d$ 和一周量程漂移 $S_d$，然后可对待测分析仪器进行零点和量程校准（如果不校准可将本次零点和量程测量值作为 CEMS 运行一周后零点和量程漂移测试的初始值 $Z_0$ 和 $S_0$）。重复上述测试 7 次，全部一周零点漂移 $Z_d$ 和一周量程漂移 $S_d$ 均应符合一周零点漂移和量程漂移的要求。

f. 环境温度变化的影响　待测分析仪器在恒温环境中运行后，设置环境温度为（25±1）℃，稳定至少 30min，记录标准温度值 $t_0$，通入零点气体，记录待测分析仪器读数 $Z_0$；通入量程校准气体，记录待测分析仪器读数 $M_0$；

缓慢调节（升温速率或降温速率≤1℃/min，以下相同）恒温环境温度为（35±1）℃，稳定至少 30min，记录标准温度值 $t_1$，分别通入同一浓度零点气体和量程校准气体，记录待测仪器零点读数 $Z_1$ 和量程读数 $M_1$；

缓慢调节恒温环境温度为（25±1）℃，稳定至少 30min，记录标准温度值 $t_2$，分别通入同一浓度零点气体和量程校准气体，记录待测仪器零点读数 $Z_2$ 和量程读数 $M_2$；

缓慢调节恒温环境温度为（15±1）℃，稳定至少 30min，记录标准温度值 $t_3$，分别通入同一浓度零点气体和量程校准气体，记录待测仪器零点读数 $Z_3$ 和量程读数 $M_3$；

缓慢调节恒温环境温度为（25±1）℃，稳定至少 30min，记录标准温度值 $t_4$，分别通入同一浓度零点气体和量程校准气体，记录待测仪器零点读数 $Z_4$ 和量程读数 $M_4$；

按式(1-11)计算待测分析仪器环境温度变化的影响 $b_{st}$，应符合环境温度变化的影响的要求。

$$b_{st} = \frac{(M_3 - Z_3) - \dfrac{(M_2 - Z_2) + (M_4 - Z_4)}{2}}{R} \times 100\%$$ (1-11)

$$或 \frac{(M_1 - Z_1) - \dfrac{(M_0 - Z_0) + (M_2 - Z_2)}{2}}{R} \times 100\%$$

式中　$b_{st}$——待测分析仪器环境温度变化的影响,%；

　　　$M_0$——环境温度 $t_0$，待测分析仪器量程校准气体测量值，$mg/m^3$；

　　　$M_1$——环境温度 $t_1$，待测分析仪器量程校准气体测量值，$mg/m^3$；

　　　$M_2$——环境温度 $t_2$，待测分析仪器量程校准气体测量值，$mg/m^3$；

　　　$M_3$——环境温度 $t_3$，待测分析仪器量程校准气体测量值，$mg/m^3$；

　　　$M_4$——环境温度 $t_4$，待测分析仪器量程校准气体测量值，$mg/m^3$；

　　　$Z_0$——环境温度 $t_0$，待测分析仪器零点气体测量值，$mg/m^3$；

　　　$Z_1$——环境温度 $t_1$，待测分析仪器零点气体测量值，$mg/m^3$；

　　　$Z_2$——环境温度 $t_2$，待测分析仪器零点气体测量值，$mg/m^3$；

　　　$Z_3$——环境温度 $t_3$，待测分析仪器零点气体测量值，$mg/m^3$；

　　　$Z_4$——环境温度 $t_4$，待测分析仪器零点气体测量值，$mg/m^3$；

　　　$R$——待测分析仪器满量程值，$mg/m^3$

g. 进样流量变化的影响　待测分析仪器运行稳定后，按照初始设定进样流量，通入量程校准气体，稳定后记录待测分析仪器读数 $T$；调节待测分析仪器进样流量高于初始设定流量值10%，通入同一浓度标准气体，稳定后记录待测分析仪器读数 $P$；调节待测分析仪器进样流量低于初始设定流量值10%，通入同一浓度标准气体，稳定后记录待测分析仪器读数 $Q$。按式(1-12)计算待测分析仪器进样流量变化的影响 $V$，重复测试3次，平均值应符合进样流量变化的影响的要求。

$$V = \frac{P - T}{R} \times 100\% 或 \frac{Q - T}{R} \times 100\%$$ (1-12)

式中　$V$——待测分析仪器进样流量变化的影响,%；

　　　$T$——初始设定进样流量条件下量程校准气体测量值，$mg/m^3$；

　　　$P$——进样流量高于初始设定流量值10%时，量程校准气体测量值，$mg/m^3$；

　　　$Q$——进样流量低于初始设定流量值10%时，量程校准气体测量值，$mg/m^3$；

　　　$R$——待测分析仪器满量程值，$mg/m^3$。

h. 供电电压变化的影响　待测分析仪器运行稳定后，在正常电压条件下，通入量程校准气体，稳定后记录待测分析仪器读数 $W$；调节待测分析仪器供电电压高于正常电压值10%，通入同一浓度标准气体，稳定后记录待测分析仪器读数 $X$；调节待测分析仪器供电电压低于正常电压值10%，通入同一浓度标准气体，稳定后记录待测分析仪器读数 $Y$。按式(1-13)计算待测分析仪器供电电压变化的影响 $U$，重复测试3次，平均值应符合供电电压变化的影响的要求。

$$U = \frac{X-W}{R} \times 100\% \text{ 或 } \frac{Y-W}{R} \times 100\% \tag{1-13}$$

式中　$U$——待测分析仪器供电电压变化的影响,%；

$\quad\quad W$——正常电压条件下量程校准气体测量值,$mg/m^3$；

$\quad\quad X$——供电电压高于正常电压10%时,量程校准气体测量值,$mg/m^3$；

$\quad\quad Y$——供电电压低于正常电压10%时,量程校准气体测量值,$mg/m^3$；

$\quad\quad R$——待测分析仪器满量程值,$mg/m^3$。

　　i. 干扰成分的影响　干扰测试气体见表1-18。待测分析仪器运行稳定后,通入零点标准气体,记录待测分析仪器读数 $a$；通入规定浓度的干扰气体,记录待测分析仪器读数 $b$。零点气体和每种干扰气体按上述操作重复测试3次,计算平均值 $\bar{a}$ 和 $\bar{b}_i$,按式(1-14)计算待测分析仪器每种干扰气体干扰成分的影响 $IE_i$；将 $IE_i$ 大于满量程值0.5%的正干扰值和小于满量程值-0.5%的负干扰值分别相加,可得到正干扰影响值和负干扰影响值；均应符合干扰成分的影响的要求。

$$IE_i = \frac{\bar{b}_i - \bar{a}}{R} \times 100\% \tag{1-14}$$

式中　$IE_i$——待测分析仪器测量第 $i$ 种干扰气体干扰成分的影响,%；

$\quad\quad \bar{b}_i$——第 $i$ 种干扰气体3次测量的平均值,$mg/m^3$；

$\quad\quad \bar{a}$——零点气体3次测量平均值,$mg/m^3$；

$\quad\quad R$——待测分析仪器满量程值,$mg/m^3$；

$\quad\quad i$——测试干扰气体的序号($i$ 为1~5)。

　　j. 振动的影响　将待测分析仪器按照正常的安装方式安装在振动测试装置上,待测分析仪器运行稳定后,分别通入零点气体和量程校准气体,稳定后记录待测分析仪器读数 $Z_0$ 和 $M_0$。将振动测试装置调节到位移幅值0.15mm,然后分别在三个互相垂直的轴线上在(10—55—10)Hz频率范围内依次以对数规律进行扫频,扫频速率为1个倍频程/min,每个方向上的振动测试时间均保持10min。振动测试结束后仪器恢复2h,再次分别通入零气和量程校准气体,稳定后记录待测分析仪器读数 $Z_1$ 和 $M_1$,重复振动后零点和量程标准气体测量3次,取测量结果的平均值；按照式(1-15)和式(1-16)分别计算待测分析仪器的零点处振动的影响和量程点处振动的影响,均应符合振动的影响的要求。

　　【注】带减振装置的仪器可连同减振装置一起进行振动测试。

$$u_0 = \frac{\bar{Z} - Z_0}{R} \times 100\% \tag{1-15}$$

$$u_{sp} = \frac{\bar{M} - M_0}{R} \times 100\% \tag{1-16}$$

式中　$u_0$——待测分析仪器零点处振动的影响,%；

$\quad\quad u_{sp}$——待测分析仪器量程点处振动的影响,%；

$\quad\quad Z_0$——正常没有外界振动条件下零点气体测量值,$mg/m^3$；

$\quad\quad M_0$——正常没有外界振动条件下量程校准气体测量值,$mg/m^3$；

$\quad\quad \bar{Z}$——经过振动测试后零点气体测量平均值,$mg/m^3$；

$\bar{M}$——经过振动测试后量程校准气体测量平均值，mg/m³；

$R$——待测分析仪器满量程值，mg/m³。

k. 二氧化氮转换效率　二氧化氮转换效率检测仪适用于配置有二氧化氮转换器的 $NO_x$ CEMS，可采用以下两种方式进行。

方式一：标气直接转换测量。待测分析仪器运行稳定后，分别进行零点校准和满量程校准。通入浓度为 20%～80% 满量程的 $NO_2$ 标准气体，读数稳定后记录待测分析仪器显示值 $C_{NO_2}$。重复测试 3 次，计算平均值 $\bar{C}_{NO_2}$，按式(1-17)计算待测分析仪器二氧化氮转换效率 $\eta$，应符合二氧化氮转换效率的要求。

$$\eta = \frac{\bar{C}_{NO_2}}{C_0} \times 100\% \tag{1-17}$$

式中　$\eta$——待测分析仪器二氧化氮转换效率，%；

$\bar{C}_{NO_2}$——$NO_2$ 标准气体 3 次测量平均值，mg/m³；

$C_0$——$NO_2$ 标准气体浓度值，mg/m³。

方式二：使用臭氧发生器转换测量。待测分析仪器运行稳定后，通入 NO 量程校准气体，分别记录待测分析仪器 NO 和 $NO_x$ 稳定读数；重复操作 3 次，分别计算 NO 和 $NO_x$ 读数的平均值 $[NO]_{orig}$ 和 $[NO_x]_{orig}$；

启动臭氧发生器，产生一定浓度的臭氧，在相同实验条件下通入同一浓度的 NO 标准气体，分别记录待测分析仪器 NO 和 $NO_x$ 稳定读数；重复操作 3 次，计算 NO 和 $NO_x$ 读数的平均值 $[NO]_{rem}$ 和 $[NO_x]_{rem}$；生成的 $NO_2$ 气体的标准浓度值等于 $[NO]_{orig}$ 与 $[NO]_{rem}$ 的差值，浓度范围应控制在 20%～80% 满量程。

按式(1-18)计算待测分析仪器二氧化氮转换效率 $\eta$，应符合二氧化氮转换效率的要求

$$\eta = \frac{([NO_x]_{rem} - [NO]_{rem}) - ([NO_x]_{orig} - [NO]_{orig})}{[NO]_{orig} - [NO]_{rem}} \times 100\% \tag{1-18}$$

式中　$\eta$——待测分析仪器二氧化氮转换效率，%；

$[NO]_{orig}$——未启动臭氧发生器时通入 NO 标准气体 NO 测量平均值，mg/m³；

$[NO_x]_{orig}$——未启动臭氧发生器时通入 NO 标准气体 $NO_x$ 测量平均值，mg/m³；

$[NO]_{rem}$——启动臭氧发生器后通入 NO 标准气体 NO 测量平均值，mg/m³；

$[NO_x]_{rem}$——启动臭氧发生器后通入 NO 标准气体 $NO_x$ 测量平均值，mg/m³。

l. 平行性　三台（套）同型号待测分析仪器运行稳定后，分别进行零点校准和满量程校准。依次向三台（套）分析仪器通入浓度为 20%～30% 满量程值、40%～60% 满量程值、80%～90% 满量程值 3 种标准气体，读数稳定后分别记录三台（套）仪器通入 3 种浓度标准气体的测量值。按照式(1-19)分别计算通入每种浓度标准气体三台（套）分析仪器测量值的相对标准偏差，即为待测分析仪器的平行性，其最大值应符合平行性的要求。

$$P_j = \frac{1}{\bar{C}_j} \times \sqrt{\frac{\sum_{i=1}^{3}(C_{i,j} - \bar{C}_j)^2}{2}} \times 100\% \tag{1-19}$$

式中　$P_j$——三台（套）待测分析仪器测量第 $j$ 种标准气体的平行性，%；

$\bar{C}_j$——三台（套）待测分析仪器测量第 $j$ 种标准气体的平均值，mg/m³；

$C_{i,j}$——第 $i$ 台（套）待测分析仪器测量第 $j$ 种标准气体的测量值，mg/m$^3$；

$i$——待测分析仪器的序号（$i$ 为 1～3）；

$j$——测试标准气体的序号（$j$ 为 1～3）。

② 颗粒物监测单元

a. 重复性　待测分析仪器运行稳定后，进入校准状态；使用零点校准部件调零，然后切换至量程校准部件，待读数稳定后记录显示值 $C_i$，重复上述测试操作至少 6 次，按式(1-5) 计算待测分析仪器的重复性（相对标准偏差），应符合重复性的要求。

b. 24h 零点漂移和量程漂移　待测分析仪器运行稳定后，使用零点校准部件调零，并记录仪器零点稳定读数为 $Z_0$；然后切换至量程校准部件，记录稳定读数 $S_0$。然后，待测仪器连续运行 24h（期间不允许任何校准和维护）后重复上述操作，并分别记录稳定后读数 $Z_n$ 和 $S_n$。分别按式(1-7)、式(1-8)、式(1-9) 和式(1-10) 计算待测分析仪器的 24h 零点漂移 $Z_d$ 和 24h 量程漂移 $S_d$，然后可对待测分析仪器进行零点和量程校准。重复上述测试 7 次，全部 24h 零点漂移 $Z_d$ 和 24h 量程漂移 $S_d$ 均应符合 24h 零点漂移和量程漂移的要求。

c. 一周零点漂移和量程漂移　待测分析仪器运行稳定后，使用零点校准部件，记录仪器零点稳定读数为 $Z_0$；然后切换至量程校准部件，记录稳定读数 $S_0$。然后，待测仪器连续运行 168h（期间不允许任何手动校准和维护）后重复上述操作，并分别记录稳定后读数 $Z_n$ 和 $S_n$。分别按式(1-7)、式(1-8)、式(1-9) 和式(1-10) 计算待测分析仪器的一周零点漂移 $Z_d$ 和一周量程漂移 $S_d$，然后可对待测分析仪器进行零点和量程校准。重复上述测试 7 次，全部一周零点漂移 $Z_d$ 和一周量程漂移 $S_d$ 均应符合一周零点漂移和量程漂移的要求。

d. 环境温度变化的影响　环境温度变化的影响检测使用零点校准部件和 50%～100% 满量程校准部件。待测分析仪器在恒温环境中运行后，设置环境温度为（20±1）℃，稳定至少 30min，记录标准温度值，使用零点校准部件，记录仪器初始零点稳定读数；然后切换至量程校准部件，记录量程稳定读数。保持量程校准部件处于测量状态，调整环境温度的变化情况为：20℃→50℃→20℃→－20℃→20℃，实际温度应在设定温度点的±1℃以内，检测过程与其他污染物环境温度变化的影响相同（各温度下的零点值均以零点初始稳定读数计，不需切换）；按式(1-11) 计算待测仪器环境温度变化的影响，应符合环境温度变化的影响的要求。

e. 供电电压变化的影响　供电电压变化的影响检测使用量程校准部件。检测过程与气态污染物供电电压变化的影响相同；按式(1-13) 计算待测仪器供电电压变化的影响，应符合供电电压变化的影响的要求。

f. 振动的影响　振动的影响检测使用零点校准部件和量程校准部件。检测过程与气态污染物振动的影响相同；按式(1-15) 和式(1-16) 计算待测仪器振动的影响，应符合振动的影响的要求。

g. 检出限　将待测分析仪器放置在密闭洁净空间中，预热运行稳定后开始正常测量。每间隔 2min 记录该时间段数据的平均值（记为 1 个数据），获得至少 25 个数据（对于非连续测量的仪器间隔时间应为其测量周期时间）；计算所取得数据的标准偏差；待测分析仪器的检出限为计算获得标准偏差的 3 倍，应符合检出限的要求。

## 2. 污染物排放现场检测

（1）一般要求

① 实验室检测通过后才允许进行污染物排放现场检测。

② CEMS 现场安装和调试技术要求应符合 HJ 75 的相关内容。

③ CEMS 现场参比方法采样位置、采样孔数量以及采样点设置等应符合 GB/T 16157 的相关要求。

④ 现场检测包括初检，90d 运行和复检。CEMS 调试完成后正常运行 168h 可进行初检；CEMS 初检合格后，进入 90d 现场运行期；90d 运行符合要求后，进行复检。

⑤ 初检和复检期间除进行系统零点和量程校准外，不允许对系统进行计划外的维护、检修和调节。

⑥ 初检和复检期间如果因现场污染源排放故障或供电问题造成测试中断，在故障排除或供电恢复正常后，继续进行检测，已经完成的测试指标和数据有效。如果因 CEMS 故障造成测试中断，则检测结束。

⑦ 可设定任一时间对 CEMS 进行零点和量程的自动校验和校准；初检和复检期间，自动校验校准时间间隔应设置为≥24h。

⑧ 90d 现场运行期间，应按照质量保证计划进行必要的校准、维护和检修，CEMS 应按规定远程传输现场监测数据。90d 远程有效数据传输率达到 90% 以上则现场运行检测通过，否则延长运行期直到达到为止。如果因现场供电问题或 CEMS 故障造成 CEMS 数据缺失或传输中断，则该段时间内数据无效。

⑨ 各技术指标检测数据均采用 CEMS 数据采集与处理单元存储记录的最终结果。

（2）污染物排放现场检测方法

① 气态污染物 CEMS（含 $O_2$）

a. 示值误差　待测 CEMS 运行稳定后，分别进行零点校准和满量程校准。依次通入低浓度（20%～30%）满量程值、中浓度（50%～60%）满量程值和高浓度（80%～100%）满量程值的标准气体；读数稳定后分别记录各浓度标准气体的显示值；再通入零点气体，重复测试 3 次。当系统检测 $SO_2$ 满量程值＜$100\mu mol/mol$，$NO_x$ 满量程值＜$200\mu mol/mol$ 时，按式(1-6)计算待测 CEMS 每种浓度标准气体示值误差 $L_{ei}$；当系统检测 $SO_2$ 满量程值≥$100\mu mol/mol$，$NO_x$ 满量程值≥$200\mu mol/mol$ 时，按式(1-20)计算待测 CEMS 每种浓度标准气体示值误差 $L_{ei}$；$L_{ei}$ 的最大值应符合示值误差的要求。

$$L_{ei} = \frac{(\bar{C}_{di} - C_{si})}{C_{si}} \times 100\% \tag{1-20}$$

式中　$L_{ei}$——待测 CEMS 测量第 $i$ 种浓度标准气体的示值误差，%；

　　　$C_{si}$——第 $i$ 种浓度标准气体浓度标称值，$mg/m^3$；

　　　$\bar{C}_{di}$——待测 CEMS 测量第 $i$ 种浓度标准气体 3 次测量平均值，$mg/m^3$；

　　　$i$——测量标准气体序号（$i$ 为 1～3）。

b. 系统响应时间　待测 CEMS 运行稳定后，按照系统设定采样流量通入零点气体，待读数稳定后按照相同流量通入量程校准气体，同时用秒表开始计时；观察分析仪示值，至读数开始跃变止，记录并计算样气管路传输时间 $T_1$；继续观察并记录待测分析仪器显示值上升至标准气体浓度标称值 90% 时的仪表响应时间 $T_2$；系统响应时间为 $T_1$ 和 $T_2$ 之和。系统响应时间每天测试 1 次，重复测试 3 天，平均值应符合系统响应时间的要求。

c. 24h 零点漂移和量程漂移　待测 CEMS 运行稳定后，通入零点气体，记录分析仪器零点稳定读数为 $Z_0$；然后通入量程校准气体，记录稳定读数 $S_0$。通气结束后，待测 CEMS

连续运行 24h（期间不允许任何校准和维护）后重复上述操作，并分别记录稳定后读数 $Z_n$ 和 $S_n$。分别按式(1-7)、式(1-8)、式(1-9)和式(1-10)计算待测 CEMS 的 24h 零点漂移 $Z_d$ 和 24h 量程漂移 $S_d$，然后可对待测 CEMS 进行零点和量程校准（如果不校准可将本次零点和量程测量值作为 CEMS 运行 24h 后零点和量程漂移测试的初始值 $Z_0$ 和 $S_0$）。检测期间，全部 24h 零点漂移 $Z_d$ 和 24h 量程漂移 $S_d$ 均应符合 24h 零点漂移和量程漂移的要求。

d. 准确度　当 24h 零点漂移、量程漂移和示值误差检测通过并且生产设施达到最大生产能力 50% 以上时，可进行准确度检测。

待测 CEMS 运行稳定后，分别进行零点校准和满量程校准。

待测 CEMS 与参比测试方法同步对污染物排放气态污染物进行测量，由数据采集器每分钟记录 1 个累积测量值，连续记录至参比方法测试结束。

取同一时间区间内（一般为 3~15min）参比方法与 CEMS 测量结果平均值组成一个数据对，确保参比方法与 CEMS 测量数据在同一条件下（烟气温度、压力、湿度和含氧量等，一般取标态干基浓度）。

每天获取 9 组以上数据对，用于准确度计算。

当参比方法测量烟气中气态污染物浓度平均值 $<250\mu mol/mol$ 时，计算全部数据对 CEMS 与参比方法测量数据平均值的绝对误差的绝对值或相对误差的绝对值，应符合准确度的要求。

当参比方法测量烟气中气态污染物浓度平均值 $\geqslant 250\mu mol/mol$ 时，按式(1-21)~式(1-26)计算全部数据对 CEMS 与参比方法测量数据的相对准确度，应符合准确度的要求。

$$RA = \frac{|\bar{d}| + |cc|}{RM} \times 100\% \tag{1-21}$$

式中　RA——相对准确度，%；

　　　RM——参比方法全部数据对测量结果的平均值，$mg/m^3$；

　　　$\bar{d}$——CEMS 与参比方法测量各数据对差的平均值，$mg/m^3$；

　　　$cc$——置信系数，$mg/m^3$。

$$\overline{RM} = \frac{1}{n}\sum_{i=1}^{n} RM_i \tag{1-22}$$

式中　$RM_i$——第 $i$ 个数据对中的参比方法测量值，$mg/m^3$；

　　　$i$——数据对的序号（$i$ 为 1~n）；

　　　$n$——数据对的个数（$n \geqslant 9$）。

$$\bar{d} = \frac{1}{n}\sum_{i=1}^{n} d_i \tag{1-23}$$

$$d_i = RM_i - CEMS_i \tag{1-24}$$

式中　$d_i$——每个数据对参比方法与 CEMS 测量值之差，$mg/m^3$，在计算数据对差的和时，保留数据差值的正、负号；

　　　$CEMS_i$——第 $i$ 个数据对中的 CEMS 测量值，$mg/m^3$。

$$cc = \pm t_{f,0.95}\frac{S_d}{\sqrt{n}} \tag{1-25}$$

式中　$t_{f,0.95}$——统计常数，由 $t$ 表（见表1-19）查得，$f = n-1$；

$S_d$——CEMS与参比方法测量各数据对差的标准偏差，$mg/m^3$。

$$S_d = \sqrt{\frac{\sum_{i=1}^{n}(d_i - \bar{d})^2}{n-1}}$$  （1-26）

表1-19　计算置信区间和允许区间参数表

| $f$ | $t_f$ | $v_f$ | $n''$ | $u_{n''}(75)$ |
|---|---|---|---|---|
| 8 | 2.306 | 1.7110 | 8 | 1.233 |
| 9 | 2.262 | 1.6452 | 9 | 1.214 |
| 10 | 2.228 | 1.5931 | 10 | 1.208 |
| 11 | 2.201 | 1.5506 | 11 | 1.203 |
| 12 | 2.179 | 1.5153 | 12 | 1.199 |
| 13 | 2.160 | 1.4854 | 13 | 1.195 |
| 14 | 2.145 | 1.4597 | 14 | 1.192 |
| 15 | 2.131 | 1.4373 | 15 | 1.189 |
| 16 | 2.120 | 1.4176 | 16 | 1.187 |
| 17 | 2.110 | 1.4001 | 17 | 1.185 |
| 18 | 2.101 | 1.3845 | 18 | 1.183 |
| 19 | 2.093 | 1.3704 | 19 | 1.181 |
| 20 | 2.086 | 1.3576 | 20 | 1.179 |
| 21 | 2.080 | 1.3460 | 21 | 1.178 |
| 22 | 2.074 | 1.3353 | 22 | 1.177 |
| 23 | 2.069 | 1.3255 | 23 | 1.175 |
| 24 | 2.064 | 1.3165 | 24 | 1.174 |
| 25 | 2.060 | 1.3081 | 25 | 1.173 |
| 30 | 2.042 | 1.2737 | 30 | 1.170 |
| 35 | 2.030 | 1.2482 | 35 | 1.167 |
| 40 | 2.021 | 1.2284 | 40 | 1.165 |
| 45 | 2.014 | 1.2125 | 45 | 1.163 |
| 50 | 2.009 | 1.1993 | 50 | 1.162 |

② 颗粒物CEMS

a. 24h零点漂移和量程漂移　待测CEMS运行稳定后，使用零点校准部件调零，并记录仪器零点稳定读数为$Z_0$；然后切换至量程校准部件，记录稳定读数$S_0$。然后，待测仪器连续运行24h（期间不允许任何校准和维护）后重复上述操作，并分别记录稳定后读数$Z_n$和$S_n$。分别按式(1-7)、式(1-8)、式(1-9)和式(1-10)计算待测CEMS的24h零点漂移$Z_d$和24h量程漂移$S_d$，然后可对待测CEMS进行零点和量程校准。检测期间24h零点漂移$Z_d$和24h量程漂移$S_d$的最大值应符合24h零点漂移和量程漂移的要求。

b. 相关校准　采用参比方法与CEMS同步测量烟气中颗粒物浓度，取同时间区间且相同状态的测量结果组成若干数据对，通过建立数据对之间的相关曲线，用参比方法校准颗粒物CEMS的过程。

待测CEMS运行稳定后，分别进行零点校准和满量程校准。

待测CEMS与参比采样测试方法同步对污染物排放颗粒物进行测量，应协调参比方法采样和颗粒物CEMS测量的开始和停止时间，由数据采集和处理单元至少每分钟记录1个CEMS累积测量值，连续记录至参比方法采样结束。

取同一时间区间内（一般用参比方法一个样本的采集时间）参比方法与CEMS测量平

均值组成一个数据对。

整个相关校准必须获得至少 15 个有效的测试数据对。当相关校准测试的数据对大于 15 个时，可以舍弃部分测试数据对。舍弃 5 个以内数据对不需要任何解释；而当舍弃数据对超过 5 个时，则必须解释舍弃的原因。且必须记录所有数据对，包括舍弃的数据对。

测试期间，应注意排放源和（或）治理设施和颗粒物 CEMS 的运行状态，确保设施和颗粒物 CEMS 及其数据采集和处理单元运行正常。

颗粒物 CEMS 相关校准过程应确保完成相关校准的测试数据在测量范围内分布均匀合理。可通过改变过程操作条件、颗粒物治理设备的运行参数或通过颗粒物加标等方式获得至少 3 种不同浓度范围的颗粒物样本；确保 3 种不同浓度水平的颗粒物分布在整个测量范围内；一般在 0～50％满量程值、25％～75％满量程值、50％～100％满量程值 3 个范围各分布全部测试数据的 20％以上。

c. 相关校准的计算　相关校准前的计算：首先将参比方法测量值 $Y$（合适的单位）与颗粒物 CEMS 平均响应值 $X$（一段时间内平均值）配对，配对的数据必须符合质量控制/质量保证要求。测量前调整颗粒物 CEMS 的输出和参比方法采样测试数据至同一时钟时间（考虑颗粒物 CEMS 的响应时间）。计算颗粒物 CEMS 在参比方法测试期间的数据输出，评价所有的颗粒物 CEMS 数据并确定在计算颗粒物 CEMS 数据平均值时是否舍弃。确保参比方法和颗粒物 CEMS 的测量结果基于同样的烟气状态，将参比方法颗粒物浓度测量数据状态（一般是干基标态）向颗粒物 CEMS 测量数据状态转换。

线性相关校准计算：在进行相关校准计算时，参比方法的每个测量值均被处理为离散的数据点。

计算线性相关校准方程，方程给出了作为颗粒物 CEMS 响应 $X$ 的函数的预测颗粒物浓度 $\hat{Y}$，如式(1-27)：

$$\hat{Y}=a+bX \tag{1-27}$$

式中　$\hat{Y}$——预测颗粒物浓度，$mg/m^3$；

　　　$a$——线性相关校准曲线截距；

　　　$b$——线性相关校准曲线斜率；

　　　$X$——颗粒物 CEMS 响应值（测量值），无量纲。

截距计算如式(1-28)、式(1-29)、式(1-30)：

$$a=\bar{Y}-b\bar{X} \tag{1-28}$$

式中　$\bar{X}$——颗粒物 CEMS 全部测量数据的平均值，$mg/m^3$；

　　　$\bar{Y}$——颗粒物参比采样测试全部测量数据的平均值，$mg/m^3$。

$$\bar{X}=\frac{1}{n}\sum_{i=1}^{n}X_i \tag{1-29}$$

$$\bar{Y}=\frac{1}{n}\sum_{i=1}^{n}Y_i \tag{1-30}$$

式中　$X_i$——第 $i$ 个数据对中颗粒物 CEMS 的测量值，$mg/m^3$；

　　　$Y_i$——第 $i$ 个数据对中颗粒物参比采样测量值，$mg/m^3$；

　　　$i$——数据对的序号（$i$ 为 1～$n$）；

$n$——数据对的个数（$n \geqslant 15$）。

斜率计算如式(1-31)：

$$b = \frac{\sum_{i=1}^{n}(X_i - \bar{X})(Y_i - \bar{Y})}{\sum_{i=1}^{n}(X_i - \bar{X})^2} \tag{1-31}$$

平均值 $\bar{X}$ 处的预测颗粒物浓度，其 95％ 置信区间半宽计算如式(1-32) 和式(1-33)：

$$CI = t_{df,1-a/2}\frac{S_E}{\sqrt{n}} \tag{1-32}$$

式中 CI——平均值 $\bar{X}$ 处的 95％ 置信区间半宽，$mg/m^3$；

$t_{df,1-a/2}$——$df$ 为 $n-2$ 的统计 $t$ 值，查表 1-19；

$S_E$——相关校准曲线的精密度，$mg/m^3$。

$$S_E = \sqrt{\frac{\sum_{i=1}^{n}(\hat{Y}_i - Y_i)^2}{n-2}} \tag{1-33}$$

在平均值 $\bar{X}$ 处，作为排放限值（或检测均值）百分比的置信区间半宽计算如式(1-34)，应符合置信区间的要求。

$$CI\% = \frac{CI}{EL} \times 100\% \tag{1-34}$$

式中，EL 为排放源的颗粒物浓度排放限值，$mg/m^3$。

【注】当颗粒物排放限值小于颗粒物参比采样测试全部测量有效数据的平均值时，EL 值取颗粒物参比采样测试全部测量有效数据的平均值。

在平均值 $\bar{X}$ 处，允许区间半宽计算如式(1-35) 和式(1-36)。

$$TI = k_t S_E \tag{1-35}$$

式中 TI——在平均值 $\bar{X}$ 处允许区间半宽，$mg/m^3$；

$k_t$——统计常数。

$$k_t = u_{n''}V_{df} \tag{1-36}$$

式中 $n''$——数据对的个数（$n'' \geqslant 15$）；

$u_{n''}$——75％允许因子，查表 1-19；

$V_{df}$——$df$ 为 $n''-2$，查表 1-19。

在平均值 $\bar{X}$ 处，作为排放限值（或检测均值）百分比的允许区间半宽计算如式(1-37)，应符合允许区间的要求。

$$TI\% = \frac{TI}{EL} \times 100\% \tag{1-37}$$

相关系数（$r$）计算如式(1-38)，应符合相关系数的要求。

$$r = \sqrt{1 - \frac{(n-1)\sum_{i=1}^{n}(\hat{Y}_i - Y_i)^2}{(n-2)\sum_{i=1}^{n}(Y_i - \bar{Y})^2}} \tag{1-38}$$

d. 准确度 复检期间，生产设备、治理设施正常运行，可进行准确度检测。

将 c. 获得的符合要求的校准曲线斜率和截距输入 CEMS 参数设置，对颗粒物 CEMS 测量结果进行校准修正。

检测过程同 b.，至少获得 5 个有效数据对；当多于 5 个时可适当舍去 1～2 个数据对，但必须报告记录全部数据对，包括舍去的数据对和舍弃原因。

准确度计算：将每天参比方法采样测量值与同时间段内 CEMS 测量值全部数据对的平均值（标态干基浓度）进行比较，计算两者的绝对误差或相对误差，应符合准确度的要求。

③ 烟气流速连续测量系统

a. 速度场系数精密度 由参比方法测量断面烟气平均流速和同时间区间烟气流速连续测量系统测量断面某一固定点或线上的烟气平均流速，可按式(1-39)确定速度场系数：

$$K_V = \frac{F_s}{F_p} \times \frac{\bar{V}_s}{\bar{V}_p} \qquad (1-39)$$

式中 $K_V$——速度场系数；

$F_s$——参比方法测量断面的横截面积，$\text{m}^2$；

$F_p$——烟气流速连续测量系统测量断面的横截面积，$\text{m}^2$；

$\bar{V}_s$——参比方法测量断面的平均流速，$\text{m/s}$；

$\bar{V}_p$——烟气流速连续测量系统测量断面的流速，$\text{m/s}$。

待测烟气流速连续测量系统与参比测试方法同步测量烟气流速，由数据采集器每分钟记录 1 个流速连续测量系统累积测量值，连续记录至参比方法测量结束。

取同一时间区间内（一般用参比方法一个样本的测量时间）参比方法与烟气流速连续测量系统测量平均值组成一个数据对，计算速度场系数。

现场检测初检期间每天至少获得 5 个速度场系数，计算速度场系数日平均值 $\bar{K}_V$，当数据多于 5 个时可舍去 1～2 个数据，但必须报告所有的数据，包括舍去的数据和原因。重复测试至少 4 天，按式(1-40)计算速度场系数日均值的平均值 $\bar{\bar{K}}_V$。

$$\bar{\bar{K}}_V = \frac{\sum_{i=1}^{n} \bar{K}_V}{n} \qquad (1-40)$$

式中 $\bar{\bar{K}}_V$——检测期间测试速度场系数日均值的平均值；

$\bar{K}_V$——每天获得速度场系数的日均值；

$i$——测试每天的序号（$i=1\sim n$）；

$n$——检测天数（$n \geq 4$）。

按式(1-41) 和式(1-42) 计算速度场系数精密度 $C_V$，应符合速度场系数精密度的要求。

$$C_V = \frac{S}{\bar{\bar{K}}_V} \times 100\% \qquad (1-41)$$

$$S = \sqrt{\frac{\sum_{i=1}^{n} (\bar{K}_{Vi} - \bar{\bar{K}}_V)^2}{n-1}} \qquad (1-42)$$

式中 $C_V$——速度场系数精密度，%；

$S$——检测期间测试速度场系数日均值的标准偏差，m/s。

b. 准确度 复检期间，可进行准确度检测。

将 a 获得的符合要求的速度场系数日均值平均值 $\bar{K}_V$ 输入 CEMS 参数设置，对烟气流速连续测量系统测量结果进行修正。

检测过程为待测烟气流速连续测量系统与参比测试方法同步测量烟气流速，由数据采集器每分钟记录 1 个流速连续测量系统累积测量值，连续记录至参比方法测量结束。至少获得 5 个有效数据对；当多于 5 个时可适当舍去 1~2 个数据对，但必须报告记录全部数据对，包括舍去的数据对和舍弃原因。

准确度计算：将每天参比方法测量值与输入速度场系数后的 CEMS 测量值数据对的平均值进行比较，计算两者的相对误差，应符合准确度的要求。

④ 烟气温度连续测量系统 待测烟气温度连续测量系统与参比测试方法同步测量烟气温度，由数据采集器每分钟记录 1 个温度连续测量系统累积测量值，连续记录至参比方法测量结束。

取同一时间区间内（一般用参比方法一个样本的测量时间）参比方法与烟气温度连续测量系统测量平均值组成一个数据对，每天至少获得 5 个有效数据对；当多于 5 个时可适当舍去 1~2 个数据对，但必须报告记录全部数据对，包括舍去的数据对和舍弃原因。

准确度计算：将每天参比方法测量值与 CEMS 测量值数据对的平均值进行比较，计算两者的绝对误差，应符合准确度的要求。

⑤ 烟气湿度连续测量系统 待测烟气湿度连续测量系统与参比测试方法同步测量烟气湿度，由数据采集器每分钟记录 1 个湿度连续测量系统累积测量值，连续记录至参比方法测量结束。

取同一时间区间内（一般用参比方法一个样本的测量时间）参比方法与烟气湿度连续测量系统测量平均值组成一个数据对，每天至少获得 5 个有效数据对；当多于 5 个时可适当舍去 1~2 个数据对，但必须报告记录全部数据对，包括舍去的数据对和舍弃原因。

准确度计算：将每天参比方法测量值与 CEMS 测量值数据对的平均值进行比较，计算两者的绝对误差或相对误差，应符合准确度的要求。

采用氧传感器通过测量烟气含氧量计算得到烟气湿度的 CEMS，其氧传感器应首先按照前述示值误差、系统响应时间、24h 零点漂移和量程漂移的检测方法检测氧气的各项指标；合格后，再按照上述三步进行湿度准确度的检测，烟气湿度的计算方法参见式(1-43)。

$$X_{sw} = 1 - \frac{C'_{O_2}}{C_{O_2}} \tag{1-43}$$

式中 $X_{sw}$——烟气绝对湿度（含水量），%；

$C'_{O_2}$——湿烟气中氧气的体积分数（湿氧值），%；

$C_{O_2}$——干烟气中氧气的体积分数（干氧值），%。

# 三、 WPS 完成颗粒物 CEMS 相关校准检测

## 1. 相关 WPS 函数介绍

（1）参数的平均值（算术平均值） AVERAGE(number1,number2,…)。

"number1,number2,…"为需要计算平均值的各个参数。

说明：

① 参数可以是数字，或者是包含数字的名称、数组或引用。

② 如果数组或引用参数包含文本、逻辑值或空白单元格，则这些值将被忽略；但包含零值的单元格将计算在内。

（2）所有参数的平方和 SUMSQ(number1,number2,…)。

"number1,number2,…"是一组用于计算平方和的参数，参数可以是数值、数组、名称，或者是对数值单元格的引用。

（3）数据点与各自样本平均值偏差的平方和：DEVSQ(number1,number2,…)。

$$DEVSQ = \sum (x - \bar{x})^2 \tag{1-44}$$

"number1,number2,…"是用于计算偏差平方和的一组参数，也可以用单一数组或对某个数组的引用来代替用逗号分隔的参数。

说明：

① 参数可以是数字或者是包含数字的名称、数组或引用。

② 逻辑值和直接键入到参数列表中代表数字的文本被计算在内。

③ 若参数为错误值或为不能转换为数字的文本，将会导致错误。

（4）两数组中对应数值的平方和之和：SUMX2PY2(array_x,array_y)。

$$SUMX2PY2 = \sum (x^2 + y^2) \tag{1-45}$$

array_x 为第一个数组或数值区域。array_y 为第二个数组或数值区域。

说明：

① 参数可以是数值、数组、名称或者是数组的引用。

② 若数组或引用参数包含文本、逻辑值以及空白单元格，则这些值将被忽略；但包含零值的单元格将计算在内。

③ 若 array_x 和 array_y 的元素数目不同，则 SUMX2PY2 将返回错误值♯N/A。

（5）两数组中对应数值的平方差之和：SUMX2MY2(array_x,array_y)。

$$SUMX2MY2 = \sum (x^2 - y^2) \tag{1-46}$$

array_x 为第一个数组或数值区域。array_y 为第二个数组或数值区域。

说明：

① 参数可以是数值、数组、名称或者是数组的引用。

② 若数组或引用参数包含文本、逻辑值以及空白单元格，则这些值将被忽略；但包含零值的单元格将计算在内。

③ 若 array_x 和 array_y 的元素数目不同，则 SUMX2MY2 将返回错误值♯N/A。

（6）两数组中对应数值之差的平方和：SUMXMY2(array_x,array_y)。

$$SUMXMY2 = \sum (x - y)^2 \tag{1-47}$$

array_x 为第一个数组或数值区域。array_y 为第二个数组或数值区域。

说明：

① 参数可以是数值、数组、名称或者是数组的引用。

② 若数组或引用参数包含文本、逻辑值以及空白单元格，则这些值将被忽略；但包含零值的单元格将计算在内。

③ 若 array_x 和 array_y 的元素数目不同，则 SUMXMY2 将返回错误值♯N/A。

（7）样本的标准偏差：STDEV(number1,number2,…)。

$$STDEV = \sqrt{\frac{\sum (x - \bar{x})^2}{n-1}} \qquad (1\text{-}48)$$

"number1,number2,…"为对应于总体样本的各个参数。也可以不使用这种用逗号分隔参数的形式，而用单个数组或对数组的引用。

说明：

① 函数 STDEV 假设其参数是总体中的样本。如果数据代表全部样本总体，则应该使用函数 STDEVA 来计算标准偏差。

② 此处标准偏差的计算使用"无偏差"或"$n-1$"方法。

③ 忽略逻辑值（TRUE 或 FALSE）和文本。如果不能忽略逻辑值和文本，请使用 STDEVA 工作表函数。

（8）基于样本估算标准偏差（忽略样本中的逻辑值和文本）：STDEV.S（number1，[number2]，…）。

$$STDEV.S = \sqrt{\frac{\sum (x - \bar{x})^2}{n-1}} \qquad (1\text{-}49)$$

number1 必须有，表示对应于总体样本的第一个数值参数。也可以用单一数组或对某个数组的引用来代替用逗号分隔的参数。"[number2]，…"可选，表示对应于总体样本的各个数值参数。也可以用单一数组或对某个数组的引用来代替用逗号分隔的参数。

说明：

① STDEV.S 假设其参数是总体样本。如果数据代表整个总体，请使用 STDEV.P 计算标准偏差。

② 此处标准偏差的计算使用"$n-1$"方法。

③ 参数可以是数字或者是包含数字的名称、数组或引用。

④ 逻辑值和直接键入到参数列表中代表数字的文本被计算在内。

⑤ 如果参数是一个数组或引用，则只计算其中的数字。数组或引用中的空白单元格、逻辑值、文本或错误值将被忽略。

⑥ 如果参数为错误值或为不能转换为数字的文本，将会导致错误。

⑦ 如果要使计算包含引用中的逻辑值和代表数字的文本，请使用 STDEVA 函数。

（9）基于给定样本的标准偏差：STDEVA（value1，value2，…）。

$$STDEVA = \sqrt{\frac{\sum (x - \bar{x})^2}{n-1}} \qquad (1\text{-}50)$$

"value1,value2,…"为对应于总体样本的一组值。也可以用单一数组或对某个数组的引用来代替用逗号分隔的参数。

说明：

① 包含 TRUE 的参数作为 1 来计算；包含文本或 FALSE 的参数作为 0 来计算。若在计算中不能包含文本值或逻辑值，请使用 STDEV 工作表函数来代替。

② 函数 STDEVA 假设参数为总体的一个样本。若数据代表的是样本总体，则必须使用函数 STDEVPA 来计算标准偏差。

③ 此处标准偏差的计算使用"无偏差"或"$n-1$"方法。

（10）以参数形式给出的整个样本总体的标准偏差：STDEVP（number1，number2，…）。

$$\text{STDEVP} = \sqrt{\frac{\sum (x - \bar{x})^2}{n}} \tag{1-51}$$

"number1, number2, …"为对应于样本总体的各个参数。也可以不使用这种用逗号分隔参数的形式，而用单个数组或对数组的引用。

说明：

① 文本和逻辑值（TRUE 或 FALSE）将被忽略。如果不能忽略逻辑值和文本，则请使用 STDEVPA 工作表函数。

② 函数 STDEVP 假设其参数为整个样本总体。如果数据代表样本总体中的样本，应使用函数 STDEV 来计算标准偏差。

③ 对于大样本容量，函数 STDEV 和 STDEVP 计算结果大致相等。

④此处标准偏差的计算使用"有偏差"和"$n$"方法。

（11）以参数形式给出的整个样本总体的标准偏差：STDEVPA(value1, value2, …)。

$$\text{STDEVPA} = \sqrt{\frac{\sum (x - \bar{x})^2}{n}} \tag{1-52}$$

"value1, value2, …"为对应于样本总体的一组值。也可以用单一数组或对某个数组的引用来代替用逗号分隔的参数。

说明：

① 包含 TRUE 的参数作为 1 计算；包含文本或 FALSE 的参数作为 0 计算。若在计算中不能包含文本值或逻辑值，请使用 STDEVP 工作表函数来代替。

② 函数 STDEVPA 假设参数即为样本总体。若数据代表的是总体的一个样本，则必须使用函数 STDEVA 来估算标准偏差。

③ 对于大样本容量，函数 STDEVA 和函数 STDEVPA 的返回值大致相等。

④ 此处标准偏差的计算使用"有偏差"和"$n$"方法。

（12）根据 known_y's 和 known_x's 中的数据点拟合的线性回归直线的斜率，斜率为直线上任意两点的垂直距离与水平距离的比值，也就是回归直线的变化率。

语法：SLOPE(known_y's, known_x's)。

known_y's 为数字型因变量数据点数组或单元格区域。

known_x's 为自变量数据点集合。

说明：

① 参数可以是数字，或是包含数字的名称、数组或引用。

② 若数组或引用参数包含文本、逻辑值或空白单元格，则这些值将被忽略；但包含零值的单元格将计算在内。

③ 若 known_y's 和 known_x's 为空或其数据点个数不同，则 SLOPE 返回错误值 ♯N/A。

（13）利用现有的 $x$ 值与 $y$ 值计算直线与 $y$ 轴的截距：INTERCEPT(known_y's, known_x's)。

known_y's 为因变的观察值或数据的集合。

known_x's 为自变的观察值或数据的集合。

说明：

① 参数可以是数字，或者是包含数字的名称、数组或引用。

② 若数组或引用参数包含文本、逻辑值或空白单元格，则这些值将被忽略；但包含零值的单元格将计算在内。

③ 若 known_y's 和 known_x's 所包含的数据点个数不相等或不包含任何数据点，则 INTERCEPT 返回错误值♯N/A。

（14）查找向量中的数值：LOOKUP（lookup_value，lookup_vector，result_vector）。

lookup_value 为函数 LOOKUP 在第一个向量中所要查找的数值。lookup_value 可以为数字、文本、逻辑值或包含数值的名称或引用。

lookup_vector 为只包含一行或一列的区域。lookup_vector 的数值可以为文本、数字或逻辑值。lookup_vector 的数值必须按升序排序：…、－2、－1、0、1、2、…、A～Z、FALSE、TRUE；否则，函数 LOOKUP 不能返回正确的结果。文本不区分大小写。

result_vector 只包含一行或一列的区域，其大小必须与 lookup_vector 相同。

**说明：**

① 如果函数 LOOKUP 找不到 lookup_value，则查找 lookup_vector 中小于或等于 lookup_value 的最大数值。

② 如果 lookup_value 小于 lookup_vector 中的最小值，函数 LOOKUP 返回错误值♯N/A。

（15）在指定方式下与指定数组匹配的数组中元素的相应位置：MATCH（lookup_value，lookup_array，match_type）。

lookup_value 为需要在数据表中查找的数值。lookup_value 可以为数值（数字、文本或逻辑值）或对数字、文本或逻辑值的单元格引用。

lookup_array 为可能包含所要查找的数值的连续单元格区域。lookup_array 应为数组或数组引用。

match_type 为数字－1、0 或 1。match_type 指明 WPS 表格如何在 lookup_array 中查找 lookup_value。

如果 match_type 为 1，函数 MATCH 查找小于或等于 lookup_value 的最大数值。lookup_array 必须按升序排列：…、－2、－1、0、1、2、…、A～Z、FALSE、TRUE。

如果 match_type 为 0，函数 MATCH 查找等于 lookup_value 的第一个数值。lookup_array 可以按任何顺序排列。

如果 match_type 为－1，函数 MATCH 查找大于或等于 lookup_value 的最小数值。lookup_array 必须按降序排列：TRUE、FALSE、Z～A、…、2、1、0、－1、－2、…。

如果省略 match_type，则假设为 1。

**说明：**

① 函数 MATCH 返回 lookup_array 中目标值的位置，而不是数值本身。例如，MATCH（b，{a，b，c}，0）返回 2，即"b"在数组 {a，b，c} 中的相应位置。

② 查找文本值时，函数 MATCH 不区分大小写字母。

③ 如果函数 MATCH 查找不成功，则返回错误值♯N/A。

④ 如果 match_type 为 0 且 lookup_value 为文本，lookup_value 可以包含通配符、星号（＊）和问号（？）。星号可以匹配任何字符序列；问号可以匹配单个字符。

（16）对单元格或单元格区域中指定行数和列数的区域的引用：以指定的引用为参照系，通过给定偏移量得到新的引用。返回的引用可以为一个单元格或单元格区域。并可以指定返回的行数或列数。

**语法**：OFFSET（reference,rows,cols,height,width）。

reference 作为偏移量参照系的引用区域。reference 必须为对单元格或相连单元格区域的引用；否则，函数 OFFSET 返回错误值♯VALUE！。

rows 为相对于偏移量参照系的左上角单元格，上（下）偏移的行数。如果使用 5 作为参数 rows，则说明目标引用区域的左上角单元格比 reference 低 5 行。行数可为正数（代表在起始引用的下方）或负数（代表在起始引用的上方）。

cols 为相对于偏移量参照系的左上角单元格，左（右）偏移的列数。如果使用 5 作为参数 cols，则说明目标引用区域的左上角的单元格比 reference 靠右 5 列。列数可为正数（代表在起始引用的右边）或负数（代表在起始引用的左边）。

height 为高度，即所要返回的引用区域的行数。height 必须为正数。

width 为宽度，即所要返回的引用区域的列数。width 必须为正数。

**说明**：

① 如果行数和列数偏移量超出工作表边缘，函数 OFFSET 返回错误值♯REF！。

② 如果省略 height 或 width，则假设其高度或宽度与 reference 相同。

③ 函数 OFFSET 实际上并不移动任何单元格或更改选定区域，它只是返回一个引用。函数 OFFSET 可用于任何需要将引用作为参数的函数。例如，SUM(OFFSET(C2,1,2,3,1)) 将计算比单元格 C2 靠下 1 行并靠右 2 列的 3 行 1 列的区域的总值。

（17）线性回归拟合直线上的值：找到适合已知数组 known_y's 和 known_x's 的直线（用最小二乘法）并返回指定数组 new_x's 在直线上对应的 $y$ 值。

**语法**：TREND（known_y's,known_x's,new_x's,const）。

known_y's 为关系表达式 $y = mx + b$ 中已知的 $y$ 值集合。若数组 known_y's 在单独一列中，则 known_x's 的每一列被视为一个独立的变量。若数组 known_y's 在单独一行中，则 known_x's 的每一行被视为一个独立的变量。

known_x's 为关系表达式 $y = mx + b$ 中已知的可选 $x$ 值集合。

数组 known_x's 可以包含一组或多组变量。若只用到一个变量，只要 known_y's 和 known_x's 维数相同，它们可以是任何形状的区域。若用到多个变量，known_y's 必须为向量（即必须为一行或一列）。若省略 known_x's，则假设该数组为 {1，2，3，…}，其大小与 known_y's 相同。

new_x's 需要函数 TREND 返回对应 $y$ 值的新 $x$ 值。new_x's 与 known_x's 一样，每个独立变量必须为单独的一行（或一列）。

因此，若 known_y's 是单列的，known_x's 和 new_x's 应该有同样的列数。若 known_y's 是单行的，known_x's 和 new_x's 应该有同样的行数。若省略 new_x's，将假设它和 known_x's 一样。若 known_x's 和 new_x's 都省略，将假设它们为数组 {1，2，3，…}，大小与 known_y's 相同。

const 是一逻辑值，用于指定是否将常量 $b$ 强制设为 0。若 const 为 TRUE 或省略，$b$ 将按正常计算。若 const 为 FALSE，$b$ 将被设为 0（零），$m$ 将被调整以使 $y = mx$。

**说明**：

① 有关 WPS 表格对数据进行直线拟合的详细信息，请参阅 LINEST 函数。

② 对于返回结果为数组的公式，必须以数组公式的形式输入。

③ 可以使用 TREND 函数计算同一变量的不同乘方的回归值来拟合多项式曲线。

④ 当为参数（如 known_x's）输入数组常量时，应当使用逗号分隔同一行中的数据，用分号分隔不同行中的数据。

（18）根据已有的数值计算或预测未来值，此预测值为基于给定的 $x$ 值推导出的 $y$ 值。已知的数值为已有的 $x$ 值和 $y$ 值，再利用线性回归对新值进行预测。

**语法**：FORECAST（x,known_y's,known_x's）。

x 为需要进行预测的数据点。

known_y's 为因变量数组或数据区域。

known_x's 为自变量数组或数据区域。

**说明**：

① 如果 x 为非数值型，函数 FORECAST 返回错误值♯VALUE！。

② 如果 known_y's 和 known_x's 为空或含有不同个数的数据点，函数 FORECAST 返回错误值♯N/A。

③ 如果 known_x's 的方差为零，函数 FORECAST 返回错误值♯DIV/0！。

### 2. 基础数据

某燃煤电厂安装的颗粒物 CEMS，测试期间烟气参数平均值为：温度 128℃；静压 −0.283kPa（表压）；含氧量 4.84%；相对湿度 7.49%。

测定结果原始记录见表 1-20。

**表 1-20　CEMS 法和参比方法测定烟气中颗粒物原始记录表**

| 序号 | CEMS显示值 | 参比方法测量值/(mg/m³) | 序号 | CEMS显示值 | 参比方法测量值/(mg/m³) | 序号 | CEMS显示值 | 参比方法测量值/(mg/m³) |
|---|---|---|---|---|---|---|---|---|
| 1 | 12.52 | 7.5 | 13 | 70.12 | 46.0 | 25 | 121.18 | 77.1 |
| 2 | 15.52 | 7.2 | 14 | 65.63 | 40.1 | 26 | 121.61 | 82.9 |
| 3 | 16.12 | 7.4 | 15 | 64.68 | 42.3 | 27 | 116.99 | 76.2 |
| 4 | 21.06 | 14.3 | 16 | 63.43 | 38.3 | 28 | 115.86 | 65.3 |
| 5 | 38.81 | 13.8 | 17 | 76.74 | 48.0 | 29 | 109.84 | 72.3 |
| 6 | 31.31 | 14.6 | 18 | 64.64 | 38.5 | 30 | 126.04 | 66.1 |
| 7 | 19.58 | 10.6 | 19 | 62.59 | 41.5 | 31 | 122.83 | 67.4 |
| 8 | 19.35 | 10.8 | 20 | 65.43 | 37.8 | 32 | 40.80 | 20.0 |
| 9 | 20.00 | 10.2 | 21 | 101.86 | 68.6 | 33 | 37.66 | 26.1 |
| 10 | 32.15 | 10.7 | 22 | 105.68 | 71.5 | 34 | 38.88 | 26.0 |
| 11 | 72.68 | 47.0 | 23 | 104.97 | 57.1 | 35 | 41.12 | 23.2 |
| 12 | 64.13 | 39.9 | 24 | 117.03 | 79.7 | 36 | 42.26 | 25.0 |

注：表中参比方法数值为换算至实际烟气状况下数值，CEMS 显示值为无量纲值。

### 3. 计算步骤

（1）在单元格 K3 输入"=ROUND（AVERAGE（B：B），5）"计算 $X$（CEMS 显示值）的平均值，然后在单元格 L3 对单元格 K3 的结果按"四舍六入五留双"的规则修约至小数点后两位。

（2）在单元格 K4 输入"=ROUND（AVERAGE（C：C），5）"计算 $Y$（参比方法测量值）的平均值，然后在单元格 L4 对单元格 K4 的结果按"四舍六入五留双"的规则修约至小数点后两位。

（3）在单元格 K5 输入"=SLOPE（C：C，B：B）"计算回归方程的斜率，然后在单元格 L5 对单元格 K5 的结果按"四舍六入五留双"的规则修约至小数点后三位。

（4）在单元格 K6 输入"＝INTERCEPT（C：C，B：B）"计算回归方程的截距，然后在单元格 L6 对单元格 K6 的结果按"四舍六入五留双"的规则修约至小数点后两位。

（5）把 Y 平均值的修约值复制到 M 列（可在单元格 M2 输入"＝$L$4"，然后拖动至单元格 M37），注意填充的行数与数据对一致，在单元格 K7 输入函数（详细内容扫描二维码 WPS 完成颗粒物 CEMS 相关校准检测——函数1），计算回归直线相关系数，然后在单元格 L7 对单元格 K7 的结果按"四舍六入五留双"的规则修约至小数点后三位。

（6）在 D 列，使用函数（详细内容扫描二维码 WPS 完成颗粒物 CEMS 相关校准检测——函数2）依次计算每组数据的回归残差。

WPS 完成颗粒物 CEMS
相关校准检测讲解视频

WPS 完成颗粒物 CEMS
相关校准检测——函数1

WPS 完成颗粒物 CEMS
相关校准检测——函数2

（7）在单元格 K12 输入"＝ROUND((SUMSQ(D:D)/(COUNT(D:D)−2))^0.5,6)"计算回归直线精密度，然后在单元格 L12 对单元格 K12 的结果按"四舍六入五留双"的规则修约至小数点后两位。

（8）根据 $f=n-2=34$（在单元格 G2 使用"＝COUNT(Sheet1! B:B)−2"计算 $f$），查《计算置信区间和允许区间参数表》用内插法得到 $t_f$，内插法操作界面如图 1-22（详细内容扫描二维码 WPS 完成颗粒物 CEMS 相关校准检测——函数3），把函数中的所有"$B$"依次替换成"$C$"用内插法分别得到 $V_f$。

WPS 完成颗粒物 CEMS 相关
校准检测——内插法讲解视频

WPS 完成颗粒物 CEMS 相关
校准检测——函数3

WPS 完成颗粒物 CEMS 相关
校准检测——函数4

在单元格 J2 输入"＝COUNT(Sheet1! B:B)"计算数据对的个数 $n''$，在单元格 K2 输入函数（详细内容扫描二维码 WPS 完成颗粒物 CEMS 相关校准检测——函数4），通过内插法得到 75% 允许因子 $u_{n''}(75)$。

（9）在单元格 K14 输入"＝ROUND(K12 * K13/(COUNT(B:B))^0.5,5)"计算置信区间半宽 CI，然后在单元格 L14 对单元格 K14 的结果按"四舍六入五留双"的规则修约至小数点后两位。

（10）在单元格 K15 输入"＝ROUND(K14/L4 * 100,5))"计算在平均值 $X=65.59$（CEMS 显示值）处对于检测期间参比方法实态浓度平均值百分比的置信区间半宽 CI%，然后在单元格 L15 对单元格 K15 的结果按"四舍六入五留双"的规则修约至小数点后一位。

（11）在单元格 K21 输入"＝计算置信区间和允许区间参数表! I2 * 计算置信区间和允许区间参数表! K2"计算 $k_t$，然后在单元格 L21 对单元格 K21 的结果按"四舍六入五留

| | H2 | | fx | =ROUND(IF($G$2=$A$24, $B$24, LOOKUP($G$2, $A$2:$A$23, $B$2:$B$24+($G$2-$A$2:$A$23)*($B$3:$B$24-$B$2:$B$23)/($A$3:$A$24-$A$2:$A$23))),3) | | | | | | |
|---|---|---|---|---|---|---|---|---|---|---|
| | A | B | C | D | E | F | G | H | I | J | K |
| 1 | f | tf | vf | n | u(75) | df | | 插值tf | 插值vf | n | 插值u |
| 2 | 8 | 2.306 | 1.711 | 8 | 1.233 | 34 | | 2.032 | 1.2533 | 36 | 1.167 |
| 3 | 9 | 2.262 | 1.6452 | 9 | 1.214 | | | | | | |
| 4 | 10 | 2.228 | 1.5931 | 10 | 1.208 | | | | | | |
| 5 | 11 | 2.201 | 1.5506 | 11 | 1.203 | | | | | | |
| 6 | 12 | 2.179 | 1.5153 | 12 | 1.199 | | | | | | |
| 7 | 13 | 2.16 | 1.4854 | 13 | 1.195 | | | | | | |
| 8 | 14 | 2.145 | 1.4597 | 14 | 1.192 | | | | | | |
| 9 | 15 | 2.131 | 1.4373 | 15 | 1.189 | | | | | | |
| 10 | 16 | 2.12 | 1.4176 | 16 | 1.187 | | | | | | |
| 11 | 17 | 2.11 | 1.4001 | 17 | 1.185 | | | | | | |
| 12 | 18 | 2.101 | 1.3845 | 18 | 1.183 | | | | | | |
| 13 | 19 | 2.093 | 1.3704 | 19 | 1.181 | | | | | | |
| 14 | 20 | 2.086 | 1.3576 | 20 | 1.179 | | | | | | |
| 15 | 21 | 2.08 | 1.346 | 21 | 1.178 | | | | | | |
| 16 | 22 | 2.074 | 1.3353 | 22 | 1.177 | | | | | | |
| 17 | 23 | 2.069 | 1.3255 | 23 | 1.175 | | | | | | |
| 18 | 24 | 2.064 | 1.3165 | 24 | 1.174 | | | | | | |
| 19 | 25 | 2.06 | 1.3081 | 25 | 1.173 | | | | | | |
| 20 | 30 | 2.042 | 1.2737 | 30 | 1.17 | | | | | | |
| 21 | 35 | 2.03 | 1.2482 | 35 | 1.167 | | | | | | |
| 22 | 40 | 2.021 | 1.2284 | 40 | 1.165 | | | | | | |
| 23 | 45 | 2.014 | 1.2125 | 45 | 1.163 | | | | | | |
| 24 | 50 | 2.009 | 1.1993 | 50 | 1.162 | | | | | | |

图 1-22　内插法求值操作界面

双"的规则修约至小数点后两位。

(12) 在单元格 K22 输入"=ROUND(K12*K21,5)"计算允许区间半宽 TI，然后在单元格 L22 对单元格 K22 的结果按"四舍六入五留双"的规则修约至小数点后两位。

(13) 在单元格 K23 输入"=ROUND(K22/K4*100,5)"计算在平均值 $\overline{X}=65.59$（CEMS 显示值）处对于检测期间参比方法实态浓度平均值百分比的允许区间半宽 TI%，然后在单元格 L23 对单元格 K23 的结果按"四舍六入五留双"的规则修约至小数点后一位。

此外，不使用残差也能计算回归直线精密度，即直接用预测值与参比方法测量值计算，在单元格 J12 输入"=ROUND((SUMXMY2(D:D,C:C)/(COUNT(D:D)-2))^0.5,6)"即可。使用残差和不使用残差的数据处理结果如图 1-23 和图 1-24 所示。

| | A 序号 | B CEMS显示值 | C 参比方法测量值/(mg/m³) | D 残差 | E 允许区间下限 | F 置信区间下限 | G 回归方程 | H 置信区间上限 | I 允许区间上限 | J 回归方程计算 | K | L |
|---|---|---|---|---|---|---|---|---|---|---|---|---|
| 2 | 1 | 12.52 | 7.5 | -1.85 | -1.43 | 4.01 | 5.65 | 7.29 | 12.73 | | 计算值 | 修约值 |
| 3 | 2 | 15.52 | 7.2 | 0.38 | 0.5 | 5.94 | 7.58 | 9.22 | 14.66 | X平均值 | 65.58611 | 65.59 |
| 4 | 3 | 16.12 | 7.4 | 0.57 | 0.89 | 6.33 | 7.97 | 9.6 | 15.04 | Y平均值 | 39.75 | 39.75 |
| 5 | 4 | 21.06 | 14.3 | -3.16 | 4.06 | 9.5 | 11.14 | 12.78 | 18.22 | 斜率 | 0.642643 | 0.643 |
| 6 | 5 | 38.81 | 13.8 | 8.75 | 15.48 | 20.92 | 22.55 | 24.19 | 29.63 | 截距 | -2.39848 | -2.4 |
| 7 | 6 | 31.31 | 14.6 | 3.13 | 10.65 | 16.09 | 17.73 | 19.37 | 24.81 | 相关系数 | 0.980684 | 0.981 |
| 8 | 7 | 19.58 | 10.6 | -0.41 | 3.11 | 8.55 | 10.19 | 11.83 | 17.27 | | | |
| 9 | 8 | 19.35 | 10.8 | -0.76 | 2.96 | 8.4 | 10.04 | 11.68 | 17.12 | | | |
| 10 | 9 | 20 | 10.2 | 0.26 | 3.38 | 8.82 | 10.46 | 12.1 | 17.54 | | 置信区间半宽计算 | |
| 11 | 10 | 32.15 | 10.7 | 7.57 | 11.19 | 16.63 | 18.27 | 19.91 | 25.35 | | 计算值 | 修约值 |
| 12 | 11 | 72.68 | 47 | -2.67 | 37.26 | 42.69 | 44.33 | 45.97 | 51.41 | SE | 4.839339 | 4.84 |
| 13 | 12 | 64.13 | 39.9 | -1.06 | 31.76 | 37.2 | 38.84 | 40.47 | 45.91 | t(查) | 2.032 | 2.032 |
| 14 | 13 | 70.12 | 46 | -3.31 | 35.61 | 41.05 | 42.69 | 44.33 | 49.77 | CI | 1.63892 | 1.64 |
| 15 | 14 | 65.63 | 40.1 | -0.3 | 32.72 | 38.16 | 39.8 | 41.44 | 46.88 | CI% | 4.12307 | 4.1 |
| 16 | 15 | 64.68 | 42.3 | -3.11 | 32.11 | 37.55 | 39.19 | 40.83 | 46.27 | | | |
| 17 | 16 | 63.43 | 38.3 | 0.09 | 31.31 | 36.75 | 38.39 | 40.02 | 45.46 | | | |
| 18 | 17 | 76.74 | 48 | -1.06 | 39.87 | 45.3 | 46.94 | 48.58 | 54.02 | | 允许区间半宽计算 | |
| 19 | 18 | 64.64 | 38.5 | 0.66 | 32.09 | 37.52 | 39.16 | 40.8 | 46.24 | | | |
| 20 | 19 | 62.59 | 41.5 | -3.65 | 30.77 | 36.21 | 37.85 | 39.48 | 44.92 | | 计算值 | 修约值 |
| 21 | 20 | 65.43 | 37.8 | 1.87 | 32.59 | 38.03 | 39.67 | 41.31 | 46.75 | kt | 1.462601 | 1.46 |
| 22 | 21 | 101.86 | 68.6 | -5.5 | 56.02 | 61.46 | 63.1 | 64.73 | 70.17 | TI | 7.07802 | 7.08 |
| 23 | 22 | 105.68 | 71.5 | -5.95 | 58.47 | 63.91 | 65.55 | 67.19 | 72.63 | TI% | 17.80634 | 17.8 |

图 1-23　使用残差的数据处理结果

| J12 | | ⊖ *fx* | =ROUND((SUMXMY2(D:D,C:C)/(COUNT(D:D)−2))^0.5,6) | | | | | | | | |

| | A | B | C | D | E | F | G | H | I | J | K |
|---|---|---|---|---|---|---|---|---|---|---|---|
| 1 | 序号 | CEMS显示值 | 参比方法测量值/(mg/m³) | 预测值 | 允许区间下限 | 置信区间下限 | 置信区间上限 | 允许区间上限 | 回归方程计算 | | |
| 2 | 1 | 12.52 | 7.5 | 5.65 | −1.43 | 4.01 | 7.29 | 12.73 | | 计算值 | 修约值 |
| 3 | 2 | 15.52 | 7.2 | 7.58 | 0.5 | 5.94 | 9.22 | 14.66 | X平均值 | 65.58611 | 65.59 |
| 4 | 3 | 16.12 | 7.4 | 7.97 | 0.89 | 6.33 | 9.6 | 15.04 | Y平均值 | 39.75 | 39.75 |
| 5 | 4 | 21.06 | 14.3 | 11.14 | 4.06 | 9.5 | 12.78 | 18.22 | 斜率 | 0.642643 | 0.643 |
| 6 | 5 | 38.81 | 13.8 | 22.55 | 15.48 | 20.92 | 24.19 | 29.63 | 截距 | −2.39848 | −2.4 |
| 7 | 6 | 31.31 | 14.6 | 17.73 | 10.65 | 16.09 | 19.37 | 24.81 | 相关系数 | 0.980684 | 0.981 |
| 8 | 7 | 19.58 | 10.6 | 10.19 | 3.11 | 8.55 | 11.83 | 17.27 | | | |
| 9 | 8 | 19.35 | 10.8 | 10.04 | 2.96 | 8.4 | 11.68 | 17.12 | | | |
| 10 | 9 | 20 | 10.2 | 10.46 | 3.38 | 8.82 | 12.1 | 17.54 | 置信区间半宽计算 | | |
| 11 | 10 | 32.15 | 10.7 | 18.27 | 11.19 | 16.63 | 19.91 | 25.35 | | 计算值 | 修约值 |
| 12 | 11 | 72.68 | 47 | 44.33 | 37.26 | 42.69 | 45.97 | 51.41 | SE | 4.839339 | 4.84 |
| 13 | 12 | 64.13 | 39.9 | 38.84 | 31.76 | 37.2 | 40.47 | 45.91 | t(查) | 2.032 | 2.032 |
| 14 | 13 | 70.12 | 46 | 42.69 | 35.61 | 41.05 | 44.33 | 49.77 | CI | 1.63892 | 1.64 |
| 15 | 14 | 65.63 | 40.1 | 39.8 | 32.72 | 38.16 | 41.44 | 46.88 | CI% | 4.12307 | 4.1 |
| 16 | 15 | 64.68 | 42.3 | 39.19 | 32.11 | 37.55 | 40.83 | 46.27 | | | |
| 17 | 16 | 63.43 | 38.3 | 38.39 | 31.31 | 36.75 | 40.02 | 45.46 | | | |
| 18 | 17 | 76.74 | 48 | 46.94 | 39.87 | 45.3 | 48.58 | 54.02 | 允许区间半宽计算 | | |
| 19 | 18 | 64.64 | 38.5 | 39.16 | 32.09 | 37.52 | 40.8 | 46.24 | | | |
| 20 | 19 | 62.59 | 41.5 | 37.85 | 30.77 | 36.21 | 39.48 | 44.92 | | 计算值 | 修约值 |
| 21 | 20 | 65.43 | 37.8 | 39.67 | 32.59 | 38.03 | 41.31 | 46.75 | kt | 1.462601 | 1.46 |
| 22 | 21 | 101.86 | 68.6 | 63.1 | 56.02 | 61.46 | 64.73 | 70.17 | TI | 7.07802 | 7.08 |
| 23 | 22 | 105.68 | 71.5 | 65.55 | 58.47 | 63.91 | 67.19 | 72.63 | TI% | 17.80634 | 17.8 |

图 1-24　不使用残差的数据处理结果

#### 4. 绘图步骤

（1）在单元格 E2、F2、G2、H2、I2 依次输入下列函数，分别计算相应的"允许区间下限"（详细内容扫描二维码 WPS 完成颗粒物 CEMS 相关校准检测——函数 5）"置信区间下限"（详细内容扫描二维码 WPS 完成颗粒物 CEMS 相关校准检测——函数 6）"回归方程"（详细内容扫描二维码 WPS 完成颗粒物 CEMS 相关校准检测——函数 7）"置信区间上限"（详细内容扫描二维码 WPS 完成颗粒物 CEMS 相关校准检测——函数 8）"允许区间上限"（详细内容扫描二维码 WPS 完成颗粒物 CEMS 相关校准检测——函数 9）等数据，然后下拉填充单元格以计算相应的"允许区间下限""置信区间下限""回归方程""置信区间上限""允许区间上限"等数据。

WPS 完成颗粒物 CEMS 相关校准检测——函数 5

WPS 完成颗粒物 CEMS 相关校准检测——函数 6

WPS 完成颗粒物 CEMS 相关校准检测——函数 7

WPS 完成颗粒物 CEMS 相关校准检测——函数 8

WPS 完成颗粒物 CEMS 相关校准检测——函数 9

（2）选择 B 列和 C 列后依次点击"插入""全部图表""XY 散点图""插入预览图表"，完成散点图插入。如图 1-25。

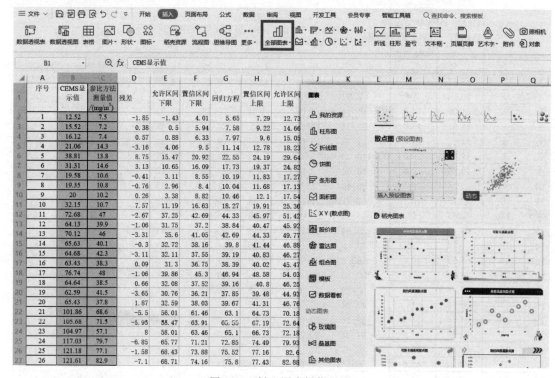

图 1-25　插入图表操作界面

（3）在"图表工具"栏点击"选择数据"，在对话框的"系列"中点击"＋"，添加数据组，在"编辑数据系列"对话框中添加"系列名称""Y 轴系列值"，依次添加"允许区间下限""置信区间下限""回归方程""置信区间上限""允许区间上限"等数据。如图 1-26。

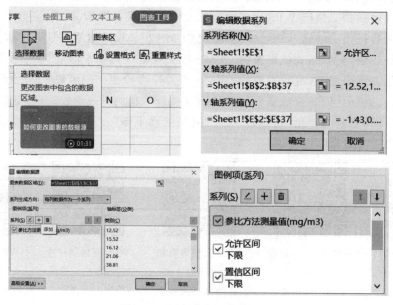

图 1-26　添加数据组操作界面

（4）在图中选择一组数据，然后点击"设置图表区域格式"，在对话框中设置线条为"实线"，修改颜色和宽度，设置标记为"无"。按此方法完成"允许区间下限""置信区间下限""置信区间上限""允许区间上限"的属性修改。如图 1-27。

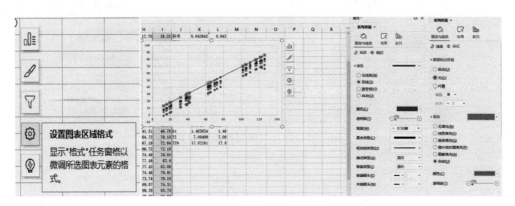

图 1-27 修改数据标识属性操作界面

（5）分别点击 X 轴数值和 Y 轴数值，修改刻度线标记中主要类型为"内部"，合理调整边界的最大值和最小值。如图 1-28。

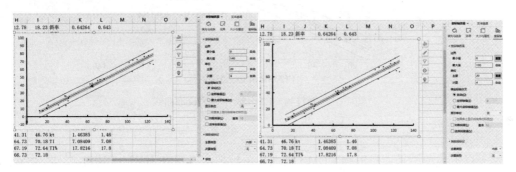

图 1-28 修改 X、Y 轴数值范围的操作界面

（6）点击"图表元素"的"轴标题"，修改轴标题内容。如图 1-29。

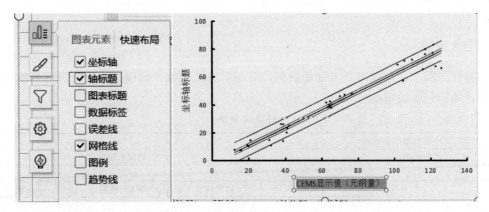

图 1-29 修改轴标题的操作界面

（7）点击图表，在菜单栏"开始"工具栏下，修改字体属性。如图 1-30。

（8）使用文本框和图形工具，标注允许区间和置信区间。如图 1-31。

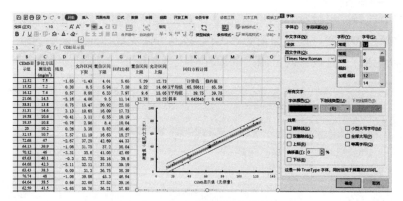

图 1-30 修改字体属性操作界面

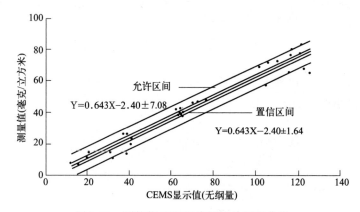

图 1-31 颗粒物 CEMS 线性相关校准曲线

## 5. 结论

基于以下检测结果，颗粒物 CEMS 线性相关校准曲线符合 HJ 76—2017。

（1）相关系数：0.981＞0.85；

（2）在平均值 X 处，作为检测均值百分比的置信区间半宽：4.1%＜10%；

（3）在平均值 X 处，作为检测均值百分比的允许区间半宽：17.8＜25%。

## 任务决策

根据任务需求，按标准要求处理数据，并编写算法函数，形成自动化处理运维数据的处理表格，填写任务决策单。

**任务决策单**

| 项目名称 | 环境监测数据管理 | | | | |
|---|---|---|---|---|---|
| 任务名称 | 数据处理 | | | 建议学时数 | 6 |
| 汇总结果 | | | | | |
| 运维记录 | 参数 | 依据标准 | 处理结果 | 算法、函数 | 备注 |
| | | | | | |
| | | | | | |
| | | | | | |
| | | | | | |
| 总结 | | | | | |

**任务计划**

根据任务决策过程中选定的方案，制订任务计划，填写任务计划单。

**任务计划单**

| 项目名称 | 环境监测数据管理 | | |
|---|---|---|---|
| 任务名称 | 数据处理 | 建议学时数 | 6 |
| 计划方式 | 分组讨论、资料收集、技能学习、制作表格等 | | |
| 序号 | 任务 | 时间 | 负责人 |
| 1 | | | |
| 2 | | | |
| 3 | | | |
| 4 | | | |
| 5 | | | |
| 小组分工 | | | |
| 计划评价 | | | |

 **任务实施**

根据任务计划编制任务实施方案，并完成任务，填写任务实施单。

**任务实施单**

| 项目名称 | 环境监测数据管理 | | |
|---|---|---|---|
| 任务名称 | 数据处理 | 建议学时数 | 6 |
| 实施方式 | 分组讨论、资料收集、技能学习、编写函数、形成自动化处理表格等 | | |
| 序号 | 实施步骤 | | |
| 1 | | | |
| 2 | | | |
| 3 | | | |
| 4 | | | |
| 5 | | | |
| 6 | | | |

 **任务检查与评价**

完成任务后，进行任务检查，可采用小组互评等方式进行任务评价，任务评价单如下。

**任务评价单**

| 项目名称 | 环境监测数据管理 | | | |
|---|---|---|---|---|
| 任务名称 | 数据处理 | | | |
| 考核方式 | 过程考核、结果考核 | | | |
| 说明 | 主要评价学生在项目学习过程中的操作方式、理论知识、学习态度、课堂表现、学习能力等 | | | |
| 考核内容与评价标准 | | | | |

| 序号 | 内容 | 评价标准 | | | 成绩比例/% |
|---|---|---|---|---|---|
| | | 优 | 良 | 合格 | |
| 1 | 基本理论掌握 | 完全理解相关标准和技术规范 | 熟悉相关标准和技术规范 | 了解相关标准和技术规范 | 30 |

| 序号 | 内容 | 评价标准 | | | 成绩比例/% |
|---|---|---|---|---|---|
| | | 优 | 良 | 合格 | |
| 2 | 实践操作技能 | 能够熟练编写函数,按标准要求完成运维数据处理表格,能够快速完成报告,报告内容完整、格式规范 | 能够较熟练地编写函数,按标准要求完成运维数据处理表格,能够较快地完成报告,报告内容完整、格式较规范 | 能够编写函数,按标准要求完成运维数据处理表格,能够参与完成报告,报告内容较完整 | 30 |
| 3 | 职业核心能力 | 具有良好的自主学习能力和分析解决问题能力 | 具有较好的学习能力和分析解决问题能力 | 能较主动学习并收集信息,具备一定的分析解决问题能力 | 10 |
| 4 | 工作作风与职业道德 | 具有严谨的科学态度和工匠精神,能够严格遵守相关制度文件 | 具有良好的科学态度和工匠精神,能够自觉遵守相关制度文件 | 具有较好的科学态度和工匠精神,能够遵守相关制度文件 | 10 |
| 5 | 小组评价 | 具有良好的团队合作精神和沟通交流能力,热心帮助小组其他成员 | 具有较好的团队合作精神和与人交流能力,能帮助小组其他成员 | 具有一定的团队合作精神,能配合小组完成项目任务 | 10 |
| 6 | 教师评价 | 包括以上所有内容 | 包括以上所有内容 | 包括以上所有内容 | 10 |
| 合计 | | | | | 100 |

 教学反馈

完成任务后,进行教学任务反馈,填写教学反馈单。

**教学反馈单**

| 项目名称 | 环境监测数据管理 | | |
|---|---|---|---|
| 任务名称 | 数据处理 | 建议学时数 | 6 |
| 序号 | 调查内容 | 是/否 | 反馈意见 |
| 1 | 知识点是否讲解清楚 | | |
| 2 | 操作是否规范 | | |
| 3 | 解答是否及时 | | |
| 4 | 重难点是否突出 | | |
| 5 | 课堂组织是否合理 | | |
| 6 | 逻辑是否清晰 | | |
| 本次任务的兴趣点 | | | |
| 本次任务的成就点 | | | |
| 本次任务的疑虑点 | | | |

 测试题

**判断题**

1. 颗粒物 CEMS 相关校准过程应确保完成相关校准的测试数据在测量范围内分布均匀合理。(　　)

2. SUMX2MY2 函数用于计算两数组中对应数值之差的平方和。(　　)

3. TREND 函数和 FORECAST 函数均是利用线性回归对新值进行预测,其中 TREND 函数可以同时预测多个值。(　　)

# 任务五　数据汇总

## 任务描述

小明在数据汇总岗上每天需要对环境空气监测数据、监测设备运行及质控数据进行提取与汇总，需要熟练掌握 WPS 办公软件基础操作，并在 WPS 表格中用公式进行快速汇总。

## 任务要求

根据任务单要求进行任务计划及实施。

## 任务单

根据任务描述，本任务需要完成对在线监测数据的汇总。具体任务要求可参照任务单。

**任务单**

| 项目名称 | 环境监测数据管理 |
| --- | --- |
| 任务名称 | 数据汇总 |
| 任务要求 | |
| 1. 任务开展要求：<br>(1)分组讨论任务实施方案，每组 3～5 人；<br>(2)所需资料自行收集。<br>2. 完成在线监测数据汇总工作，并按标准及技术规范要求发布。<br>3. 提交在线监测数据的汇总报表并汇报 | |
| 任务准备 | |
| 1. 知识准备：<br>(1)《环境空气质量指数(AQI)技术规定(试行)》(HJ 633—2012)；<br>(2)《地表水环境质量监测数据统计技术规定(试行)》(环办监测函〔2020〕82 号)；<br>(3)《固定污染源烟气(SO$_2$、NO$_x$、颗粒物)排放连续监测系统技术要求及检测方法》(HJ 76—2017)；<br>(4)《水污染物排放总量监测技术规范》(HJ/T 92—2002)；<br>(5)《污染物在线监控(监测)系统数据传输标准》(HJ 212—2017)；<br>2. 工具及设备支持：<br>计算机 | |
| 工作步骤 | |
| 1. 小组讨论分工。<br>2. 小组合作完成技术资料收集。<br>3. 小组合作完成数据汇总表样式及处理汇总算法、函数的商定。<br>4. 小组分工完成在线监测数据的汇总报表的编写。<br>5. 小组分工完成汇报 PPT 的编制 | |
| 总结与提高 | |
| 1. 自我总结：<br>(1)请对每个组员的工作作风进行相互评价；<br>(2)请分析组内分工的合理性。<br>2. 拓展提高：<br>通过提交报告，进一步明确报告编写的规范性 | |

 任务资讯

# 一、数据汇总报表

## 1. 空气质量报表

根据 HJ 633—2012，空气质量监测点位日报和实时报由地级以上（含地级）环境保护行政主管部门或其授权的环境监测站发布。发布内容包括评价时段、监测点位置、各污染物的浓度及空气质量分指数、空气质量指数、首要污染物及空气质量级别，报告时说明监测指标和缺项指标。

日报时间周期为 24h，时段为当日零点前 24h。日报的指标包括二氧化硫（$SO_2$）、二氧化氮（$NO_2$）、颗粒物（粒径小于等于 $10\mu m$）、颗粒物（粒径小于等于 $2.5\mu m$）、一氧化碳（CO）的 24h 平均，以及臭氧（$O_3$）的日最大 1h 平均、臭氧（$O_3$）的日最大 8 小时滑动平均，共计 7 个指标。日报数据格式见表 1-22。

实时报时间周期为 1h，每一整点时刻后即可发布各监测点位的实时报，滞后时间不应超过 1h。实时报的指标包括二氧化硫（$SO_2$）、二氧化氮（$NO_2$）、臭氧（$O_3$）、一氧化碳（CO）、颗粒物（粒径小于等于 $10\mu m$）和颗粒物（粒径小于等于 $2.5\mu m$）的 1h 平均，以及臭氧（$O_3$）8h 滑动平均和颗粒物（粒径小于等于 $10\mu m$）、颗粒物（粒径小于等于 $2.5\mu m$）的 24h 滑动平均，共计 9 个指标。实时报数据格式见表 1-23。

计算每个监测点位的空气质量指数时，各项污染物空气质量分指数和空气质量指数使用该点位的各项污染物浓度、表 1-21 中浓度限值、式(1-53) 和式(1-54) 进行计算。

**表 1-21　空气质量分指数及对应的污染物项目浓度限值**

| 空气质量分指数（IAQI） | 污染物项目浓度限值 | | | | | | | | | |
|---|---|---|---|---|---|---|---|---|---|---|
| | 二氧化硫（$SO_2$）24h平均/($\mu g/m^3$) | 二氧化硫（$SO_2$）1h平均/($\mu g/m^3$) | 二氧化氮（$NO_2$）24h平均/($\mu g/m^3$) | 二氧化氮（$NO_2$）1h平均/($\mu g/m^3$) | 颗粒物（粒径小于等于$10\mu m$）24h平均/($\mu g/m^3$) | 氧化碳（CO）24h平均/($mg/m^3$) | 一氧化碳（CO）1h平均/($mg/m^3$) | 臭氧（$O_3$）1h平均/($\mu g/m^3$) | 臭氧（$O_3$）8h滑动平均/($\mu g/m^3$) | 颗粒物（粒径小于等于$2.5\mu m$）24h平均/($\mu g/m^3$) |
| 0 | 0 | 0 | 0 | 0 | 0 | 0 | 0 | 0 | 0 | 0 |
| 50 | 50 | 150 | 40 | 100 | 50 | 2 | 5 | 160 | 100 | 35 |
| 100 | 150 | 500 | 80 | 200 | 150 | 4 | 10 | 200 | 160 | 75 |
| 150 | 475 | 650 | 180 | 700 | 250 | 14 | 35 | 300 | 215 | 115 |
| 200 | 800 | 800 | 280 | 1200 | 350 | 24 | 60 | 400 | 265 | 150 |
| 300 | 1600 | — | 565 | 2340 | 420 | 36 | 90 | 800 | 800 | 250 |
| 400 | 2100 | — | 750 | 3090 | 500 | 48 | 120 | 1000 | — | 350 |
| 500 | 2620 | — | 940 | 3840 | 600 | 60 | 150 | 1200 | — | 500 |

注：1. 二氧化硫（$SO_2$）、二氧化氮（$NO_2$）和一氧化碳（CO）的 1h 平均浓度限值仅用于实时报，在日报中需使用相应污染物的 24h 平均浓度限值。

2. 二氧化硫（$SO_2$）1h 平均浓度值高于 $800\mu g/m^3$ 的，不再进行其空气质量分指数计算，二氧化硫（$SO_2$）空气质量分指数按 24h 平均浓度计算的分指数报告。

3. 臭氧（$O_3$）8h 平均浓度值高于 $800\mu g/m^3$ 的，不再进行其空气质量分指数计算，臭氧（$O_3$）空气质量分指数按 1h 平均浓度计算的分指数报告。

**表 1-22 空气质量指数日报数据格式**

时间：20□□年□□月□□日

| 城市名称 | 监测点位名称 | 污染物浓度及空气质量分指数(IAQI) | | | | | | | | | | | | | | 空气质量指数(AQI) | 首要污染物 | 空气质量级别 | 空气质量指数类别 | |
| | | 二氧化硫(SO₂)24h平均 | | 二氧化氮(NO₂)24h平均 | | 颗粒物(粒径小于等于10μm)24h平均 | | 一氧化碳(CO)24h平均 | | 臭氧(O₃)最大1h平均 | | 臭氧(O₃)最大8h滑动平均 | | 颗粒物(粒径小于等于2.5μm)24h平均 | | | | | | |
| | | 浓度/(μg/m³) | 分指数 | 浓度/(μg/m³) | 分指数 | 浓度/(μg/m³) | 分指数 | 浓度/(mg/m³) | 分指数 | 浓度/(μg/m³) | 分指数 | 浓度/(μg/m³) | 分指数 | 浓度/(μg/m³) | 分指数 | | | | 类别 | 颜色 |
| | | | | | | | | | | | | | | | | | | | | |

注：缺测指标的浓度及分指数均使用 NA 标识。

**表 1-23 空气质量指数实时报数据格式**

时间：20□□年□□月□□日□□时

| 城市名称 | 监测点位名称 | 污染物浓度及空气质量分指数(IAQI) | | | | | | | | | | | | | | 空气质量指数(AQI) | 首要污染物 | 空气质量指数级别 | 空气质量指数类别 | |
| | | 二氧化硫(SO₂)1h平均 | | 二氧化氮(NO₂)1h平均 | | 颗粒物(粒径小于等于10μm)1h滑动平均 | | 一氧化碳(CO)1h平均 | | 臭氧(O₃)1h平均 | | 臭氧(O₃)8h滑动平均 | | 颗粒物(粒径小于等于2.5μm)1h滑动平均 | | | | | | |
| | | 浓度/(μg/m³) | 分指数 | 浓度/(μg/m³) | 分指数 | 浓度/(μg/m³) | 分指数 | 浓度/(mg/m³) | 分指数 | 浓度/(μg/m³) | 分指数 | 浓度/(μg/m³) | 分指数 | 浓度/(μg/m³) | 分指数 | | | | 类别 | 颜色 |
| | | | | | | | | | | | | | | | | | | | | |

注：缺测指标的浓度及分指数均使用 NA 标识。

污染物项目 P 的空气质量分指数按式(1-53) 计算:

$$IAQI_P = \frac{IAQI_{Hi} - IAQI_{Lo}}{BP_{Hi} - BP_{Lo}}(C_P - BP_{Lo}) + IAQI_{Lo} \tag{1-53}$$

式中　$IAQI_P$——污染物项目 P 的空气质量分指数;

　　　　$C_P$——污染物项目 P 的质量浓度值;

　　　　$BP_{Hi}$——表 1-21 中与 $C_P$ 相近的污染物浓度限值的高位值;

　　　　$BP_{Lo}$——表 1-21 中与 $C_P$ 相近的污染物浓度限值的低位值;

　　　　$IAQI_{Hi}$——表 1-21 中与 $BP_{Hi}$ 对应的空气质量分指数;

　　　　$IAQI_{Lo}$——表 1-21 中与 $BP_{Lo}$ 对应的空气质量分指数。

空气质量指数按式(1-54) 计算:

$$AQI = \max\{IAQI_1, IAQI_2, IAQI_3, \cdots, IAQI_n\} \tag{1-54}$$

式中　$IAQI$——空气质量分指数;

　　　　$n$——污染物项目;

**【注意】** 环境空气质量指数及空气质量分指数的计算结果应全部进位取整数,不保留小数。

AQI 大于 50 时,IAQI 最大的污染物为首要污染物。若 IAQI 最大的污染物为两项或两项以上时,并列为首要污染物。IAQI 大于 100 的污染物为超标污染物。

其中,各评价时段内评价项目的统计方法如表 1-24 所示。

**表 1-24　点位污染物浓度数据统计方法**

| 评价项目 | 数据统计方法 |
|---|---|
| 点位 1h 平均 | 整点时刻前 1h 内点位污染物浓度的算术平均值,记为该时刻的点位 1h 平均值。一个自然日内点位 1h 平均的时标分别记为 1:00、2:00、3:00、…、23:00 和 24:00 |
| 点位 8h 平均 | 使用滑动平均的方式计算。对于指定时间 X 的 8h 均值,定义为:X-7、X-6、X-5、X-4、X-3、X-2、X-1、X 时的 8 个 1h 平均值的算术平均值,称为 X 时的 8h 平均值。一个自然日内有 24 个点位 8h 平均值,其时标分别记为 1:00、2:00、3:00、…、23:00 和 24:00 |
| 点位日最大 8h 平均 | 点位一个自然日内 8:00 至 24:00 的所有 8h 滑动平均浓度中的最大值 |
| 点位 24h 平均 | 点位一个自然日内各 1h 平均浓度的算术平均值 |
| 点位季平均 | 点位一个日历季内各 24h 平均浓度的算术平均值 |
| 点位年平均 | 点位一个日历年内各 24h 平均浓度的算术平均值 |

### 2. 地表水质量报表

根据《地表水环境质量监测数据统计技术规定（试行）》（环办监测函〔2020〕82 号）的规定,地表水环境质量代表值指用于代表水体在某一时段内各监测指标整体浓度水平的统计结果,根据代表时段不同,主要分为日代表值、月代表值、季代表值、年代表值等。

（1）日代表值　各单项指标（pH 值除外）的日代表值为当日实际获得的全部自动数据的算术平均值。pH 值的日代表值采用当日实际获得的全部 pH 值对应氢离子浓度的算术平均值的负对数表示,计算时先采用 pH 值自动数据计算对应时段的氢离子浓度值,再计算当日全部氢离子浓度的算术平均值,最终计算该算术平均值的负对数,如式(1-55) 所示:

$$\overline{pH} = -\lg\overline{C(H^+)} \tag{1-55}$$

式中　$\overline{pH}$——对应时段 pH 值的日代表值;

　　　　$\overline{C(H^+)}$——对应时段氢离子浓度的算术平均值。

每个自然日所有有效自动监测数据均参与评价，且实际参与计算的自动数据量不得低于当日应获得全部数据量的 60%。日代表值仅针对自动数据，手工数据不参与日代表值统计。

（2）月代表值　根据监测方式不同，月代表值可分为手工月代表值和自动月代表值。手工月代表值为各单项指标的当月手工数据。如当月实际获得的日代表值不少于当月应获得全部日代表值的 60%，可进行自动月代表值统计，统计时所有有效自动监测数据均参与评价。自动月代表值（pH 值除外）为各单项指标当月实际获得全部自动数据的算术平均值。pH 值的自动月代表值采用当月全部 pH 值自动数据对应氢离子浓度算术平均值的负对数表示，计算方法同日代表值。

当某一单项指标由于当月或连续数月未开展监测导致月代表值缺失时，采用该指标上一个邻近月份的月代表值作为替代月代表值。

（3）季代表值　根据监测方式不同，季代表值可分为手工季代表值和自动季代表值。季代表值为各单项指标（包括 pH 值）当季全部月份月代表值的算术平均值。

（4）年代表值　根据监测方式不同，年代表值可分为手工年代表值和自动年代表值。年代表值为各单项指标（包括 pH 值）当年全部月份月代表值的算术平均值。

### 3. 固定污染源烟气报表

HJ 76—2017 要求固定污染源烟气（$SO_2$、$NO_x$、颗粒物）排放连续监测系统软件应能够自动统计生成并保存烟气排放连续监测小时平均值日报表、烟气排放连续监测日平均值月报表和烟气排放连续监测月平均值年报表，其格式见表 1-25、表 1-26 和表 1-27。数据报表中应统计记录当日、当月、当年各指标数据的最大值、最小值和平均值。

表 1-25　烟气排放连续监测小时平均值日报表

| 时间 | 颗粒物 | | | $SO_2$ | | | $NO_x$ | | | 标干流量 /(m³/h) | 干基 $O_2$/% | 温度 ℃ | 湿度 /% | 负荷 /% | 备注 |
|---|---|---|---|---|---|---|---|---|---|---|---|---|---|---|---|
| | 实测 /(mg /m³) | 折算 /(mg /m³) | 排放量 /(kg/h) | 实测 /(mg /m³) | 折算 /(mg /m³) | 排放量 /(kg/h) | 实测 /(mg /m³) | 折算 /(mg /m³) | 排放量 /(kg/h) | | | | | | |
| 00～01 | | | | | | | | | | | | | | | |
| 01～02 | | | | | | | | | | | | | | | |
| 02～03 | | | | | | | | | | | | | | | |
| 03～04 | | | | | | | | | | | | | | | |
| 04～05 | | | | | | | | | | | | | | | |
| 05～06 | | | | | | | | | | | | | | | |
| 06～07 | | | | | | | | | | | | | | | |
| 07～08 | | | | | | | | | | | | | | | |
| 08～09 | | | | | | | | | | | | | | | |
| 09～10 | | | | | | | | | | | | | | | |
| 10～11 | | | | | | | | | | | | | | | |
| 11～12 | | | | | | | | | | | | | | | |
| 12～13 | | | | | | | | | | | | | | | |
| 13～14 | | | | | | | | | | | | | | | |
| 14～15 | | | | | | | | | | | | | | | |
| 15～16 | | | | | | | | | | | | | | | |

固定污染源名称：　　　固定污染源编号：　　　监测日期：　年　月　日

固定污染源名称：　　　固定污染源编号：　　　　监测日期：　年　月　日

| 时间 | 颗粒物 | | | SO₂ | | | NOₓ | | | 标干流量/(m³/h) | 干基O₂/% | 温度/℃ | 湿度/% | 负荷/% | 备注 |
|---|---|---|---|---|---|---|---|---|---|---|---|---|---|---|---|
| | 实测/(mg/m³) | 折算/(mg/m³) | 排放量/(kg/h) | 实测/(mg/m³) | 折算/(mg/m³) | 排放量/(kg/h) | 实测/(mg/m³) | 折算/(mg/m³) | 排放量/(kg/h) | | | | | | |
| 16～17 | | | | | | | | | | | | | | | |
| 17～18 | | | | | | | | | | | | | | | |
| 18～19 | | | | | | | | | | | | | | | |
| 19～20 | | | | | | | | | | | | | | | |
| 20～21 | | | | | | | | | | | | | | | |
| 21～22 | | | | | | | | | | | | | | | |
| 22～23 | | | | | | | | | | | | | | | |
| 23～24 | | | | | | | | | | | | | | | |
| 平均值 | | | | | | | | | | | | | | | |
| 最大值 | | | | | | | | | | | | | | | |
| 最小值 | | | | | | | | | | | | | | | |
| 样本数 | | | | | | | | | | | | | | | |
| 日排放总量/t | — | | | — | | | — | | | | | | | | |

烟气日排放总量单位：×10⁴m³/d

上报单位(盖章)：　　　　负责人：　　　报告人：　　　　　　　　报告日期：年　月　日

### 表 1-26  烟气排放连续监测日平均值月报表

固定污染源名称：　　　固定污染源编号：　　　　监测月份：　年　月

| 日期 | 颗粒物 | | | SO₂ | | | NOₓ | | | 标干流量/(×10⁴m³/d) | 干基O₂/% | 温度/℃ | 湿度/% | 负荷/% | 备注 |
|---|---|---|---|---|---|---|---|---|---|---|---|---|---|---|---|
| | 实测/(mg/m³) | 折算/(mg/m³) | 排放量/(t/d) | 实测/(mg/m³) | 折算/(mg/m³) | 排放量/(t/d) | 实测/(mg/m³) | 折算/(mg/m³) | 排放量/(t/d) | | | | | | |
| 1日 | | | | | | | | | | | | | | | |
| 2日 | | | | | | | | | | | | | | | |
| 3日 | | | | | | | | | | | | | | | |
| 4日 | | | | | | | | | | | | | | | |
| 5日 | | | | | | | | | | | | | | | |
| 6日 | | | | | | | | | | | | | | | |
| 7日 | | | | | | | | | | | | | | | |
| 8日 | | | | | | | | | | | | | | | |
| 9日 | | | | | | | | | | | | | | | |
| 10日 | | | | | | | | | | | | | | | |
| 11日 | | | | | | | | | | | | | | | |
| 12日 | | | | | | | | | | | | | | | |

| 日期 | 颗粒物 | | | SO$_2$ | | | NO$_x$ | | | 标干流量/(×10$^4$m$^3$/d) | 干基O$_2$/% | 温度/℃ | 湿度/% | 负荷/% | 备注 |
|---|---|---|---|---|---|---|---|---|---|---|---|---|---|---|---|
| | 实测/(mg/m$^3$) | 折算/(mg/m$^3$) | 排放量/(t/d) | 实测/(mg/m$^3$) | 折算/(mg/m$^3$) | 排放量/(t/d) | 实测/(mg/m$^3$) | 折算/(mg/m$^3$) | 排放量/(t/d) | | | | | | |
| 13 日 | | | | | | | | | | | | | | | |
| 14 日 | | | | | | | | | | | | | | | |
| 15 日 | | | | | | | | | | | | | | | |
| 16 日 | | | | | | | | | | | | | | | |
| 17 日 | | | | | | | | | | | | | | | |
| 18 日 | | | | | | | | | | | | | | | |
| 19 日 | | | | | | | | | | | | | | | |
| 20 日 | | | | | | | | | | | | | | | |
| 21 日 | | | | | | | | | | | | | | | |
| 22 日 | | | | | | | | | | | | | | | |
| 23 日 | | | | | | | | | | | | | | | |
| 24 日 | | | | | | | | | | | | | | | |
| 25 日 | | | | | | | | | | | | | | | |
| 26 日 | | | | | | | | | | | | | | | |
| 27 日 | | | | | | | | | | | | | | | |
| 28 日 | | | | | | | | | | | | | | | |
| 29 日 | | | | | | | | | | | | | | | |
| 30 日 | | | | | | | | | | | | | | | |
| 31 日 | | | | | | | | | | | | | | | |
| 平均值 | | | | | | | | | | | | | | | |
| 最大值 | | | | | | | | | | | | | | | |
| 最小值 | | | | | | | | | | | | | | | |
| 样本数 | | | | | | | | | | | | | | | |
| 月排放总量/t | | | | | | | | | | | | | | | |

固定污染源名称：　　　　固定污染源编号：　　　　监测月份：　年　月

烟气月排放总量单位：×10$^4$m$^3$/月

上报单位(盖章)：　　　　负责人：　　　　报告人：　　　　报告日期：年　月　日

表 1-27　烟气排放连续监测月平均值年报表

| 时间 | 颗粒物/(t/月) | SO$_2$/(t/月) | NO$_x$/(t/月) | 标干流量/(×10$^4$m$^3$/m) | 干基O$_2$/% | 温度/℃ | 湿度/% | 负荷/% | 备注 |
|---|---|---|---|---|---|---|---|---|---|
| 1 月 | | | | | | | | | |
| 2 月 | | | | | | | | | |
| 3 月 | | | | | | | | | |

固定污染源名称：　　　　固定污染源编号：　　　　监测年份：　年

| 时间 | 颗粒物<br>/(t/月) | SO₂<br>/(t/月) | NOₓ<br>/(t/月) | 标干流量<br>/(×10⁴m³/m) | 干基<br>O₂/% | 温度<br>/℃ | 湿度<br>/% | 负荷<br>/% | 备注 |
|---|---|---|---|---|---|---|---|---|---|
| 4 月 | | | | | | | | | |
| 5 月 | | | | | | | | | |
| 6 月 | | | | | | | | | |
| 7 月 | | | | | | | | | |
| 8 月 | | | | | | | | | |
| 9 月 | | | | | | | | | |
| 10 月 | | | | | | | | | |
| 11 月 | | | | | | | | | |
| 12 月 | | | | | | | | | |
| 平均值 | | | | | | | | | |
| 最大值 | | | | | | | | | |
| 最小值 | | | | | | | | | |
| 样本数 | | | | | | | | | |
| 年排放<br>总量/t | | | | | | | | | |

固定污染源名称：　　　　　固定污染源编号：　　　　　监测年份：　　　年

烟气年排放总量单位：×10⁴m³/a

上报单位(盖章)：　　　　负责人：　　　　报告人：　　　　报告日期：　年　月　日

表 1-25、表 1-26 和表 1-27 中数据处理计算方法、公式和要求如下。

（1）污染物浓度转换计算公式如下。

① 污染物工况浓度（实测状态）与标况浓度（标准状态）转换按式(1-56)计算：

$$C_{sn} = C_s \times \frac{101325}{B_a + P_s} \times \frac{273 + t_s}{273} \tag{1-56}$$

式中　$C_{sn}$——污染物标准状态下质量浓度，mg/m³；

　　　$C_s$——污染物工况条件下质量浓度，mg/m³；

　　　$B_a$——CEMS 安装地点的环境大气压值，Pa；

　　　$P_s$——CEMS 测量的烟气静压值，Pa；

　　　$t_s$——CEMS 测量的烟气温度，℃。

【注】式(1-56) 中工况浓度与标准状态浓度的干湿基状态应相同。

② 污染物干基浓度和湿基浓度转换按式(1-57) 计算。

$$C_{干} = \frac{C_{湿}}{1 - X_{SW}} \tag{1-57}$$

式中　$C_{干}$——污染物干基浓度，mg/m³（$\mu$mol/mol）；

　　　$C_{湿}$——污染物湿基浓度，mg/m³（$\mu$mol/mol）；

　　　$X_{SW}$——烟气绝对湿度（又称水分含量），%。

【注】式(1-57) 中干基浓度与湿基浓度的工况状态条件应相同；含氧量干/湿基浓度转换计算方法与式(1-57) 相同。

③ 气态污染物体积浓度与标准状态下质量浓度转换可按式(1-58) 计算。

$$C_Q = \frac{M}{22.4} \times C_V \tag{1-58}$$

式中　$C_Q$——污染物的质量浓度，$mg/m^3$；

　　　$M$——污染物的摩尔质量，$g/mol$；

　　　$C_V$——污染物的体积分数，$\mu mol/mol$。

④ 当系统未使用 $NO_2$ 转换器而分别测量 NO 和 $NO_2$ 浓度时，氮氧化物（$NO_x$）质量浓度按式(1-59) 或式(1-60) 计算。

$$C_{NO_x} = C_{NO} \times \frac{M_{NO_2}}{M_{NO}} + C_{NO_2} \tag{1-59}$$

式中　$C_{NO_x}$——氮氧化物质量浓度，$mg/m^3$；

　　　$C_{NO}$——一氧化氮质量浓度，$mg/m^3$；

　　　$C_{NO_2}$——二氧化氮质量浓度，$mg/m^3$；

　　　$M_{NO_2}$——二氧化氮摩尔质量，$g/mol$；

　　　$M_{NO}$——一氧化氮摩尔质量，$g/mol$。

$$C_{NO_x} = (C_{NOV} + C_{NO_2V}) \times \frac{M_{NO_2}}{22.4} \tag{1-60}$$

式中　$C_{NOV}$——一氧化氮的体积分数，$\mu mol/mol$；

　　　$C_{NO_2V}$——二氧化氮的体积分数，$\mu mol/mol$。

（2）污染物质量浓度统计计算公式如下。

① 污染物质量浓度分钟数据按式(1-61) 计算。

$$\overline{C}_{Qj} = \frac{\sum_{i=1}^{n} C_{Qi}}{n} \tag{1-61}$$

式中　$\overline{C}_{Qj}$——CEMS 第 $j$ 分钟测量污染物干基标态质量浓度平均值，$mg/m^3$；

　　　$C_{Qi}$——CEMS 最大间隔 5s 采集测量的污染物干基标态质量浓度瞬时值，$mg/m^3$；

　　　$n$——CEMS 在该分钟内有效测量的瞬时数据数，（$n$ 为整数，$n \geqslant 12$）。

【注】其它监测因子如烟气含氧量、烟气流速、烟气温度、烟气静压、烟气湿度，计算方法与式(1-61) 相同。

② 污染物质量浓度小时数据按式(1-62) 计算。

$$\overline{C}_{Qh} = \frac{\sum_{j=1}^{k} \overline{C}_{Qj}}{k} \tag{1-62}$$

式中　$\overline{C}_{Qh}$——CEMS 第 $h$ 小时测量污染物排放干基标态质量浓度平均值，$mg/m^3$；

　　　$k$——CEMS 在该小时内有效测量的分钟均值数（$k \geqslant 45$）。

【注】其它监测因子如烟气含氧量、烟气流速、烟气温度、烟气静压、烟气湿度，计算方法与式(1-62) 相同。

③ 污染物质量浓度日均值数据按式(1-63) 计算：

$$\overline{C}_{Qd} = \frac{\sum_{h=1}^{m} \overline{C}_{Qh}}{m} \tag{1-63}$$

式中　$\overline{C}_{Qd}$——CEMS 第 $d$ 天测量污染物排放干基标态质量浓度平均值，$mg/m^3$；

$m$——CEMS 在该天内有效测量的小时均值数（$m \geqslant 20$）。

**【注】** 其它监测因子如烟气含氧量、烟气流速、烟气温度、烟气静压、烟气湿度，计算方法与式(1-63)相同。

（3）污染物折算浓度计算公式如下。

① 对于污染物排放标准中规定了标准过量空气系数的污染源类型，其污染物排放折算浓度按式(1-64)计算。

$$C_{折} = C_{sn干} \times \frac{\alpha}{\alpha_s} \tag{1-64}$$

式中 $C_{折}$——折算成实际过量空气系数时的污染物排放浓度，$mg/m^3$；

$C_{sn干}$——污染物标准状态下干基质量浓度，$mg/m^3$；

$\alpha$——实际测量的污染源过量空气系数；

$\alpha_s$——污染物排放标准中规定的该行业标准过量空气系数。

② 式(1-64)中的实际测量的过量空气系数 $\alpha$ 按式(1-65)计算：

$$\alpha = \frac{21\%}{21\% - C_{VO_2干}} \tag{1-65}$$

式中 $C_{VO_2干}$——排放烟气中含氧量干基体积浓度，%。

③ 对于污染物排放标准中规定了基准含氧量的污染源类型，其污染物排放折算排放浓度按式(1-66)计算：

$$C_{折} = C_{sn干} \times \frac{21\% - C_{O_2s}}{21\% - C_{VO_2干}} \tag{1-66}$$

式中，$C_{VO_2s}$ 为污染物排放标准中规定的该行业基准含氧量，%。

④ 对于污染物排放标准中没有规定标准过量空气系数或基准含氧量的污染源类型，其污染物排放折算浓度按等于标态干基质量浓度计算。

（4）污染物排放流量计算公式如下。

① 烟囱或烟道断面烟气排放平均流速按式(1-67)计算。

$$\overline{V}_s = K_v \times \overline{V}_p \tag{1-67}$$

式中 $K_v$——CEMS 设置速度场系数；

$\overline{V}_p$——CEMS 最大间隔 5s 采集测量的烟气流速值，$m/s$；

$\overline{V}_s$——烟囱或烟道断面烟气流速的瞬时值，$m/s$。

② 烟气排放小时工况流量按公式(1-68)计算。

$$Q_{sh} = 3600 \times F \times \overline{V}_{sh} \tag{1-68}$$

式中 $Q_{sh}$——工况条件下小时烟气流量（湿基），$m^3/h$；

$\overline{V}_{sh}$——CEMS 测量的烟气流速的小时均值，$m/s$；

$F$——CEMS 安装点位烟囱或烟道断面的面积，$m^2$。

③ 标准状态下干烟气小时排放流量按式(1-69)计算。

$$Q_{snh} = Q_{sh} \times \frac{273}{273 + t_s} \times \frac{B_a + P_s}{101325} \times (1 - X_{sw}) \tag{1-69}$$

式中，$Q_{snh}$ 为标准状态下小时干烟气流量（干基），$m^3/h$。

④ 标准状态下干烟气日排放流量按式(1-70)计算。

$$Q_{snd} = \sum_{h=1}^{l} Q_{snh} \times 10^{-4} \qquad (1\text{-}70)$$

式中　$Q_{snd}$——标准状态下干烟气日排放流量，$\times 10^4\,\mathrm{m}^3/\mathrm{d}$；

　　　　$l$——CEMS 在该日内有效测量小时数据数。

⑤ 标准状态下干烟气月排放流量按式(1-71) 计算。

$$Q_{snm} = \sum_{d=1}^{p} Q_{snd} \times 10^{-4} \qquad (1\text{-}71)$$

式中　$Q_{snm}$——标准状态下干烟气月排放流量，$\times 10^4\,\mathrm{m}^3/\mathrm{d}$；

　　　　$p$——CEMS 在该月内有效测量日数据数。

⑥ 标准状态下干烟气年排放流量按式(1-72) 计算。

$$Q_{sny} = \sum_{m=1}^{q} Q_{snm} \times 10^{-4} \qquad (1\text{-}72)$$

式中　$Q_{sny}$——标准状态下干烟气年排放流量，$\times 10^4\,\mathrm{m}^3/\mathrm{d}$；

　　　　$q$——CEMS 在该年内有效测量月数据数。

(5) 污染物排放速率和排放量计算公式如下。

① 烟气污染物小时排放速率按式(1-73) 计算。

$$G_h = \overline{C}_{Qh} \times Q_{snh} \times 10^{-6} \qquad (1\text{-}73)$$

式中，$G_h$ 为 CEMS 第 $h$ 小时监测污染物排放速率，$\mathrm{kg/h}$。

② 烟气污染物日排放速率按式(1-74) 计算：

$$G_d = \sum_{h=1}^{l} G_h \times 10^{-3} \qquad (1\text{-}74)$$

式中，$G_d$ 为 CEMS 第 $d$ 天监测污染物排放速率，$\mathrm{t/d}$。

③ 烟气污染物月排放速率按式(1-75) 计算。

$$G_m = \sum_{d=1}^{p} G_d \qquad (1\text{-}75)$$

式中，$G_m$ 为 CEMS 第 $m$ 月监测污染物排放速率，$\mathrm{t/月}$。

④ 烟气污染物年排放总量按式(1-76) 计算。

$$G_y = \sum_{m=1}^{q} (G_m \times 1) \qquad (1\text{-}76)$$

式中，$G_y$ 为 CEMS 全年监测污染物排放总量，$\mathrm{t}$。

(6) 其他计算公式如下。

① 烟气中 $CO_2$ 的排放浓度可以根据 $O_2$ 测量的浓度按式(1-77) 进行计算。

$$C_{CO_2} = C_{CO_2\,max} \times \left(1 - \frac{C_{O_2}}{20.9/100}\right) \qquad (1\text{-}77)$$

式中　$C_{CO_2}$——烟气中 $CO_2$ 排放的体积分数，%；

　　　　$C_{O_2}$——烟气中 $O_2$ 的体积分数，%；

$C_{CO_2\,max}$——燃料燃烧产生的最大 $CO_2$ 体积分数，%（其近似值可由表 1-28 查得）。

表 1-28  $C_{CO_2 max}$ 近似值表

| 燃料类型 | 烟煤 | 贫煤 | 无烟煤 | 燃料油 | 石油气 | 液化石油气 | 湿性天然气 | 干性天然气 | 城市煤气 |
|---|---|---|---|---|---|---|---|---|---|
| 体积分数/% | 18.4～18.7 | 18.9～19.3 | 19.3～20.2 | 15.0～16.0 | 11.2～11.4 | 13.8～15.1 | 10.6 | 11.5 | 10.0 |

② 烟气密度和气体分子量  按 GB/T 16157 第 6 条计算。

③ 污染源负荷的记录和填报  污染源负荷按污染源实际负荷与额定负荷的百分比计算，可以是实际发电功率与额定发电功率，或实际蒸汽流量与额定蒸汽流量，或实际产能与额定产能的比值。系统未接入污染源实际负荷仪表数据的，污染源负荷由污染源管理单位人员手工记录填报。

④ 其他记录要求  当 1h 平均值和（或）排放量为零时，数据记录表内填报"0"；对系统未设置的测量参数，数据记录表或报表中记录填报"/"；对系统设置的测量参数，但因故障或停电造成无数据，数据记录表或报表中记录填报"×"。

**4. 水污染物报表**

水污染物报表与烟气报表类似，总排放量的计算主要参考 HJ/T 92—2002，主要方式有以物料衡算法、排污系数法统计排污总量；以环境监测与统计相结合核实其排水量、污染物排放浓度及总量；使用连续流量比例采样或以每小时为间隔的时间比例采样根据实验室分析结果核算；流量比例采样或等时间间隔采样方式与自动在线监测系统配合使用统计。

HJ 212—2017 附录 D 说明了污水污染源监测点主要污染物计算方法。

（1）污水排放量

① 时间片内（s）污水排放量按式(1-78)计算。

$$D_{\Delta i} = Q \times T \times 10^{-3} \tag{1-78}$$

式中  $D_{\Delta i}$——第 $i$ 个 $T$ 时间片内污水排放量，$m^3$；

$Q$——污水瞬时流量，L/s；

$T$——时间片长度，至少 5s 采集一组实时数据，s。

【注】时间片内（s）污水排放量也可采用对应时间段累计流量差的方法获取。

② 分钟（例如 10min）、小时、日内污水排放量计算公式如下。

$$D_m = \sum_{i=1}^{n} D_{\Delta i} \tag{1-79}$$

$$D_h = \sum_{i=1}^{m} D_m \tag{1-80}$$

$$D_d = \sum_{i=1}^{h} D_h \tag{1-81}$$

式中  $D_m$——第 $m$ 分钟污水排放量，$m^3$；

$n$——在第 $m$ 个分钟内有效测量的时间片污水排放量数据数（$n$ 为整数，$n \geq 120$）；

$D_h$——第 $h$ 小时污水排放量，$m^3$；

$m$——在第 $h$ 个小时内有效测量的分钟污水排放量数据数（$m$ 为整数，$1 \leq m \leq 6$）；

$D_d$——日污水排放量，$m^3$；

$h$——在一日内有效测量的小时污水排放量数据数（$h$ 为整数，$1 \leq h \leq 24$）。

③ 污水瞬时流量分钟（例如 10min）、小时、日均值计算公式如下。

$$\overline{Q}_m = \frac{D_m}{600} \tag{1-82}$$

$$\overline{Q}_h = \frac{D_h}{3600} \tag{1-83}$$

$$\overline{Q}_d = \frac{D_d}{86400} \tag{1-84}$$

式中　$\overline{Q}_m$——第 $m$ 个分钟污水瞬时流量分钟均值，L/s；

　　　$\overline{Q}_h$——第 $h$ 个小时污水瞬时流量小时均值，L/s；

　　　$\overline{Q}_d$——污水瞬时流量日均值，L/s。

（2）水污染物排放量（加权法）

① 时间片内（s）水污染物排放量按式(1-85) 计算。

$$G_{\Delta i} = D_{\Delta i} \times C \times 10^{-3} \tag{1-85}$$

式中　$G_{\Delta i}$——第 $i$ 个 $T$ 时间段内污染物排放量，kg；

　　　$C$——污染物浓度，mg/L；

　　　$D_{\Delta i}$——第 $i$ 个 $T$ 时间片内污水排放量，m³。

② 分钟（例如 10min）、小时、日内水污染物排放量按以下公式计算。

$$G_m = \sum_{i=1}^{n} G_{\Delta i} \tag{1-86}$$

$$G_h = \sum_{i=1}^{m} G_m \tag{1-87}$$

$$G_d = \sum_{i=1}^{h} G_h \tag{1-88}$$

式中　$G_{\Delta i}$——第 $i$ 个 $T$ 时间段内污染物排放量，kg；

　　　$G_m$——第 $m$ 个分钟水污染物排放量，kg；

　　　$n$——在第 $m$ 个分钟内有效测量的时间片污染物排放量数据数（$n$ 为整数，$n \geqslant$ 120）；

　　　$G_h$——第 $h$ 个小时水污染物排放量，kg；

　　　$m$——在第 $h$ 个小时内有效测量的分钟污染物排放量数据数（$m$ 为整数，$1 \leqslant m \leqslant 6$）；

　　　$G_d$——日水污染物排放量，kg；

　　　$h$——在一日内有效测量的小时污染物排放量数据数（$h$ 为整数，$1 \leqslant h \leqslant 24$）。

③ 水污染物浓度分钟（例如 10min）、小时、日均值（加权平均法）计算公式如下。

$$\overline{C}_m = \frac{G_m}{D_m} \times 10^3 \tag{1-89}$$

$$\overline{C}_h = \frac{G_h}{D_h} \times 10^3 \tag{1-90}$$

$$\overline{C}_d = \frac{G_d}{D_d} \times 10^3 \tag{1-91}$$

式中　$\overline{C}_m$——第 $m$ 个分钟水污染物浓度均值，mg/L；

$\overline{C}_h$——第 $h$ 个小时水污染物浓度均值，mg/L；

$\overline{C}_d$——日水污染物浓度均值，mg/L。

（3）水污染物浓度分钟（例如 10min）、小时、日均值（算术平均法）计算公式如下。

$$\overline{C}_m = \sum_{i=1}^{n} \frac{C}{n} \tag{1-92}$$

$$\overline{C}_h = \sum_{i=1}^{m} \frac{\overline{C}_m}{m} \tag{1-93}$$

$$\overline{C}_d = \sum_{i=1}^{h} \frac{\overline{C}_h}{h} \tag{1-94}$$

式中　$C$——污染物浓度，mg/L；

　　$\overline{C}_m$——第 $m$ 个分钟水污染物浓度均值，mg/L；

　　$n$——在第 $m$ 个分钟内有效测量污染物实时数据数，（$n$ 为整数，$n \geqslant 120$）；

　　$\overline{C}_h$——第 $h$ 个小时水污染物浓度均值，mg/L；

　　$m$——在第 $h$ 个小时内有效测量的分钟污染物平均值数据数，（$m$ 为整数，$1 \leqslant m \leqslant 6$）；

　　$\overline{C}_d$——日水污染物浓度均值，mg/L；

　　$h$——在一日内有效测量的小时污染物平均值数据数（$h$ 为整数，$1 \leqslant h \leqslant 24$）。

（4）根据《国控污染源排放口污染物排放量计算方法》（环办〔2011〕8 号），根据在线监测数据的废水污染物排放量计算方法如下：

① 小时排放量　小时排放量为排污设施正常运行期间通过有效性审核的污染物小时均值浓度与对应的废水小时均值流量的乘积。

$$D_i = \overline{C}_i \times \overline{Q}_i \times 10^{-6} \tag{1-95}$$

式中　$D_i$——第 $i$ 小时污染物排放量，kg/h；

　　$\overline{C}_i$——第 $i$ 小时污染物浓度小时均值，mg/L；

　　$\overline{Q}_i$——第 $i$ 小时废水排放量小时均值，m³/h。

② 日排放量按式(1-96) 计算。

$$D_d = \sum_{i=1}^{24} D_i \tag{1-96}$$

式中　$D_d$——污染物日排放量，kg；

　　$D_i$——第 $i$ 小时污染物排放量，kg/h。

③ 月排放量按式(1-97) 计算。

$$D_m = \sum D_d \tag{1-97}$$

式中　$D_d$——第 $d$ 日污染物排放量，kg。

　　$D_m$——第 $m$ 月污染物排放量，kg。

④ 季度、年度排放量按式(1-98) 计算。

$$D = \sum D_m \tag{1-98}$$

式中　$D$——季度或年度污染物排放量，kg；

　　$D_m$——第 $m$ 月污染物排放量，kg。

## 二、 WPS 完成某城市空气质量数据汇总

### 1. WPS 函数介绍

（1）IFERROR 函数捕获和处理公式中的错误　如果公式的计算结果为错误值，则 IF-ERROR 返回指定的值；否则，它将返回公式的结果。

**语法**：IFERROR（value，value_if_error）。

value：必需，检查是否存在错误的参数。

value_if_error：必需，指公式计算错误时返回的值。计算以下错误类型：♯N/A、♯VALUE!、♯REF!、♯DIV/0!、♯NUM!、♯NAME? 或♯NULL!。

**说明**：

① 如果 value 或 value_if_error 是空单元格，则 IFERROR 将其视为空字符串值（）。

② 如果 value 是数组公式，则 IFERROR 返回值中指定的区域中每个单元格的结果数组。

（2）条件判断语句　使用逻辑函数 IF 函数时，如果条件为真，该函数将返回一个值；如果条件为假，函数将返回另一个值。

**语法**：IF（logical_test，value_if_true，[value_if_false]）。

logical_test：必需，指要测试的条件。

value_if_true：必需，指 logical_test 的结果为 TRUE 时返回的值。

value_if_false：可选，指 logical_test 的结果为 FALSE 时返回的值。

（3）快速查找数据 LOOKUP　返回向量或数组中的数值。函数 LOOKUP 有两种语法形式：向量和数组。

① 向量形式　向量为只包含一行或一列的区域。函数 LOOKUP 的向量形式是在单行区域或单列区域（向量）中查找数值。然后返回第二个单行区域或单列区域中相同位置的数值。

如果需要指定包含待查找数值的区域，则可以使用函数 LOOKUP 的这种形式。

**语法**：LOOKUP（lookup_value，lookup_vector，result_vector）。

lookup_value 为函数 LOOKUP 在第一个向量中所要查找的数值。lookup_value 可以为数字、文本、逻辑值或包含数值的名称或引用。

lookup_vector 为只包含一行或一列的区域。lookup_vector 的数值可以为文本、数字或逻辑值，且必须按升序排序：…、−2、−1、0、1、2、…、A-Z、FALSE、TRUE；否则，函数 LOOKUP 不能返回正确的结果。文本不区分大小写。

result_vector 为只包含一行或一列的区域，其大小必须与 lookup_vector 相同。

**说明**：

a. 如果函数 LOOKUP 找不到 lookup_value，则查找 lookup_vector 中小于或等于 lookup_value 的最大数值。

b. 如果 lookup_value 小于 lookup_vector 中的最小值，函数 LOOKUP 返回错误值♯N/A。

② 数组形式　函数 LOOKUP 的数组形式是在数组的第一行或第一列中查找指定数值。然后返回最后一行或最后一列中相同位置处的数值。

如果需要查找的数值在数组的第一行或第一列，就可以使用函数 LOOKUP 的这种形

式。当需要指定列或行的位置时，可以使用函数 LOOKUP 的其他形式。

**语法**：LOOKUP（lookup_value,array）。

lookup_value 为函数 LOOKUP 在数组中所要查找的数值，可以为数字、文本、逻辑值或包含数值的名称或引用。

**说明**：

a. 如果函数 LOOKUP 找不到 lookup_value，则使用数组中小于或等于 lookup_value 的最大数值。

b. 如果 lookup_value 小于第一行或第一列（取决于数组的维数）的最小值，函数 LOOKUP 返回错误值♯N/A。

c. array 为包含文本、数字或逻辑值的单元格区域，它的值用于与 lookup_value 进行比较。

d. 函数 LOOKUP 的数组形式与函数 HLOOKUP 和函数 VLOOKUP 非常相似。不同之处在于函数 HLOOKUP 在第一行查找 lookup_value，函数 VLOOKUP 在第一列查找。而函数 LOOKUP 则按照数组的维数查找。

e. 如果数组所包含的区域宽度大，高度小（即列数多于行数），函数 LOOKUP 在第一行查找 lookup_value。

f. 如果数组为正方形，或者所包含的区域高度大，宽度小（即行数多于列数），函数 LOOKUP 在第一列查找 lookup_value。

g. 函数 HLOOKUP 和函数 VLOOKUP 允许按行或按列索引，而函数 LOOKUP 总是选择行或列的最后一个数值。

（4）查询指定条件的结果 VLOOKUP　在表格或数值数组的首列查找指定的数值，并由此返回表格或数组当前行中指定列处的数值。默认情况下，表是升序的。

**语法**：VLOOKUP（lookup_value,table_array,col_index_num,[range_lookup]）。

lookup_value 为需要在数据表第一列中进行查找的数值。lookup_value 可以为数值、引用或文本字符串。当 VLOOKUP 函数第一参数省略查找值时，表示用 0 查找。

table_array 为需要在其中查找数据的数据表。使用对区域或区域名称的引用。

col_index_num 为 table_array 中查找数据的数据列序号。col_index_num 为 1 时，返回 table_array 第一列的数值，col_index_num 为 2 时，返回 table_array 第二列的数值，以此类推。如果 col_index_num 小于 1，函数 VLOOKUP 返回错误值♯VALUE!；如果 col_index_num 大于 table_array 的列数，函数 VLOOKUP 返回错误值♯REF!。

range_lookup 为一逻辑值，指明函数 VLOOKUP 查找时是精确匹配，还是近似匹配。如果为 FALSE 或 0，则返回精确匹配，如果找不到，则返回错误值♯N/A。如果 range_lookup 为 TRUE 或 1，函数 VLOOKUP 将查找近似匹配值，也就是说，如果找不到精确匹配值，则返回小于 lookup_value 的最大数值。如果 range_lookup 省略，则默认为 1。

（5）数字文本转换成数值　将代表数字的文本字符串转换成数字。

**语法**：VALUE（text）。

text 为带引号的文本，或对需要进行文本转换的单元格的引用。

**说明**：

① text 可以是 WPS 表格中可识别的任意常数、日期或时间格式。如果 text 不是这些格式，则函数 VALUE 返回错误值♯VALUE!。

② 通常不需要在公式中使用函数 VALUE，WPS 表格可以自动在需要时将文本转换为数字。若要将数字显示为时间，请选择单元格并单击"格式"菜单上的"单元格"，再单击"数字"选项卡，然后单击"分类"框中的"时间"。

（6）查找和引用函数 INDEX　使用 INDEX 函数有两种方法：

① 数组形式　返回表或数组中元素的值，由行号和列号索引选择。当函数 INDEX 的第一个参数为数组常量时，使用数组形式。

**语法**：INDEX（array，row_num，[column_num]）。

array：必需，是单元格区域或数组常量。如果数组只包含一行或一列，则相应的 row_num 或 column_num 参数是可选的。如果数组具有多行和多列，并且仅使用 row_num 或 column_num，则 INDEX 返回数组中整个行或列的数组。

row_num：必需，指选择数组中的某行，函数从该行返回数值。如果省略 row_num，则需要 column_num。

column_num：可选，指选择数组中的某列，函数从该列返回数值。如果省略 column_num，则需要 row_num。

**说明**：

a. 如果同时使用 row_num 和 column_num 参数，INDEX 将返回 row_num 和 column_num 交叉处的单元格中的值。row_num 和 column_num 必须指向数组中的一个单元格；否则，INDEX 将返回♯REF！错误。

b. 如果将 row_num 或 column_num 设置为 0（零），则 INDEX 将分别返回整列或整行的值的数组。若要使用以数组形式返回的值，请以数组公式的形式输入 INDEX 函数。

② 引用表单　返回指定的行与列交叉处的单元格引用。如果引用由非相邻的选项组成，则可以选择要查找的选择内容。

**语法**：INDEX（reference，row_num，[column_num]，[area_num]）。

reference：必需，是对一个或多个单元格区域的引用。如果要引用非相邻区域，请将引用括在括号中。如果引用中的每个区域仅包含一行或一列，则 row_num 或 column_num 参数分别是可选的。例如，对于单行的引用，可以使用函数 INDEX（reference，，column_num）。

row_num：必需，是引用中某行的行号，函数从该行返回一个引用。

column_num：可选，是引用中某列的列标，函数从该列返回一个引用。

area_num：可选，是指选择一个引用区域，从该区域中返回 row_num 和 column_num 的交集。选择或输入的第一个区域的编号为 1，第二个区域为 2，依此类推。如果省略 area_num，则 INDEX 使用区域 1。此处列出的区域必须位于一个工作表上。如果你指定的区域不在同一工作表上，它将导致♯VALUE！错误。如果需要使用彼此位于不同工作表上的区域，建议使用 INDEX 函数的数组形式，并使用另一个函数计算构成数组的区域。例如，可以使用 CHOOSE 函数计算将使用的范围。例如，如果引用描述单元格（A1：B4，D1：E4，G1：H4）area_num1 是区域 A1：B4，area_num2 是区域 D1：E4，area_num3 是范围 G1：H4。

**说明**：

a. 在引用 area_num 选择了特定范围后，row_num 和 column_num 选择特定单元格：row_num1 是区域中的第一行，column_num1 是第一列，依此类推。INDEX 返回的引用是

row_num 和 column_num 的交集。

b. 如果将 row_num 或 column_num 设置为 0（零），则 INDEX 将分别返回整列或整行的引用。row_num、column_num 和 area_num 必须指向引用中的单元格；否则，INDEX 将返回♯REF！错误。如果省略了 row_num 和 column_num，则 INDEX 返回由 area_num 指定的引用区域。

c. 函数 INDEX 的结果为一个引用，且在其他公式中也被解释为引用。根据公式的需要，函数 INDEX 的返回值可以作为引用或是数值。例如，公式 CELL（width，INDEX（A1:B2,1,2））等价于公式 CELL（width，B1）。CELL 函数将函数 INDEX 的返回值作为单元格引用。而在另一方面，公式 2*INDEX(A1:B2,1,2) 将函数 INDEX 的返回值解释为 B1 单元格中的数字。

（7）查找和引用函数 OFFSET　以指定的引用为参照系，通过给定偏移量得到新的引用。返回的引用可以为一个单元格或单元格区域，并可以指定返回的行数或列数。

**语法**：OFFSET（reference,rows,cols,height,width）。

reference：作为偏移量参照系的引用区域。reference 必须为对单元格或相连单元格区域的引用；否则，函数 OFFSET 返回错误值♯VALUE！。

rows：相对于偏移量参照系的左上角单元格，上（下）偏移的行数。如果使用 5 作为参数 rows，则说明目标引用区域的左上角单元格比 reference 低 5 行。行数可为正数（代表在起始引用的下方）或负数（代表在起始引用的上方）。

cols：相对于偏移量参照系的左上角单元格，左（右）偏移的列数。如果使用 5 作为参数 cols，则说明目标引用区域的左上角的单元格比 reference 靠右 5 列。列数可为正数（代表在起始引用的右边）或负数（代表在起始引用的左边）。

height：高度，即所要返回的引用区域的行数。height 必须为正数。

width：宽度，即所要返回的引用区域的列数。width 必须为正数。

**说明**：

① 如果行数和列数偏移量超出工作表边缘，函数 OFFSET 返回错误值♯REF！。

② 如果省略 height 或 width，则假设其高度或宽度与 reference 相同。

③ 函数 OFFSET 实际上并不移动任何单元格或更改选定区域，它只是返回一个引用。函数 OFFSET 可用于任何需要将引用作为参数的函数。例如，公式 SUM（OFFSET（C2，1,2,3,1））将计算比单元格 C2 靠下 1 行并靠右 2 列的 3 行 1 列的区域的总值。

（8）一组值中的最大值。

**语法**：MAX(number1,number2,…)。

number1,number2,…是要从中找出最大值的各个数字参数。

**说明**：

① 可以将参数指定为数字、空白单元格、逻辑值或数字的文本表达式。如果参数为错误值或不能转换成数字的文本，将产生错误。

② 如果参数为数组或引用，则只有数组或引用中的数字将被计算。数组或引用中的空白单元格、逻辑值或文本将被忽略。如果逻辑值和文本不能忽略，请使用函数 MAXA 来代替。

③ 如果参数不包含数字，函数 MAX 返回 0（零）。

（9）一组给定条件或标准指定的单元格中的最大值。

**语法**：MAXIFS(max_range,criteria_range1,criteria1,[criteria_range2,criteria2],…)。

max_range（必需）是确定最大值的单元格的实际范围。

criteria_range1（必需）是一组要使用条件计算的单元格。

criteria1（必需）为数字、表达式或文本定义哪些单元格将计算为最大值的窗体中的条件。同一套标准适用于 MINIFS、SUMIFS 和 AVERAGEIFS 函数。

criteria_range2，criteria2，…（可选）是附加的范围和其关联的条件。最多可以输入126个范围/条件对。

**说明**：max_range 和 criteria_rangeN 参数的大小和形状必须相同，否则函数会返回♯VALUE! 错误。

（10）计算其满足多个条件的全部参数的总量。

**语法**：SUMIFS（sum_range,criteria_range1,criteria1,[criteria_range2,criteria2],…)。

sum_range：必需，是要求和的单元格区域。

criteria_range1：必需，是使用 Criteria1 测试的区域。

criteria_range1 和 Criteria1 设置用于搜索某个区域是否符合特定条件的搜索对。一旦在该区域中找到了项，将计算 sum_range 中的相应值的和。

criteria1：必需，定义将计算 Criteria_range1 中的哪些单元格的和的条件。例如，可以将条件输入为 32、"32"、">32"、"苹果"或 B4。

criteria_range2,criteria2,…（可选):附加的区域及其关联条件。最多可以输入 127 个区域/条件对。

（11）满足多个条件的所有单元格的平均值（算术平均值）。

**语法**：AVERAGEIFS（average_range,criteria_range1,criteria1,[criteria_range2,criteria2],…)。

average_range：必需，要计算平均值的一个或多个单元格，其中包含数字或包含数字的名称、数组或引用。

criteria_range1、criteria_range2，…：criteria_range1 是必需的，后续 criteria_range 是可选的。在其中计算关联条件的 1 至 127 个区域。

criteria1、criteria2 等：criteria1 是必需的，后续 criteria 是可选的。形式为数字、表达式、单元格引用或文本的 1 至 127 个条件，用来定义将计算平均值的单元格。例如，条件可以表示为 32、"32"、">32"、"苹果" 或 B4。

**说明**：

① 如果 average_range 为空值或文本值，则 AVERAGEIFS 返回错误值♯DIV0!。

② 如果条件区域中的单元格为空，AVERAGEIFS 将其视为 0 值。

③ 区域中包含 TRUE 的单元格计算为 1；区域中包含 FALSE 的单元格计算为 0（零）。

④ 仅当 average_range 中的每个单元格均满足其指定的所有相应条件时，才对这些单元格进行平均值计算。

⑤ 与 AVERAGEIF 函数中的区域和条件参数不同。AVERAGEIFS 中每个 criteria_range 的大小和形状必须与 sum_range 相同。

⑥ 如果 average_range 中的单元格无法转换为数字，则 AVERAGEIFS 返回错误值♯DIV0!。

⑦ 如果没有满足所有条件的单元格，则 AVERAGEIFS 返回错误值♯DIV/0!。

⑧ 可以在条件中使用通配符，即问号（?）和星号（*）。问号匹配任意单个字符；星号匹配任意一串字符。如果要查找实际的问号或星号，请在字符前键入波形符（~）。

（12）统计满足所有条件的次数。

**语法**：COUNTIFS（criteria_range1，criteria1，[criteria_range2，criteria2]，…）。

criteria_range1：必需，在其中计算关联条件的第一个区域。

criteria1：必需，条件的形式为数字、表达式、单元格引用或文本，它定义了要计数的单元格范围。例如，条件可以表示为 32、" >32"、B4、" apples" 或" 32"。

criteria_range2，criteria2，…：可选，附加的区域及其关联条件。最多允许 127 个区域/条件对。每一个附加的区域都必须与参数 criteria_range1 具有相同的行数和列数。这些区域无须彼此相邻。

**说明**：

① 每个区域的条件一次应用于一个单元格。如果所有的第一个单元格都满足其关联条件，则计数增加 1。如果所有的第二个单元格都满足其关联条件，则计数再增加 1，依此类推，直到计算完所有单元格。

② 如果条件参数是对空单元格的引用，COUNTIFS 会将该单元格的值视为 0。

③ 可以在条件中使用通配符，即问号（?）和星号（*）。问号匹配任意单个字符，星号匹配任意字符串。如果要查找实际的问号或星号，请在字符前键入波形符（~）。

（13）引用的行号。

**语法**：ROW（reference）。

reference 为需要得到其行号的单元格或单元格区域。如果省略 reference，则假定是对函数 ROW 所在单元格的引用。如果 reference 为一个单元格区域，并且函数 ROW 作为垂直数组输入，则函数 ROW 将 reference 的行号以垂直数组的形式返回。reference 不能引用多个区域。

（14）给定引用的列标。

**语法**：COLUMN（reference）。

reference 为需要得到其列标的单元格或单元格区域。如果省略 reference，则假定为是对函数 COLUMN 所在单元格的引用。如果 reference 为一个单元格区域，并且函数 COLUMN 作为水平数组输入，则函数 COLUMN 将 reference 中的列标以水平数组的形式返回。reference 不能引用多个区域。

（15）将数值转换为按指定数字格式表示的文本。

**语法**：TEXT（value，format_text）。

value 为数值、计算结果为数字值的公式，或对包含数字值的单元格的引用。

format_text 为 "单元格格式" 对话框中 "数字" 选项卡上 "分类" 框中的文本形式的数字格式。

**说明**：

① format_text 不能包含星号（*）。

② 通过 "格式" 菜单调用 "单元格" 命令，然后在 "数字" 选项卡上设置单元格的格式，只会更改单元格的格式而不会影响其中的数值。使用函数 TEXT 可以将数值转换为带格式的文本，而其结果将不再作为数字参与计算。

## 2. 空气质量指数实时报表制作

根据原始数据表（如图 1-32），参照表 1-23 的格式在 WPS 表格工作簿中新建工作表，命名为"实时报表"。

在单元格 A8 输入空气质量指数实时报的起始时间（2022-06-01 01：00）并回车，此时单元格显示内容为"2022/6/1 1:00"，为解决此问题需要在单元格格式中自定义数字格式为"yyyy-mm-dd hh：mm"。如图 1-33。

在单元格 A9 输入"2022-06-01 02：00"后，框选单元格 A8 和 A9，然后下拖至第 727 行，单元格 A727 显示"2022-07-01 00：00"为 6 月份数据的截止时间。如图 1-34。

WPS 完成某城市空气质量数据汇总——实时报表讲解视频

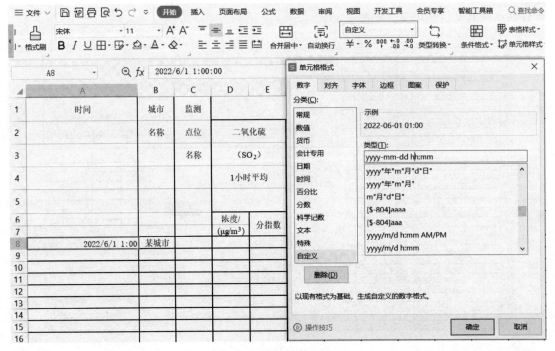

图 1-32　原始数据表格

图 1-33　修改单元格格式

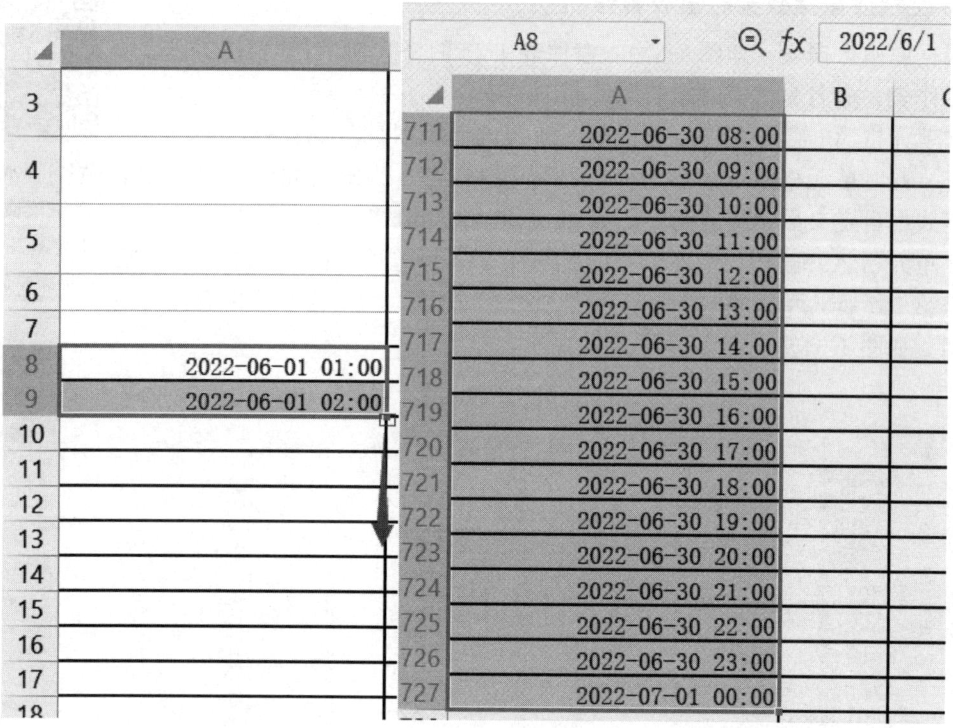

图 1-34  拖拉填充数据

完善 B8 至 C727 区域的信息（某城市、A 站点）后，复制 A8 至 C727 区域，并从 A728 开始粘贴信息，然后在"替换"对话框中查找内容输入"A"，替换为"B"，点击"全部替换"后，就会把 C728 至 C1447 区域的"A 站点"替换成"B 站点"。按此操作完成 C 站点和 D 站点的基础信息填充。如图 1-35。

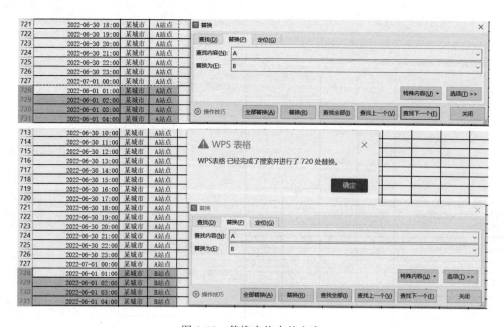

图 1-35  替换表格中的文字

　　在单元格 D8 输入函数（详细内容扫描二维码 WPS 完成某城市空气质量数据汇总——函数 1），查找原始数据表格中 $SO_2$ 的小时平均浓度，这样可以避免由于原始数据表格的数据缺漏而导致汇总时出错。同时，所有标识了（H）、"−99"的数据经处理后都显示为"—"，也避免了后续计算平均值时汇总出错。

WPS 完成某城市空气质量数据汇总——函数 1

　　在单元格 F8、H8、M8、Q8 输入上述函数，分别把 $C：$C 替换成 $E：$E、$I：$I、$G：$G、$J：$J，分别查找原始数据表格中 $NO_2$、$PM_{10}$、$O_3$、$PM_{2.5}$ 的小时平均浓度。

　　在单元格 K8 输入函数（详细内容扫描二维码 WPS 完成某城市空气质量数据汇总——函数 2），查找原始数据表格中 CO 的小时平均浓度，并根据四舍六入五留双的规则修约数据至小数点后一位。

　　在单元格 I8 输入函数（详细内容扫描二维码 WPS 完成某城市空气质量数据汇总——函数 3），汇总 2022 年 6 月 1 日当天 $PM_{10}$ 的 24h 滑动平均值。

　　其中，使用函数（详细内容扫描二维码 WPS 完成某城市空气质量数据汇总——函数 4）保证了汇总当日 24h 滑动平均值时异常数据个数不超过 4 个。

| WPS 完成某城市空气质量数据汇总——函数 2 | WPS 完成某城市空气质量数据汇总——函数 3 | WPS 完成某城市空气质量数据汇总——函数 4 | WPS 完成某城市空气质量数据汇总——函数 5 |

　　此外，使用函数（详细内容扫描二维码 WPS 完成某城市空气质量数据汇总——函数 5）保证汇总所用的数据来源于当天从 01:00 到 24:00。

　　同理，在单元格 R8 粘贴 I8 的内容，函数中的 $H：$H 会替代成 $Q：$Q，便能汇总 2022 年 6 月 1 日当天 $PM_{2.5}$ 的 24h 滑动平均值。

　　在单元格 O8 输入函数（详细内容扫描二维码 WPS 完成某城市空气质量数据汇总——函数 6），汇总 2022 年 6 月 1 日当天 $O_3$ 的 8h 滑动平均值。

　　其中，使用 "IF（AND（VALUE（TEXT（A8,"hh"））<8，VALUE（TEXT（A8,"hh"））>0），"—"，……" 保证 01:00 至 07:00 不会计算当天的臭氧 8h 滑动平均值。而计算单元格 M8 及其上连续 7 个数据的平均值使用 "AVERAGE（OFFSET（M8,0,0,−8,1）"

　　在单元格 E8 输入函数（详细内容扫描二维码 WPS 完成某城市空气质量数据汇总——函数 7），通过内插法查 IAQI 表得到 $SO_2$ 分指数，其中 "IF（D8>IAQI 表！$C$14,"24h"，……" 是为了提醒"二氧化硫（$SO_2$）1h 平均浓度值高于 $800\mu g/m^3$ 的，不再进行其空气质量分指数计算，二氧化硫（$SO_2$）空气质量分指数按 24h 平均浓度计算的分指数报告"。使用 ROUNDUP 函数是因为标准规定"环境空气质量指数及空气质量分指数的计算结果应全部进位取整数，不保留小数"。

　　同理，用内插法查其他空气质量分指数。

　　G8 输入函数（详细内容扫描二维码 WPS 完成某城市空气质量数据汇总——函数 8）。

J8 输入函数（详细内容扫描二维码 WPS 完成某城市空气质量数据汇总——函数 9）。

L8 输入函数（详细内容扫描二维码 WPS 完成某城市空气质量数据汇总——函数 10）。

P8 输入函数（详细内容扫描二维码 WPS 完成某城市空气质量数据汇总——函数 11）。

S8 输入函数（详细内容扫描二维码 WPS 完成某城市空气质量数据汇总——函数 12）。

WPS 完成某城市空气质量数据汇总——函数 6　　WPS 完成某城市空气质量数据汇总——函数 7　　WPS 完成某城市空气质量数据汇总——函数 8　　WPS 完成某城市空气质量数据汇总——函数 9

WPS 完成某城市空气质量数据汇总——函数 10　　WPS 完成某城市空气质量数据汇总——函数 11　　WPS 完成某城市空气质量数据汇总——函数 12　　WPS 完成某城市空气质量数据汇总——函数 13

根据 AQI 的定义，在 T8 输入"＝MAX(E8,G8,J8,L8,N8,S8)"得实时 AQI，在 U8 输入函数（详细内容扫描二维码 WPS 完成某城市空气质量数据汇总——函数 13），得相应的首要污染物。

最后把 D8 至 U8 的公式填充至区域 D9 至 U2887，即可得到空气质量指数实时报（如图 1-36）。

| 时间 | 城市名称 | 监测点位名称 | 二氧化硫(SO2) 1小时平均 浓度/(μg/m3) | 分指数 | 二氧化氮(NO2) 1小时平均 浓度/(μg/m3) | 分指数 | 颗粒物(粒径小于等于10μm) 1小时平均 浓度/(μg/m3) | 颗粒物(粒径小于等于10μm) 24小时滑动平均 浓度/(μg/m3) | 分指数 | 一氧化碳(CO) 1小时平均 浓度/(mg/m3) | 分指数 | 臭氧(O3) 1小时平均 浓度/(μg/m3) | 分指数 | 臭氧(O3) 8小时滑动平均 浓度/(μg/m3) | 分指数 | 颗粒物(粒径小于等于2.5μm) 1小时平均 浓度/(μg/m3) | 颗粒物(粒径小于等于2.5μm) 24小时滑动平均 浓度/(μg/m3) | 分指数 | 空气质量指数(AQI) | 首要污染物 |
|---|---|---|---|---|---|---|---|---|---|---|---|---|---|---|---|---|---|---|---|---|
| 2022-06-01 01:00 | 某城市 | A站点 | 5 | 2 | 23 | 12 | 35 | 35 | 35 | 0.7 | 7 | 18 | 6 | — | — | 17 | 17 | 25 | 35 | — |
| 2022-06-01 02:00 | 某城市 | A站点 | 5 | 2 | 28 | 14 | 34 | 34 | 34 | 0.6 | 6 | 9 | 3 | — | — | 16 | 16 | 23 | 34 | — |
| 2022-06-01 03:00 | 某城市 | A站点 | 5 | 2 | 26 | 13 | 35 | 35 | 35 | 0.6 | 7 | 7 | 3 | — | — | 15 | 16 | 23 | 35 | — |
| 2022-06-01 04:00 | 某城市 | A站点 | 4 | 2 | 19 | 10 | 31 | 34 | 34 | 0.6 | 6 | 12 | 4 | — | — | 13 | 15 | 22 | 34 | — |
| 2022-06-01 05:00 | 某城市 | A站点 | 4 | 2 | 18 | 9 | 31 | 33 | 33 | 0.7 | 7 | 10 | 4 | — | — | 14 | 15 | 22 | 33 | — |
| 2022-06-01 06:00 | 某城市 | A站点 | 4 | 2 | 22 | 11 | 34 | 33 | 33 | 0.7 | 7 | 7 | 3 | — | — | 16 | 15 | 22 | 34 | — |
| 2022-06-01 07:00 | 某城市 | A站点 | 4 | 2 | 23 | 12 | 34 | 34 | 34 | 0.7 | 7 | 7 | 3 | — | — | 17 | 15 | 22 | 34 | — |
| 2022-06-01 08:00 | 某城市 | A站点 | 4 | 2 | 17 | 9 | 37 | 34 | 34 | 0.7 | 7 | 12 | 4 | 10 | 5 | 18 | 15 | 22 | 34 | — |
| 2022-06-01 09:00 | 某城市 | A站点 | 4 | 2 | 15 | 8 | 34 | 34 | 34 | 0.7 | 7 | 24 | 8 | 11 | 6 | 21 | 16 | 24 | 34 | — |
| 2022-06-01 10:00 | 某城市 | A站点 | 4 | 2 | 16 | 8 | 36 | 34 | 34 | 0.7 | 7 | 27 | 9 | 13 | 7 | 22 | 17 | 25 | 34 | — |
| 2022-06-01 11:00 | 某城市 | A站点 | 4 | 2 | 14 | 7 | 33 | 34 | 34 | 0.7 | 7 | 35 | 11 | 16 | 8 | 19 | 17 | 25 | 34 | — |
| 2022-06-01 12:00 | 某城市 | A站点 | 4 | 2 | 5 | 4 | 40 | 35 | 35 | 0.6 | 6 | 76 | 24 | 24 | 12 | 27 | 18 | 26 | 35 | — |
| 2022-06-01 13:00 | 某城市 | A站点 | 5 | 2 | 2 | 4 | 35 | 35 | 35 | 0.6 | 6 | 107 | 34 | 36 | 18 | 25 | 18 | 26 | 35 | — |
| 2022-06-01 14:00 | 某城市 | A站点 | 4 | 2 | 2 | 4 | 32 | 34 | 34 | 0.6 | 6 | 122 | 39 | 51 | 26 | 21 | 18 | 28 | 34 | — |
| 2022-06-01 15:00 | 某城市 | A站点 | 4 | 2 | 6 | 4 | 25 | 34 | 34 | 0.6 | 6 | 105 | 33 | 64 | 32 | 15 | 18 | 28 | 34 | — |
| 2022-06-01 16:00 | 某城市 | A站点 | 5 | 2 | 4 | 4 | 21 | 33 | 33 | 0.6 | 6 | 96 | 30 | 74 | 37 | 12 | 18 | 26 | 33 | — |
| 2022-06-01 17:00 | 某城市 | A站点 | 5 | 2 | 2 | 10 |  | 32 | 32 | 0.7 | 7 | 69 | 22 | 80 | 40 | 12 | 18 | 26 | 32 | — |
| 2022-06-01 18:00 | 某城市 | A站点 | 5 | 2 | 6 | 12 | 21 | 32 | 32 | 0.7 | 7 | 76 | 24 | 86 | 43 | 12 | 17 | 25 | 32 | — |
| 2022-06-01 19:00 | 某城市 | A站点 | 5 | 2 | 2 | 15 |  | 31 | 31 | 0.7 | 7 | 72 | 23 | 90 | 45 | 13 | 17 | 24 | 31 | — |
| 2022-06-01 20:00 | 某城市 | A站点 | 3 | 1 | 8 | 24 | 24 | 31 | 31 | 0.7 | 7 | 57 | 18 | 88 | 44 | 13 | 17 | 24 | 31 | — |
| 2022-06-01 21:00 | 某城市 | A站点 | 3 | 1 | 23 | 12 | 30 | 31 | 31 | 0.7 | 7 | 36 | 12 | 79 | 40 | 15 | 17 | 24 | 31 | — |
| 2022-06-01 22:00 | 某城市 | A站点 | 3 | 1 | 8 | 11 | 11 | 30 | 30 | 0.6 | 6 | 45 | 15 | 70 | 35 | 5 | 16 | 23 | 30 | — |
| 2022-06-01 23:00 | 某城市 | A站点 | 3 | 1 | 7 | 4 | 11 | 29 | 29 | 0.6 | 6 | 38 | 12 | 61 | 31 | 5 | 16 | 23 | 29 | — |
| 2022-06-02 00:00 | 某城市 | A站点 | 4 | 2 | 10 |  |  | 29 | 29 | 0.6 | 6 | 30 | 10 | 53 | 27 | 7 | 15 | 22 | 29 | — |

图 1-36　空气质量指数实时报

### 3. 空气质量指数日报制作

根据原始数据表，参照表 1-22 的格式在 WPS 表格工作簿中新建工作表，命名为"日报表"。

在单元格 A8 输入空气质量指数日报的起始日期（2022-06-01）并回车，此时单元格显示内容为"2022/6/1"，为解决此问题需要在单元格格式中自定义数字格式为"yyyy-mm-dd"。如图 1-37。

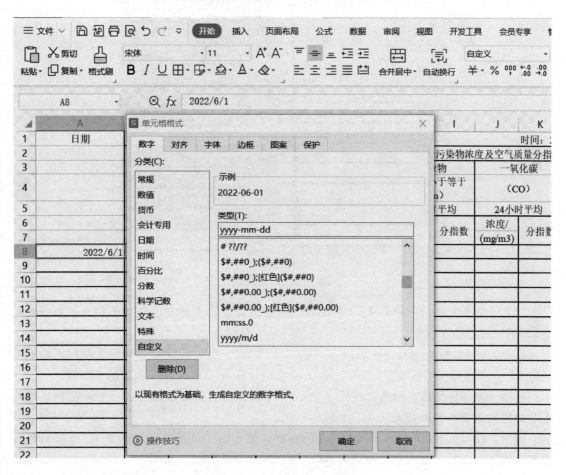

图 1-37　设置单元格格式

在单元格 A9 输入"2022-06-02"后，框选单元格 A8 和 A9，然后下拖至第 37 行，单元格 A37 显示"2022-06-30"为 6 月份数据的截止日期。如图 1-38。

完善 B8 至 C37 区域的信息（某城市、A 站点）后，复制 A8 至 C37 区域，并从 A38 开始粘贴信息，然后在"替换"对话框中查找内容输入"A"，替换为"B"，点击"全部替换"后，就会把 C38 至 C67 区域的"A 站点"替换成"B 站点"。按此操作完成 C 站点和 D 站点的基础信息填充。

日报表数据均可引自"实时报表"的数据。

在单元格 H8 输入函数（详细内容扫描二维码 WPS 完成某城市空气质量数据汇总——函数 14），直接引用实时报表中 $PM_{10}$ 的 24h 平均值。

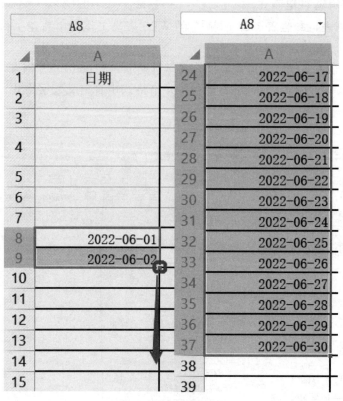

图 1-38　填充数据

PM$_{2.5}$ 的 24h 平均值和 PM$_{10}$、PM$_{2.5}$ 的分指数均使用上述方法直接引用（只替换 \$I：\$I 即可完成）。

在单元格 D8 输入函数（详细内容扫描二维码 WPS 完成某城市空气质量数据汇总——函数 15），可根据实时报表中的 SO$_2$ 的 1h 浓度值计算当天 SO$_2$ 的 24h 滑动平均值。

使用函数（详细内容扫描二维码 WPS 完成某城市空气质量数据汇总——函数 16）保证汇总所用的数据来源于当天从 01:00 到 24:00。

同理，在单元格 F8 输入单元格 D8 的函数，把 \$D：\$D 替换成 \$F：\$F，可根据实时报表中的 NO$_2$ 的 1h 浓度值计算当天 NO$_2$ 的 24h 滑动平均值。

WPS 完成某城市
空气质量数据
汇总——函数 14

WPS 完成某城市
空气质量数据
汇总——函数 15

WPS 完成某城市
空气质量数据
汇总——函数 16

WPS 完成某城市
空气质量数据
汇总——函数 17

类似地，在单元格 J8 输入函数（详细内容扫描二维码 WPS 完成某城市空气质量数据汇总——函数 17），可根据实时报表中的 CO 的 1h 浓度值计算当天 CO 的 24h 滑动平均值（注意"污染物的小时浓度值作为基础数据单元，使用前也应进行修约。"）

在单元格 L8 输入函数（详细内容扫描二维码 WPS 完成某城市空气质量数据汇总——函数 18），查找实时报中臭氧 1h 浓度的日内最大值

在单元格 N8 输入函数（详细内容扫描二维码 WPS 完成某城市空气质量数据汇总——函数 19），查找实时报中臭氧 8h 浓度滑动平均值的日内最大值，其中 IF 语句是为了实现"臭氧（$O_3$）8h 平均浓度值高于 $800\mu g/m^3$ 的，不再进行其空气质量分指数计算，臭氧（$O_3$）空气质量分指数按 1h 平均浓度计算的分指数报告"。

WPS 完成某城市
空气质量数据
汇总——函数 18

WPS 完成某城市
空气质量数据
汇总——函数 19

WPS 完成某城市
空气质量数据
汇总——AQI 讲解视频

WPS 完成某城市
空气质量数据
汇总——日报表讲解视频

使用内插法求得 $SO_2$、$NO_2$、CO 的 24h 浓度平均值相应的分指数 IAQI 以及臭氧最大 1h 浓度相应的分指数 IAQI。

同时，臭氧最大 8h 滑动平均浓度相应的分指数 IAQI 以及 AQI、首要污染物的函数与实时报表中的函数相似。

最后把 D8 至 S8 的公式填充至区域 T9 至 S127，即可得到空气质量指数日报（如图 1-39）。

| 日期 | 城市名称 | 监测点位名称 | 污染物浓度及空气质量分指数（IAQI） | | | | | | | | | | | | | | | | 空气质量指数（AQI） | 首要污染物 |
| | | | 二氧化硫（$SO_2$）24h平均 | | 二氧化氮（$NO_2$）24h平均 | | 颗粒物（粒径小于等于10μm）24h平均 | | 一氧化碳（CO）24h平均 | | 臭氧（$O_3$）最大1h平均 | | 臭氧（$O_3$）最大8h滑动平均 | | 颗粒物（粒径小于等于2.5μm）24h平均 | | | |
| | | | 浓度/（$\mu g/m^3$） | 分指数 | 浓度/（$\mu g/m^3$） | 分指数 | 浓度/（$\mu g/m^3$） | 分指数 | 浓度/（$mg/m^3$） | 分指数 | 浓度/（$\mu g/m^3$） | 分指数 | 浓度/（$\mu g/m^3$） | 分指数 | 浓度/（$\mu g/m^3$） | 分指数 | | |
| 2022-06-01 | 某城市 | A站点 | 4 | 4 | 15 | 19 | 29 | 29 | 0.7 | 18 | 122 | 39 | 90 | 45 | 15 | 22 | 45 | — |
| 2022-06-02 | 某城市 | A站点 | 3 | 3 | 15 | 19 | 25 | 25 | 0.7 | 18 | 108 | 34 | 85 | 43 | 13 | 19 | 43 | — |
| 2022-06-03 | 某城市 | A站点 | 3 | 3 | 11 | 14 | 26 | 26 | 0.7 | 18 | 77 | 25 | 61 | 31 | 12 | 18 | 31 | — |
| 2022-06-04 | 某城市 | A站点 | 4 | 4 | 7 | 9 | 32 | 32 | 0.7 | 18 | 112 | 35 | 89 | 45 | 15 | 22 | 45 | — |
| 2022-06-05 | 某城市 | A站点 | 4 | 4 | 8 | 10 | 28 | 28 | 0.6 | 15 | 89 | 28 | 70 | 35 | 18 | 26 | 35 | — |
| 2022-06-06 | 某城市 | A站点 | 5 | 5 | 12 | 15 | 27 | 27 | 0.7 | 18 | 90 | 29 | 66 | 33 | 26 | 38 | 38 | — |
| 2022-06-07 | 某城市 | A站点 | 6 | 6 | 6 | 8 | 20 | 20 | 0.7 | 18 | 151 | 49 | 111 | 60 | 11 | 16 | 60 | 03-6h |
| 2022-06-08 | 某城市 | A站点 | 8 | 8 | 14 | 18 | 16 | 16 | 0.7 | 18 | 67 | 21 | 49 | 25 | 10 | 14 | 25 | — |
| 2022-06-09 | 某城市 | A站点 | 7 | 7 | 14 | 18 | 24 | 24 | 0.7 | 18 | 56 | 18 | 47 | 24 | 15 | 22 | 24 | — |
| 2022-06-10 | 某城市 | A站点 | 6 | 6 | 21 | 27 | 33 | 33 | 0.7 | 18 | 120 | 38 | 85 | 43 | 21 | 30 | 43 | — |
| 2022-06-11 | 某城市 | A站点 | 5 | 5 | 24 | 30 | 22 | 22 | 0.7 | 18 | 94 | 30 | 54 | 27 | 14 | 20 | 30 | — |
| 2022-06-12 | 某城市 | A站点 | 5 | 5 | 27 | 34 | 30 | 30 | 0.7 | 18 | 119 | 38 | 76 | 38 | 14 | 20 | 38 | — |
| 2022-06-13 | 某城市 | A站点 | 5 | 5 | 22 | 28 | 28 | 28 | 0.6 | 15 | 89 | 28 | 58 | 29 | 14 | 20 | 29 | — |
| 2022-06-14 | 某城市 | A站点 | 5 | 5 | 16 | 20 | 13 | 13 | 0.7 | 18 | 64 | 20 | 48 | 24 | 8 | 12 | 24 | — |
| 2022-06-15 | 某城市 | A站点 | 5 | 5 | 20 | 25 | 23 | 23 | 0.7 | 18 | 102 | 32 | 63 | 32 | 14 | 20 | 32 | — |
| 2022-06-16 | 某城市 | A站点 | 5 | 5 | 17 | 22 | 24 | 24 | 0.6 | 15 | 152 | 48 | 105 | 55 | 16 | 23 | 55 | 03-6h |
| 2022-06-17 | 某城市 | A站点 | 5 | 5 | 13 | 17 | 17 | 16 | 0.5 | 13 | 82 | 26 | 62 | 31 | 9 | 13 | 31 | — |
| 2022-06-18 | 某城市 | A站点 | 5 | 5 | 17 | 22 | 24 | 24 | 0.5 | 13 | 99 | 31 | 64 | 32 | 24 | 35 | 35 | — |
| 2022-06-19 | 某城市 | A站点 | 4 | 4 | 11 | 14 | 27 | 27 | 0.5 | 13 | 94 | 30 | 74 | 37 | 13 | 19 | 37 | — |
| 2022-06-20 | 某城市 | A站点 | 4 | 4 | 14 | 18 | 27 | 27 | 0.5 | 13 | 74 | 24 | 59 | 30 | 15 | 22 | 30 | — |
| 2022-06-21 | 某城市 | A站点 | 4 | 4 | 21 | 27 | 35 | 35 | 0.6 | 15 | 38 | 12 | 28 | 14 | 20 | 29 | 35 | — |
| 2022-06-22 | 某城市 | A站点 | 5 | 5 | 11 | 14 | 26 | 26 | 0.4 | 10 | 147 | 46 | 121 | 68 | 14 | 20 | 68 | 03-6h |
| 2022-06-23 | 某城市 | A站点 | 7 | 7 | 10 | 13 | 24 | 24 | 0.4 | 10 | 119 | 38 | 94 | 47 | 13 | 19 | 47 | — |
| 2022-06-24 | 某城市 | A站点 | 8 | 8 | 11 | 14 | 30 | 30 | 0.4 | 10 | 119 | 38 | 113 | 61 | 16 | 23 | 61 | 03-6h |
| 2022-06-25 | 某城市 | A站点 | 10 | 10 | 23 | 29 | 29 | 29 | 0.4 | 10 | 128 | 40 | 116 | 64 | 16 | 23 | 64 | 03-6h |
| 2022-06-26 | 某城市 | A站点 | 8 | 8 | 14 | 18 | — | — | 0.5 | 13 | 116 | 37 | 97 | 49 | 12 | 18 | 49 | — |
| 2022-06-27 | 某城市 | A站点 | 7 | 7 | 14 | 18 | 43 | 43 | 0.5 | 13 | 108 | 34 | 102 | 52 | 14 | 20 | 52 | 03-6h |
| 2022-06-28 | 某城市 | A站点 | 6 | 6 | 15 | 19 | 25 | 25 | 0.5 | 13 | 158 | 50 | 134 | 79 | 19 | 28 | 79 | 03-6h |
| 2022-06-29 | 某城市 | A站点 | 6 | 6 | 21 | 27 | 31 | 31 | 0.6 | 15 | 171 | 64 | 141 | 85 | 16 | 23 | 85 | 03-6h |
| 2022-06-30 | 某城市 | A站点 | 6 | 6 | 10 | 13 | 24 | 24 | 0.6 | 15 | 53 | 17 | 47 | 24 | 7 | 10 | 24 | — |
| 2022-06-01 | 某城市 | B站点 | 3 | 3 | 22 | 28 | 31 | 31 | 0.6 | 15 | 115 | 36 | 89 | 45 | 16 | 23 | 45 | — |
| 2022-06-02 | 某城市 | B站点 | 4 | 4 | 20 | 25 | 26 | 26 | 0.6 | 15 | 107 | 34 | 88 | 44 | 15 | 22 | 44 | — |
| 2022-06-03 | 某城市 | B站点 | 3 | 3 | 14 | 18 | 27 | 27 | 0.5 | 13 | 79 | 25 | 61 | 31 | 17 | 25 | 31 | — |

图 1-39 空气质量指数日报

**任务决策**

根据任务需求，按标准要求汇总在线监测数据，并编写算法函数，形成自动化数据汇总报表，填写任务决策单。

**任务决策单**

| 项目名称 | 环境监测数据管理 | | | | |
|---|---|---|---|---|---|
| 任务名称 | 数据汇总 | | | 建议学时数 | 4 |
| 汇总结果 | | | | | |
| 汇总关键 | 依据标准 | 指标计算 | 算法、函数 | 报告要求 | 备注 |
| | | | | | |
| | | | | | |
| | | | | | |
| 总结 | | | | | |

 **任务计划**

根据任务决策过程中选定的方案，制订任务计划，填写任务计划单。

**任务计划单**

| 项目名称 | 环境监测数据管理 | | |
|---|---|---|---|
| 任务名称 | 数据汇总 | 建议学时数 | 4 |
| 计划方式 | 分组讨论、资料收集、技能学习、制作表格等 | | |
| 序号 | 任务 | 时间 | 负责人 |
| 1 | | | |
| 2 | | | |
| 3 | | | |
| 4 | | | |
| 5 | | | |
| 小组分工 | | | |
| 计划评价 | | | |

**任务实施**

根据任务计划编制任务实施方案，并完成任务，填写任务实施单。

**任务实施单**

| 项目名称 | 环境监测数据管理 | | |
|---|---|---|---|
| 任务名称 | 数据汇总 | 建议学时数 | 4 |
| 实施方式 | 分组讨论、资料收集、技能学习、编写函数、形成自动化数据报表等 | | |
| 序号 | 实施步骤 | | |
| 1 | | | |
| 2 | | | |
| 3 | | | |
| 4 | | | |
| 5 | | | |
| 6 | | | |

**任务检查与评价**

完成任务后，进行任务检查，可采用小组互评等方式进行任务评价，任务评价单如下。

**任务评价单**

| 项目名称 | 环境监测数据管理 | | | | |
|---|---|---|---|---|---|
| 任务名称 | 数据汇总 | | | | |
| 考核方式 | 过程考核、结果考核 | | | | |
| 说明 | 主要评价学生在项目学习过程中的操作方式、理论知识、学习态度、课堂表现、学习能力等 | | | | |
| **考核内容与评价标准** | | | | | |
| 序号 | 内容 | 评价标准 | | | 成绩比例/% |
| | | 优 | 良 | 合格 | |
| 1 | 基本理论掌握 | 完全理解相关标准和技术规范 | 熟悉相关标准和技术规范 | 了解相关标准和技术规范 | 30 |
| 2 | 实践操作技能 | 能够熟练编写函数，按标准要求完成数据汇总报表，能够快速完成报告，报告内容完整、格式规范 | 能够较熟练地编写函数，按标准要求完成数据汇总报表，能够较快地完成报告，报告内容完整、格式较规范 | 能够编写函数，按标准要求完成数据汇总报表，能够参与完成报告，报告内容较完整 | 30 |
| 3 | 职业核心能力 | 具有良好的自主学习能力和分析解决问题能力 | 具有较好的学习能力和分析解决问题能力 | 能较主动学习并收集信息，具备一定的分析解决问题能力 | 10 |
| 4 | 工作作风与职业道德 | 具有严谨的科学态度和工匠精神，能够严格遵守相关制度文件 | 具有良好的科学态度和工匠精神，能够自觉遵守相关制度文件 | 具有较好的科学态度和工匠精神，能够遵守相关制度文件 | 10 |
| 5 | 小组评价 | 具有良好的团队合作精神和沟通交流能力，热心帮助小组其他成员 | 具有较好的团队合作精神和人交流能力，能帮助小组其他成员 | 具有一定的团队合作精神，能配合小组完成项目任务 | 10 |
| 6 | 教师评价 | 包括以上所有内容 | 包括以上所有内容 | 包括以上所有内容 | 10 |
| 合计 | | | | | 100 |

 **教学反馈**

完成任务后，进行教学任务反馈，填写教学反馈单。

**教学反馈单**

| 项目名称 | 环境监测数据管理 | | |
|---|---|---|---|
| 任务名称 | 数据汇总 | 建议学时数 | 4 |
| 序号 | 调查内容 | 是/否 | 反馈意见 |
| 1 | 知识点是否讲解清楚 | | |
| 2 | 操作是否规范 | | |
| 3 | 解答是否及时 | | |
| 4 | 重难点是否突出 | | |
| 5 | 课堂组织是否合理 | | |
| 6 | 逻辑是否清晰 | | |
| 本次任务的兴趣点 | | | |
| 本次任务的成就点 | | | |
| 本次任务的疑虑点 | | | |

测试题

**一、判断题**

1. 日报时间周期为 24h，时段为当日零点前 24h。（　　）

2. 环境空气质量指数及空气质量分指数的计算结果应全部按 GB/T 8170—2008 取整数，不保留小数。（　　）

3. 地表水环境质量监测数据的日代表值均为当日实际获得的全部自动数据的算术平均值。（　　）

**二、填空题**

1. 如当月实际获得的日代表值不少于当月应获得全部日代表值的____%，可进行自动月代表值统计，统计时所有有效自动监测数据均参与评价。

2. 在 WPS 中用于查找数据的函数主要有____、_____、____和_____。

# 任务六　数据评价

 任务描述

　　小明在数据评价岗位上每天需要根据标准利用在线监测数据评价环境质量，需要熟练掌握 WPS 办公软件基础操作，并在 WPS 表格中用公式进行快速评价。

 任务要求

　　根据任务单要求进行任务计划及实施。

 任务单

　　根据任务描述，本任务需要根据在线监测数据对照标准评价环境质量。具体任务要求可参照任务单。

任务单

| 项目名称 | 环境监测数据管理 |
|---|---|
| 任务名称 | 数据评价 |
| 任务要求 | |
| 1. 任务开展要求：<br>(1)分组讨论任务实施方案,每组 3~5 人；<br>(2)所需资料自行收集。<br>2. 完成原始数据和评价指标等资料的收集与整理。<br>3. 提交评价报告并汇报 | |
| 任务准备 | |
| 1. 知识准备：<br>(1)《环境空气质量标准》(GB 3095—2012)；<br>(2)《环境空气质量指数(AQI)技术规定(试行)》(HJ 633—2012)；<br>(3)《地表水环境质量标准》(GB 3838—2002)；<br>(4)《地表水环境质量监测数据统计技术规定(试行)》(环办监测函〔2020〕82 号)； | |

**任务准备**

(5)《环境空气质量评价技术规范(试行)》((HJ 663—2013);

(6)《环境空气质量标准》(GB 3095—2012);

(7)《地表水环境质量评价办法》(环办〔2021〕22 号);

(8)《数值修约规则与极限数值的表示和判定》(GB/T 8170—2008)。

2. 工具及设备支持:

计算机

**工作步骤**

1. 小组讨论分工。

2. 小组合作完成原始数据和评价指标等资料的收集与整理。

3. 小组合作完成评价指标和自动求算函数的商定。

4. 小组分工完成报告的编写。

5. 小组分工完成汇报 PPT 的编制

**总结与提高**

1. 自我总结:

(1)请对每个组员的工作作风进行相互评价;

(2)请分析组内分工的合理性。

2. 拓展提高:

通过提交报告,进一步明确报告编写的规范性

 **任务资讯**

# 一、评价标准

## 1. 空气质量评价标准

GB 3095—2012 把环境空气功能区分为二类:一类区为自然保护区、风景名胜区和其他需要特殊保护的区域;二类区为居住区、商业交通居民混合区、文化区、工业区和农村地区。同时,规定了一类区适用一级浓度限值,二类区适用二级浓度限值。一、二类环境空气功能区质量要求见表 1-29 和表 1-30。

表 1-29 环境空气污染物基本项目浓度限值

| 序号 | 污染物项目 | 平均时间 | 浓度限值 | | 单位 |
|---|---|---|---|---|---|
| | | | 一级 | 二级 | |
| 1 | 二氧化硫($SO_2$) | 年平均 | 20 | 60 | $\mu g/m^3$ |
| | | 24h 平均 | 50 | 150 | |
| | | 1h 平均 | 150 | 500 | |
| 2 | 二氧化氮($NO_2$) | 年平均 | 40 | 40 | |
| | | 24h 平均 | 80 | 80 | |
| | | 1h 平均 | 200 | 200 | |
| 3 | 一氧化碳(CO) | 24h 平均 | 4 | 4 | $mg/m^3$ |
| | | 1h 平均 | 10 | 10 | |
| 4 | 臭氧($O_3$) | 日最大 8h 平均 | 100 | 160 | |
| | | 1h 平均 | 160 | 200 | |
| 5 | 颗粒物(粒径小于等于 10$\mu m$) | 年平均 | 40 | 70 | $\mu g/m^3$ |
| | | 24h 平均 | 50 | 150 | |
| 6 | 颗粒物(粒径小于等于 2.5$\mu m$) | 年平均 | 15 | 35 | |
| | | 24h 平均 | 35 | 75 | |

表 1-30　环境空气污染物其他项目浓度限值

| 序号 | 污染物项目 | 平均时间 | 浓度限值 | | 单位 |
|------|-----------|----------|--------|--------|------|
| | | | 一级 | 二级 | |
| 1 | 总悬浮颗粒物（TSP） | 年平均 | 80 | 200 | μg/m³ |
| | | 24h 平均 | 120 | 300 | |
| 2 | 氮氧化物（NO） | 年平均 | 50 | 50 | |
| | | 24h 平均 | 100 | 100 | |
| | | 1h 平均 | 250 | 250 | |
| 3 | 铅（Pb） | 年平均 | 0.5 | 0.5 | |
| | | 季平均 | 1 | 1 | |
| 4 | 苯并[a]芘（BaP） | 年平均 | 0.001 | 0.001 | |
| | | 24h 平均 | 0.0025 | 0.0025 | |

HJ 633—2012 中规定的空气质量指数级别划分见表 1-31。

表 1-31　空气质量指数及相关信息

| 空气质量指数 | 空气质量指数级别 | 空气质量指数类别及表示颜色 | | 对健康影响情况 | 建议采取的措施 |
|------|------|------|------|--------|--------|
| 0～50 | 一级 | 优 | 绿色 | 空气质量令人满意,基本无空气污染 | 各类人群可正常活动 |
| 51～100 | 二级 | 良 | 黄色 | 空气质量可接受,但某些污染物可能对极少数异常敏感人群健康有较弱影响 | 极少数异常敏感人群应减少户外活动 |
| 101～150 | 三级 | 轻度污染 | 橙色 | 易感人群症状有轻度加剧,健康人群出现刺激症状 | 儿童、老年人及心脏病、呼吸系统疾病患者应减少长时间、高强度的户外锻炼 |
| 151～200 | 四级 | 中度污染 | 红色 | 进一步加剧易感人群症状,可能对健康人群心脏、呼吸系统有影响 | 儿童、老年人及心脏病、呼吸系统疾病患者避免长时间、高强度的户外锻炼,一般人群适量减少户外运动 |
| 201～300 | 五级 | 重度污染 | 紫色 | 心脏病和肺病患者症状显著加剧,运动耐受力降低,健康人群普遍出现症状 | 儿童、老年人和心脏病、肺病患者应停留在室内,停止户外运动,般人群减少户外运动 |
| >300 | 六级 | 严重污染 | 褐红色 | 健康人群运动耐受力降低,有明显强烈症状,提前出现某些疾病 | 儿童、老年人和病人应当留在室内,避免体力消耗,一般人群应避免户外活动 |

空气质量指数类别的表示颜色应符合表 1-32 中的规定。

表 1-32　空气质量指数类别表示颜色的 RGB 及 CMYK 配色方案

| 颜色 | R | G | B | C | M | Y | K |
|------|---|---|---|---|---|---|---|
| 绿 | 0 | 228 | 0 | 40 | 0 | 100 | 0 |
| 黄 | 255 | 255 | 0 | 0 | 0 | 100 | 0 |
| 橙 | 255 | 126 | 0 | 52 | 100 | 100 | 0 |
| 红 | 255 | 0 | 0 | 0 | 100 | 100 | 0 |
| 紫 | 153 | 0 | 76 | 10 | 100 | 40 | 30 |
| 褐红 | 126 | 0 | 35 | 30 | 100 | 100 | 30 |

## 2. 地表水质量评价标准

GB 3838—2002 依据地表水水域环境功能和保护目标,按功能高低依次划分为五类水域：

Ⅰ类主要适用于源头水、国家自然保护区；

Ⅱ类主要适用于集中式生活饮用水地表水源地一级保护区、珍稀水生生物栖息地、鱼虾类产卵场、仔稚幼鱼的索饵场等；

Ⅲ类主要适用于集中式生活饮用水地表水源地二级保护区、鱼虾类越冬场、洄游通道、水产养殖区等渔业水域及游泳区；

Ⅳ类主要适用于一般工业用水区及人体非直接接触的娱乐用水区；

Ⅴ类主要适用于农业用水区及一般景观要求水域。

同时规定"对应地表水上述五类水域功能，将地表水环境质量标准基本项目标准值分为五类，不同功能类别分别执行相应类别的标准值。水域功能类别高的标准值严于水域功能类别低的标准值。同一水域兼有多类使用功能的，执行最高功能类别对应的标准值。实现水域功能与达功能类别标准为同一含义。"

根据《地表水环境质量监测数据统计技术规定（试行）》（环办监测函〔2020〕82号），地表水评价的指标分为：

（1）地表水水质评价指标 表1-33中除水温、粪大肠菌群和总氮以外的21项指标，包括pH值、溶解氧、高锰酸盐指数、氨氮、总磷、五日生化需氧量、化学需氧量、石油类、挥发酚、汞、铜、锌、铅、镉、铬（六价）、砷、硒、氟化物、氰化物、硫化物和阴离子表面活性剂。见表1-33。

（2）营养状态评价指标 包括叶绿素a（chla）、总磷（TP）、总氮（TN）、透明度（SD）和高锰酸盐指数（$COD_{Mn}$）等5项。

表1-33 地表水环境质量标准基本项目标准限值　　　　　单位：mg/L

| 序号 | 项目 | | Ⅰ类 | Ⅱ类 | Ⅲ类 | Ⅳ类 | Ⅴ类 |
|---|---|---|---|---|---|---|---|
| 1 | 水温/℃ | | 人为造成的环境水温变化应限制在：周平均最大温升≤1;周平均最大温降≤2 | | | | |
| 2 | pH值(无量纲) | | 6～9 | | | | |
| 3 | 溶解氧 | ≥ | 饱和率90%(或7.5) | 6 | 5 | 3 | 2 |
| 4 | 高锰酸盐指数 | ≤ | 2 | 4 | 6 | 10 | 15 |
| 5 | 化学需氧量(COD) | ≤ | 15 | 15 | 20 | 30 | 40 |
| 6 | 五日生化需氧量($BOD_5$) | ≤ | 3 | 3 | 4 · | 6 | 10 |
| 7 | 氨氮($NH_3$-N) | ≤ | 0.15 | 0.5 | 1.0 | 1.5 | 2.0 |
| 8 | 总磷(以P计) | ≤ | 0.02(湖、库0.01) | 0.1(湖、库0.025) | 0.2(湖、库0.05) | 0.3(湖、库0.1) | 0.4(湖、库0.2) |
| 9 | 总氮(湖、库,以N计) | ≤ | 0.2 | 0.5 | 1.0 | 1.5 | 2.0 |
| 10 | 铜 | ≤ | 0.01 | 1.0 | 1.0 | 1.0 | 1.0 |
| 11 | 锌 | ≤ | 0.05 | 1.0 | 1.0 | 2.0 | 2.0 |
| 12 | 氟化物(以$F^-$计) | ≤ | 1.0 | 1.0 | 1.0 | 1.5 | 1.5 |
| 13 | 硒 | ≤ | 0.01 | 0.01 | 0.01 | 0.02 | 0.02 |
| 14 | 砷 | ≤ | 0.05 | 0.05 | 0.05 | 0.1 | 0.1 |
| 15 | 汞 | ≤ | 0.00005 | 0.00005 | 0.0001 | 0.001 | 0.001 |
| 16 | 镉 | ≤ | 0.001 | 0.005 | 0.005 | 0.005 | 0.01 |
| 17 | 铬(六价) | ≤ | 0.01 | 0.05 | 0.05 | 0.05 | 0.1 |
| 18 | 铅 | ≤ | 0.01 | 0.01 | 0.05 | 0.05 | 0.1 |
| 19 | 氰化物 | ≤ | 0.005 | 0.05 | 0.2 | 0.2 | 0.2 |

续表

| 序号 | 项目 | | Ⅰ类 | Ⅱ类 | Ⅲ类 | Ⅳ类 | Ⅴ类 |
|---|---|---|---|---|---|---|---|
| 20 | 挥发酚 | ≤ | 0.002 | 0.002 | 0.005 | 0.01 | 0.1 |
| 21 | 石油类 | ≤ | 0.05 | 0.05 | 0.05 | 0.5 | 1.0 |
| 22 | 阴离子表面活性剂 | ≤ | 0.2 | 0.2 | 0.2 | 0.3 | 0.3 |
| 23 | 硫化物 | ≤ | 0.05 | 0.1 | 0.2 | 0.5 | 1.0 |
| 24 | 粪大肠菌群(个/L) | ≤ | 200 | 2000 | 10000 | 20000 | 40000 |

GB 3838—2002 还规定了集中式生活饮用水地表水源地补充项目标准限值以及集中式生活饮用水地表水源地特定项目标准限值。

## 二、评价方法

### 1. 空气质量评价方法

根据 HJ 663—2013，空气质量评价方法分为现状评价和趋势评价。

（1）现状评价

① 单项目评价　单项目评价适用于对单点、城市和区域内不同评价时段各基本评价项目和其他评价项目的达标情况进行评价。

单点环境空气质量评价：以 GB 3095—2012 中污染物的浓度限值为依据，对各评价项目的评价指标进行达标情况判断，超标的评价项目计算其超标倍数。污染物年评价达标是指该污染物年平均浓度（CO 和 $O_3$ 除外）和特定的百分位数浓度同时达标。进行年评价时，同时统计日评价达标率。

城市环境空气质量评价是针对城市建成区范围的评价，需使用城市尺度的污染物浓度数据进行评价，数据统计方法见表 1-34 和表 1-35。

**表 1-34　不同评价时段内基本评价项目的统计方法（城市范围）**

| 评价时段 | 评价项目 | 统计方法 |
|---|---|---|
| 小时评价 | 城市 $SO_2$、$NO_2$、CO、$O_3$ 的 1h 平均 | 各点位 1h 平均浓度值的平均值 |
| 日评价 | 城市 $SO_2$、$NO_2$、CO、$PM_{10}$、$PM_{2.5}$ 的 24h 平均 | 各点位 24h 平均浓度值的算术平均值 |
| | 城市 $O_3$ 的日最大 8h 平均 | 各点位臭氧日最大 8h 平均浓度值的算术平均值 |
| 年评价 | 城市 $SO_2$、$NO_2$、$PM_{10}$、$PM_{2.5}$ 的年平均 | 一个日历年内城市 24h 平均浓度值的算术平均值 |
| | 城市 $SO_2$、$NO_2$ 24h 平均第 98 百分位数 | 计算一个日历年内城市日评价项目的相应百分位数浓度。 |
| | 城市 $PM_{10}$、$PM_{2.5}$ 24h 平均第 95 百分位数 | |
| | 城市 CO 24h 平均第 95 百分位数 | |
| | 城市 $O_3$ 日最大 8h 平均第 90 百分位数 | |

**表 1-35　不同评价时段内其他评价项目的统计方法（城市范围）**

| 评价时段 | 评价项目 | 统计方法 |
|---|---|---|
| 日评价 | 城市 $NO_x$、BaP、TSP 的 24h 平均 | 各点位 24h 平均浓度值的算术平均值 |
| 季评价 | 城市 Pb 的季平均 | 日历季内城市 24h 平均浓度的算术平均值，城市 24h 平均浓度值为各点位 24h 平均浓度值的算术平均值 |
| 年评价 | 城市 $NO_x$、Pb、BaP、TSP 的年平均 | 一个日历年内城市 24h 平均浓度值的算术平均值 |
| | TSP 24h 平均浓度第 95 百分位数、$NO_x$ 24h 平均浓度第 98 百分位数 | 计算一个日历年内城市 TSP、$NO_x$ 的 24h 平均浓度值的相应百分位数浓度。 |

注：点位指城市点，不包括区域点、背景点、污染监控点和路边交通点。

区域环境空气质量评价包括对城市建成区和非城市建成区范围内的环境空气质量状况评

价。区域环境空气质量达标指区域范围内所有城市建成区达标且非城市建成区中每个空气质量评价区域点均达标，任一城市建成区或区域点超标，即认为区域超标。

超标项目 $i$ 的超标倍数按式（1-99）计算：

$$B_i = (C_i - S_i)/S_i \tag{1-99}$$

式中　$B_i$——表示超标项目 $i$ 的超标倍数；

　　　$C_i$——超标项目 $i$ 的浓度值；

　　　$S_i$——超标项目的浓度限值标准，一类区采用一级浓度限值标准，二类区采用二级浓度限值标准。

在年度评价时，对于 $SO_2$、$NO_2$、$PM_{10}$、$PM_{2.5}$ 分别计算年平均浓度和 24h 平均的特定百分位数浓度相对于年均值标准和日均值标准的超标倍数；对于 $O_3$，计算日最大 8h 平均的特定百分位数浓度相对于 8h 平均浓度限值标准的超标倍数；对于 CO，计算 24h 平均的特定百分位数浓度相对于浓度限值标准的超标倍数。

评价项目 $i$ 的小时达标率、日达标率按式（1-100）计算。

$$D_i(\%) = (A_i/B_i) \times 100 \tag{1-100}$$

式中　$D_i$——表示评价项目 $i$ 的达标率；

　　　$A_i$——评价时段内评价项目的达标天（小时）数；

　　　$B_i$——评价时段内评价项目的有效监测天（小时）数。

污染物浓度序列的第 $p$ 百分位数计算方法如下：

首先，将污染物浓度序列按数值从小到大排序，排序后的浓度序列为 $\{X_{(i)}, i=1, 2, \cdots, n\}$。

然后，计算第 $p$ 百分位数 $m_p$ 的序数 $k$，序数 $k$ 按式（1-101）计算。

$$k = 1 + (n-1) \cdot p\% \tag{1-101}$$

式中　$k$——$p\%$ 位置对应的序数；

　　　$n$——污染物浓度序列中的浓度值数量。

最后，第 $p$ 百分位数 $m_p$ 按式（1-102）计算：

$$m_p = X_{(s)} + (X_{(s+1)} - X_{(s)}) \times (k-s) \tag{1-102}$$

式中，$s$ 为 $k$ 的整数部分，当 $k$ 为整数时 $s$ 与 $k$ 相等。

② 多项目综合评价　多项目综合评价适用于对单点、城市和区域内不同评价时段全部基本评价项目达标情况的综合分析。多项目综合评价达标是指评价时段内所有基本评价项目均达标。多项目综合评价的结果包括：空气质量达标情况、超标污染物及超标倍数（按照大小顺序排列）。进行年度评价时，同时统计日综合评价达标天数和达标率，以及各项污染物的日评价达标天数和达标率。

（2）变化趋势评价　变化趋势评价适用于评价污染物浓度或环境空气质量综合状况在多个连续时间周期内的变化趋势，采用 Spearman 秩相关系数法评价。国家变化趋势评价以国家环境空气质量监测网点位监测数据为基础，评价时间周期一般为 5 年，趋势评价结果为上升趋势、下降趋势或基本无变化，同时评价 5 年内的环境空气质量变化率。省级及以下和其他时间周期内的变化趋势评价可参照执行。

Spearman 秩相关系数按照式（1-103）计算。

$$\gamma_s = 1 - \frac{6}{n(n^2-1)} \sum_{j=1}^{n} (X_j - Y_j)^2 \qquad (1\text{-}103)$$

式中  $\gamma_s$ ——Spearman 秩相关系数；

$n$——时间周期的数量，$n \geqslant 5$；

$X_j$——周期 $j$ 按时间排序的序号，$1 \leqslant X_j \leqslant n$；

$Y_j$——周期 $j$ 内污染物浓度按数值升序排序的序号，$1 \leqslant Y_j \leqslant n$。

将计算秩相关系数绝对值与表 1-36 中临界值相比较。如果秩相关系数绝对值大于表中临界值，表明变化趋势有统计意义。$\gamma_s$ 为正值表示上升趋势，负值表示下降趋势。如果秩相关系数绝对值小于等于表中临界值，表示基本无变化。

**表 1-36  Spearman 秩相关系数 $\gamma_s$ 的临界值 $\gamma$（单侧检验的显著性水平为 0.05）**

| $n$ | 临界值 $\gamma$ | $n$ | 临界值 $\gamma$ |
|---|---|---|---|
| 5 | 0.900 | 16 | 0.425 |
| 6 | 0.829 | 18 | 0.399 |
| 7 | 0.714 | 20 | 0.377 |
| 8 | 0.643 | 22 | 0.359 |
| 9 | 0.600 | 24 | 0.343 |
| 10 | 0.564 | 26 | 0.329 |
| 12 | 0.506 | 28 | 0.317 |
| 14 | 0.456 | 30 | 0.306 |

（3）环境空气质量状况比较评价方法  当环境管理中需要对不同地区进行年度环境空气质量状况比较评价时，以单项目评价和多项目综合评价相结合，方法如下：

① 环境空气质量单项指数法  环境空气质量单项指数法适用于不同地区间单项污染物污染状况的比较。年评价时，污染物 $i$ 的单项指数按式（1-104）计算：

$$I_i = \mathrm{MAX}\left( \frac{C_{i,a}}{S_{i,a}}, \frac{C_{i,d}^{per}}{S_{i,d}} \right) \qquad (1\text{-}104)$$

式中  $I_i$——污染物 $i$ 的单项指数；

$C_{i,a}$——污染物 $i$ 的年均值浓度值，$i$ 包括 $SO_2$、$NO_2$、$PM_{10}$ 及 $PM_{2.5}$；

$S_{i,a}$——污染物 $i$ 的年均值二级标准限值，$i$ 包括 $SO_2$、$NO_2$、$PM_{10}$ 及 $PM_{2.5}$；

$C_{i,d}^{per}$——污染物 $i$ 的 24h 平均浓度的特定百分位数浓度，$i$ 包括 $SO_2$、$NO_2$、$PM_{10}$、$PM_{2.5}$、CO 和 $O_3$（对于 $O_3$，为日最大 8h 均值的特定百分位数浓度）；

$S_{i,d}$——污染物 $i$ 的 24h 平均浓度限值二级标准（对于 $O_3$ 为 8h 均值的二级标准）。

② 环境空气质量最大指数法和环境空气质量综合指数法  环境空气质量最大指数法和环境空气质量综合指数法适用于对不同地区间多项污染物污染状况的比较，分别按式（1-105）、式（1-106）计算：

$$I_{\max} = \mathrm{MAX}(I_i) \qquad (1\text{-}105)$$

$$I_{\mathrm{sum}} = \mathrm{SUM}(I_i) \qquad (1\text{-}106)$$

式中  $I_{\max}$——环境空气质量最大指数；

$I_{\mathrm{sum}}$——环境空气质量综合指数。

使用环境空气质量最大指数法和环境空气质量综合指数法进行环境空气质量状况比较时，需同时给出按各项污染物的环境空气质量单项指数法比较结果，为各地区环境管理提供明确导向。

### 2. 地表水质量评价方法

地表水环境质量评价应根据应实现的水域功能类别，选取相应类别标准，进行单因子评价，评价结果应说明水质达标情况，超标的应说明超标项目和超标倍数。

（1）评价数据整合 《地表水环境质量监测数据统计技术规定（试行）》（坏办监测函〔2020〕82号）规定，同一断面（点位）不同采样点的监测指标数据整合成该断面（点位）的指标数据，遵循以下规则：

① pH值采用断面所有采样点氢离子浓度算术平均值的负对数；

② 溶解氧和石油类采用表层采样点的算术平均值；

③ 透明度采用湖库所有采样垂线实测值的算术平均值；

④ 其余项目采用断面所有采样点算术平均值；

⑤ 入海河流断面采用退平潮采样点数据参与断面数据整合。

同一断面（点位）单项指标的手工和自动月代表值整合为一组断面（点位）数据参与水质评价。当单项指标月代表值缺失时，采用替代月代表值参与数据整合。单项指标月代表值的选择次序具体要求见表1-37。

表 1-37　指标整合优先规则

| 序号 | 监测指标 | 第一优先级 | 第二优先级 | 第三优先级 |
|---|---|---|---|---|
| 1 | pH值、溶解氧、高锰酸盐指数、氨氮、总磷、总氮 | 自动月代表值 | 手工月代表值 | 替代月代表值 |
| 2 | 五日生化需氧量、化学需氧量、石油类、挥发酚、汞、铜、锌、铅、镉、铬（六价）、砷、硒、氟化物、氰化物、硫化物、阴离子表面活性剂、透明度 | 手工月代表值 | 替代月代表值 | — |
| 3 | 叶绿素a | 手工月代表值 | 自动月代表值 | — |

（2）现状评价

① 河流水质评价方法　包括断面水质评价和河流、流域（水系）水质评价。

河流断面水质类别评价采用单因子评价法，即根据评价时段内该断面参评的指标中类别最高的一项来确定。描述断面的水质类别时，使用"符合"或"劣于"等词语。断面水质类别与水质定性评价分级的对应关系见表1-38。

评价时段内，断面水质为"优"或"良好"时，不评价主要污染指标。断面水质超过Ⅲ类标准时，先按照不同指标对应水质类别的优劣，选择水质类别最差的前三项指标作为主要污染指标。当不同指标对应的水质类别相同时计算超标倍数，将超标指标按其超标倍数大小排列，取超标倍数最大的前三项为主要污染指标。当氰化物或铅、铬等重金属超标时，优先作为主要污染指标。确定了主要污染指标的同时，应在指标后标注该指标浓度超过Ⅲ类水质标准的倍数，即超标倍数，如高锰酸盐指数。对于水温、pH值和溶解氧等项目不计算超标倍数。

$$超标倍数 = \frac{某指标的浓度值 - 该指标的Ⅲ类水质标准}{该指标的Ⅲ类水质标准} \tag{1-107}$$

表 1-38　断面水质定性评价

| 水质类别 | 水质状况 | 表征颜色 | 水质功能类别 |
|---|---|---|---|
| Ⅰ～Ⅱ类水质 | 优 | 蓝色 | 饮用水源地一级保护区、珍稀水生生物栖息地、鱼虾类产卵场、仔稚幼鱼的索饵场等 |
| Ⅲ类水质 | 良好 | 绿色 | 饮用水源地二级保护区、鱼虾类越冬场、洄游通道、水产养殖区、游泳区 |
| Ⅳ类水质 | 轻度污染 | 黄色 | 一般工业用水和人体非直接接触的娱乐用水 |
| Ⅴ类水质 | 中度污染 | 橙色 | 农业用水及一般景观用水 |
| 劣Ⅴ类水质 | 重度污染 | 红色 | 除调节局部气候外,使用功能较差 |

河流、流域（水系）水质评价：当河流、流域（水系）的断面总数少于 5 个时，计算河流、流域（水系）所有断面各评价指标浓度算术平均值，然后按照断面水质评价方法评价和确定每个断面的主要污染指标，并按表 1-38 指出每个断面的水质类别和水质状况。

当河流、流域（水系）的断面总数在 5 个（含 5 个）以上时，采用断面水质类别比例法，即根据评价河流、流域（水系）中各水质类别的断面数占河流、流域（水系）所有评价断面总数的百分比来评价其水质状况。河流、流域（水系）的断面总数在 5 个（含 5 个）以上时不作平均水质类别的评价。河流、流域（水系）水质类别比例与水质定性评价分级的对应关系见表 1-39。同时，将水质超过Ⅲ类标准的指标按其断面超标率大小排列，一般取断面超标率最大的前三项为主要污染指标。

$$断面超标率 = \frac{某评价指标超过Ⅲ类标准的断面(点位)个数}{断面(点位)个数} \times 100\% \qquad (1-108)$$

表 1-39　河流、流域（水系）水质定性评价分级

| 水质类别比例 | 水质状况 | 表征颜色 |
|---|---|---|
| Ⅰ～Ⅲ类水质比例≥90% | 优 | 蓝色 |
| 75%≤Ⅰ～Ⅲ类水质比例<90% | 良好 | 绿色 |
| Ⅰ～Ⅲ类水质比例<75%,且劣Ⅴ类比例<20% | 轻度污染 | 黄色 |
| Ⅰ～Ⅲ类水质比例<75%,且 20%≤劣Ⅴ类比例<40% | 中度污染 | 橙色 |
| Ⅰ～Ⅲ类水质比例<60%,且劣Ⅴ类比例≥40% | 重度污染 | 红色 |

② 湖泊、水库评价方法　湖泊、水库单个点位的水质评价，按照河流断面水质评价方法进行。当一个湖泊、水库有多个监测点位时，计算湖泊、水库多个点位各评价指标浓度算术平均值，然后按照河流断面水质评价方法评价。

湖泊、水库多次监测结果的水质评价，先按时间序列计算湖泊、水库各个点位各个评价指标浓度的算术平均值，再按空间序列计算湖泊、水库所有点位各个评价指标浓度的算术平均值，然后按照河流断面水质评价方法评价。

对于大型湖泊、水库，亦可分不同的湖（库）区进行水质评价。河流型水库水质评价按照河流水质评价方法进行。

湖泊、水库营养状态评价采用综合营养状态指数法 [TLI(∑)]。采用 0～100 的一系列连续数字对湖泊（水库）营养状态进行分级。

TLI($\sum$)<30　　　　　　贫营养

30≤TLI($\sum$)≤50　　　　中营养

TLI($\sum$)>50　　　　　　富营养

50<TLI($\sum$)≤60　　　　轻度富营养

60<TLI($\sum$)≤70　　　　中度富营养

TLI(∑)＞70　　　　　　　重度富营养

综合营养状态指数计算公式如下：

$$TLI(\Sigma) = \sum_{j=1}^{m} W_j \cdot TLI(j) \tag{1-109}$$

式中　TLI(∑)——综合营养状态指数；

　　　$W_j$——第 $j$ 种参数的营养状态指数的相关权重；

　　　TLI($j$)——代表第 $j$ 种参数的营养状态指数。

以 chla 作为基准参数，则第 $j$ 种参数的归一化的相关权重 $W_j$ 计算公式如下：

$$W_j = \frac{r_{ij}^2}{\sum_{j=1}^{m} r_{ij}^2} \tag{1-110}$$

式中　$r_{ij}$——第 $j$ 种参数与基准参数 chla 的相关系数（查表 1-40）；

　　　$m$——评价参数的个数。

表 1-40　中国湖泊（水库）部分参数与 chla 的相关关系 $r_{ij}$ 及 $r_{ij}^2$ 值

| 参数 | chla | TP | TN | SD | $COD_{Mn}$ |
|---|---|---|---|---|---|
| $r_{ij}$ | 1 | 0.84 | 0.82 | -0.83 | 0.83 |
| $r_{ij}^2$ | 1 | 0.7056 | 0.6724 | 0.6889 | 0.6889 |

各项目营养状态指数计算公式如下：

$$TLI(chla) = 10(2.5 + 1.086\ln chla) \tag{1-111}$$

$$TLI(TP) = 10(9.436 + 1.624\ln TP) \tag{1-112}$$

$$TLI(TN) = 10(5.453 + 1.694\ln TN) \tag{1-113}$$

$$TLI(SD) = 10(5.118 - 1.94\ln SD) \tag{1-114}$$

$$TLI(COD_{Mn}) = 10(0.109 + 2.661\ln COD_{Mn}) \tag{1-115}$$

式中，chla 单位为 $mg/m^3$，SD 单位为 m；其他指标单位均为 mg/L。

（3）水质变化趋势分析方法　河流（湖库）、流域（水系）、全国及行政区域内水质状况与前一时段、前一年度同期或进行多时段变化趋势分析时，必须满足下列三个条件，以保证数据的可比性：

① 选择的监测指标必须相同；

② 选择的断面（点位）基本相同；

③ 定性评价必须以定量评价为依据。

比较方法有单因子浓度比较（常以折线图表征其比较结果）和水质类别比例比较。水质类别比例比较应对照表 1-38 或表 1-39 的规定，按卜述方法评价。

① 按水质状况等级变化评价：

当水质状况等级不变时，则评价为无明显变化；

当水质状况等级发生一级变化时，则评价为有所变化（好转或变差、下降）；

当水质状况等级发生两级以上（含两级）变化时，则评价为明显变化（好转或变差、下降、恶化）。

② 按组合类别比例法评价：

设 $\Delta G$ 为后时段与前时段 Ⅰ～Ⅲ 类水质百分点之差：$\Delta G = G2 - G1$，$\Delta D$ 为后时段与前

时段劣 V 类水质百分点之差：$\Delta D = D2 - D1$。

当 $\Delta G - \Delta D > 0$ 时，水质变好；当 $\Delta G - \Delta D < 0$ 时，水质变差；

当 $|\Delta G - \Delta D| \leqslant 10$ 时，则评价为无明显变化；

当 $10 < |\Delta G - \Delta D| \leqslant 20$ 时，则评价有所变化（好转或变差、下降）；

当 $|\Delta G - \Delta D| > 20$ 时，则评价为明显变化（好转或变差、下降、恶化）。

多时段的变化趋势评价应对评价指标值（如指标浓度、水质类别比例等）与时间序列进行相关性分析，可采用 Spearman 秩相关系数法，检验相关系数和斜率的显著性意义，确定其是否有变化和变化程度。变化趋势可用折线图来表征。

《地表水环境质量评价办法》（环办〔2021〕22 号）规定的秩相关系数 $\gamma_s$ 的临界值（$W_p$）见表 1-41。

表 1-41　秩相关系数 $\gamma_s$ 的临界值（$W_p$）

| N | $W_p$ | |
|---|---|---|
| | 显著水平(单侧检验)0.05 | 显著水平(单侧检验)0.1 |
| 5 | 0.900 | 1.000 |
| 6 | 0.829 | 0.943 |
| 7 | 0.714 | 0.893 |
| 8 | 0.643 | 0.833 |
| 9 | 0.600 | 0.783 |
| 10 | 0.564 | 0.746 |
| 12 | 0.506 | 0.712 |
| 14 | 0.456 | 0.645 |
| 16 | 0.425 | 0.601 |
| 18 | 0.399 | 0.564 |
| 20 | 0.377 | 0.534 |
| 22 | 0.359 | 0.508 |
| 24 | 0.343 | 0.435 |
| 26 | 0.329 | 0.465 |
| 28 | 0.317 | 0.448 |
| 30 | 0.306 | 0.432 |

## 三、极限数值的表示和判定方法

极限数值是指标准（或技术规范）中规定考核的以数量形式给出且符合该标准（或技术规范）要求的指标数值范围的界限值，如上述的指标限值。

### 1. 书写极限数值的一般原则

（1）标准（或其他技术规范）中规定考核的以数量形式给出的指标或参数等，应当规定极限数值。极限数值表示符合该标准要求的数值范围的界限值，它通过给出最小极限值和（或）最大极限值，或给出基本数值与极限偏差值等方式表达

（2）标准中极限数值的表示形式及书写位数应适当，其有效数字应全部写出。书写位数表示的精确程度，应能保证产品或其他标准化对象应有的性能和质量。

## 2. 测定值或其计算值与标准规定的极限数值作比较的方法

（1）总则　在判定测定值或其计算值是否符合标准要求时，应将测试所得的测定值或其计算值与标准规定的极限数值作比较，比较的方法可采用全数值比较法、修约值比较法。当标准或有关文件中对极限数值（包括带有极限偏差值的数值）无特殊规定时，均应使用全数值比较法。如规定采用修约值比较法，应在标准中加以说明。若标准或有关文件规定了使用其中一种比较方法时，一经确定，不得改动。

（2）全数值比较法　将测试所得的测定值或计算值不经修约处理（或虽经修约处理，但应标明它是经舍、进或未进未舍而得），用该数值与规定的极限数值作比较，只要超出极限数值规定的范围（不论超出程度大小），都判定为不符合要求。示例见表1-42。

（3）修约值比较法　将测定值或其计算值进行修约，修约数位应与规定的极限数值数位一致。当测试或计算精度允许时，应先将获得的数值按指定的修约数位多一位或几位报出，然后按"四舍六入五留双"的方式修约至规定的数位。将修约后的数值与规定的极限数值进行比较，只要超出极限数值规定的范围（不论超出程度大小），都判定为不符合要求。示例见表1-42。

（4）两种判定方法的比较　对测定值或其计算值与规定的极限数值在不同情形用全数值比较法和修约值比较法的比较结果的例见表1-42。对同样的极限数值，若它本身符合要求，则全数值比较法比修约值比较法相对较严格。

表 1-42　全数值比较法和修约值比较法的示例与比较

| 项目 | 极限数值 | 测定值或其计算值 | 按全数值比较是否符合要求 | 修约值 | 按修约值比较是否符合要求 |
|---|---|---|---|---|---|
| 中碳钢抗拉强度/MPa | ≥14×100 | 1349 | 不符合 | 13×100 | 不符合 |
| | | 1351 | 不符合 | 14×100 | 符合 |
| | | 1400 | 符合 | 14×100 | 符合 |
| | | 1402 | 符合 | 14×100 | 符合 |
| NaOH 的质量分数/% | ≥97.0 | 97.01 | 符合 | 97.0 | 符合 |
| | | 97.00 | 符合 | 97.0 | 符合 |
| | | 96.96 | 不符合 | 97.0 | 符合 |
| | | 96.94 | 不符合 | 96.9 | 不符合 |
| 中碳钢的硅的质量分数/% | ≤0.5 | 0.452 | 符合 | 0.5 | 符合 |
| | | 0.500 | 符合 | 0.5 | 符合 |
| | | 0.549 | 不符合 | 0.5 | 符合 |
| | | 0.551 | 不符合 | 0.6 | 不符合 |
| 中碳钢的锰的质量分数/% | 1.2～1.6 | 1.151 | 不符合 | 1.2 | 符合 |
| | | 1.200 | 符合 | 1.2 | 符合 |
| | | 1.649 | 不符合 | 1.6 | 符合 |
| | | 1.651 | 不符合 | 1.7 | 不符合 |
| 盘条直径/mm | 10.0±0.1 | 9.89 | 不符合 | 9.9 | 符合 |
| | | 9.85 | 不符合 | 9.8 | 不符合 |
| | | 10.10 | 符合 | 10.1 | 符合 |
| | | 10.16 | 不符合 | 10.2 | 不符合 |
| 盘条直径/mm | 10.0±0.1（不含0.1） | 9.94 | 符合 | 9.9 | 不符合 |
| | | 9.96 | 符合 | 10.0 | 符合 |
| | | 10.06 | 符合 | 10.1 | 不符合 |
| | | 10.05 | 符合 | 10.0 | 符合 |

| 项目 | 极限数值 | 测定值或<br>其计算值 | 按全数值比较<br>是否符合要求 | 修约值 | 按修的值比较<br>是否符合要求 |
|---|---|---|---|---|---|
| 盘条直径/mm | 10.0±0.1<br>（不含＋0.1） | 9.94 | 符合 | 9.9 | 符合 |
| | | 9.86 | 不符合 | 9.9 | 符合 |
| | | 10.06 | 符合 | 10.1 | 不符合 |
| | | 10.05 | 符合 | 10.0 | 符合 |
| 盘条直径/mm | 10.0±0.1<br>（不含－0.1） | 9.94 | 符合 | 9.9 | 不符合 |
| | | 9.86 | 不符合 | 9.9 | 不符合 |
| | | 10.06 | 符合 | 10.1 | 符合 |
| | | 10.05 | 符合 | 10.0 | 符合 |

注：表中的例子并不表明这类极限数值都应采用全数值比较法或修约值比较法。

## 四、编制城市空气质量日报

城市空气质量日报是在城市范围内各统计站点日数据的汇总，并根据 HJ 633—2012 进行评价。

编制城市空气
质量日报
讲解视频

### 1. 汇总各站点的日数据

各站点的日数据见图 1-40。该城市的空气质量统计范围包括 A、B、C、D 四个站点。

图 1-40 某城市四个站点的空气质量日报表

创建新的工作表，并设计表格内容，见图 1-41。

图 1-41 某城市空气质量日报表样式

在单元格 C8，输入函数（详细内容扫描二维码编制城市空气质量日报——函数1），自动汇总该城市当日四个站点 $SO_2$ 24h 平均值的算术平均值，并修约至整数。

同理，在单元格 E8、G8、K8、M8、O8 输入上述内容并把 \$D：\$D 分别替换成 \$F：\$F、\$H：\$H、\$L：\$L、\$N：\$N、\$P：\$P，能自动汇总该城市当日四个站点 $NO_2$ 24h 平均值、$PM_{10}$ 24h 平均值、臭氧最大 1h 平

编制城市空气质
量日报——函数 1

均值、臭氧最大 8h 滑动平均值、$PM_{2.5}$ 24h 平均值的算术平均值，并修约至整数。

在单元格 I8 输入函数（详细内容扫描二维码编制城市空气质量日报——函数 2），自动汇总该城市当日四个站点 CO 24h 平均值的算术平均值，并修约至一位小数。

编制城市空气质量日报　函数 2

### 2. 根据 HJ 633—2012 进行评价

各指标相应的 IAQI 通过内插法求算，具体函数与站点的空气质量指数日报一致。

城市 AQI 及首要污染物的求算函数与站点的空气质量指数日报一致。

在单元格 S8 使用 IF 函数（详细内容扫描二维码编制城市空气质量日报——函数 3）根据 AQI 判断空气质量指数级别。

编制城市空气质量日报——函数 3

在单元格 T8 和 U8 使用 VLOOKUP 函数查出与空气质量指数级别相应的空气质量指数类别及颜色。T8 输入 "＝VLOOKUP（＄S8,评级! ＄B＄2：＄D＄7,2,FALSE）"；U8 输入 "＝VLOOKUP（＄S8,评级! ＄B＄2：＄D＄7,3,FALSE）"。

拖拉 C8 至 U8 填充至 37 行，自动完成 6 月份的城市空气质量日报。如图 1-42。

| 日期 | 城市名称 | 污染物浓度及空气质量分指数（IAQI） | | | | | | | | | | | | | | | 空气质量指数（AQI） | 首要污染物 | 空气质量指数级别 | 空气质量指数类别 | |
|---|---|---|---|---|---|---|---|---|---|---|---|---|---|---|---|---|---|---|---|---|---|
| | | 二氧化硫（$SO_2$） | | 二氧化氮（$NO_2$） | | 颗粒物（粒径小于等于10μm）（$PM_{10}$） | | 一氧化碳（CO） | | 臭氧（$O_3$）最大1h平均 | | 臭氧（$O_3$）最大8h滑动平均 | | 颗粒物（粒径小于等于2.5μm） | | | | | | |
| | | 24h平均 | | 24h平均 | | 24h平均 | | 24h平均 | | | | | | 24h平均 | | | | | 类别 | 颜色 |
| | | 浓度（μg/m³） | 分指数 | 浓度（μg/m³） | 分指数 | 浓度（μg/m³） | 分指数 | 浓度（mg/m³） | 分指数 | 浓度（μg/m³） | 分指数 | 浓度（μg/m³） | 分指数 | 浓度（μg/m³） | 分指数 | | | | | |
| 2022-06-01 | 某城市 | 4 | 4 | 18 | 23 | 28 | 28 | 0.6 | 15 | 124 | 39 | 90 | 45 | 15 | 22 | 45 | — | 一级 | 优 | 绿色 |
| 2022-06-02 | 某城市 | 4 | 4 | 18 | 23 | 26 | 26 | 0.7 | 18 | 114 | 36 | 92 | 46 | 14 | 20 | 46 | — | 一级 | 优 | 绿色 |
| 2022-06-03 | 某城市 | 3 | 3 | 14 | 18 | 24 | 24 | 0.6 | 15 | 80 | 25 | 63 | 32 | 13 | 19 | 32 | — | 一级 | 优 | 绿色 |
| 2022-06-04 | 某城市 | 4 | 4 | 9 | 12 | 30 | 30 | 0.7 | 18 | 113 | 36 | 90 | 45 | 14 | 20 | 45 | — | 一级 | 优 | 绿色 |
| 2022-06-05 | 某城市 | 4 | 4 | 11 | 14 | 25 | 25 | 0.6 | 15 | 96 | 30 | 76 | 38 | 13 | 19 | 38 | — | 一级 | 优 | 绿色 |
| 2022-06-06 | 某城市 | 4 | 4 | 12 | 15 | 25 | 25 | 0.7 | 18 | 92 | 29 | 67 | 34 | 17 | 25 | 34 | — | 一级 | 优 | 绿色 |
| 2022-06-07 | 某城市 | 4 | 4 | 12 | 15 | 21 | 21 | 0.6 | 15 | 154 | 49 | 111 | 60 | 14 | 20 | 60 | 03-8h | 二级 | 良 | 黄色 |
| 2022-06-08 | 某城市 | 6 | 6 | 18 | 23 | 15 | 15 | 0.6 | 15 | 72 | 23 | 55 | 28 | 10 | 15 | 28 | — | 一级 | 优 | 绿色 |
| 2022-06-09 | 某城市 | 5 | 5 | 19 | 24 | 16 | 16 | 0.6 | 15 | 62 | 20 | 54 | 27 | 10 | 15 | 27 | — | 一级 | 优 | 绿色 |
| 2022-06-10 | 某城市 | 5 | 5 | 22 | 28 | 28 | 28 | 0.6 | 15 | 116 | 37 | 88 | 44 | 19 | 28 | 44 | — | 一级 | 优 | 绿色 |
| 2022-06-11 | 某城市 | 4 | 4 | 19 | 24 | 19 | 19 | 0.6 | 15 | 105 | 33 | 65 | 33 | 11 | 16 | 33 | — | 一级 | 优 | 绿色 |
| 2022-06-12 | 某城市 | 4 | 4 | 25 | 32 | 29 | 29 | 0.7 | 18 | 126 | 40 | 80 | 40 | 16 | 23 | 40 | — | 一级 | 优 | 绿色 |
| 2022-06-13 | 某城市 | 4 | 4 | 21 | 27 | 26 | 26 | 0.7 | 18 | 96 | 30 | 66 | 33 | 14 | 20 | 33 | — | 一级 | 优 | 绿色 |
| 2022-06-14 | 某城市 | 4 | 4 | 10 | 13 | 13 | 13 | 0.6 | 15 | 66 | 21 | 53 | 27 | 8 | 12 | 27 | — | 一级 | 优 | 绿色 |
| 2022-06-15 | 某城市 | 4 | 4 | 16 | 20 | 20 | 20 | 0.6 | 15 | 102 | 32 | 64 | 32 | 13 | 19 | 32 | — | 一级 | 优 | 绿色 |
| 2022-06-16 | 某城市 | 4 | 4 | 13 | 17 | 22 | 22 | 0.6 | 15 | 157 | 50 | 114 | 62 | 15 | 22 | 62 | 03-8h | 二级 | 良 | 黄色 |
| 2022-06-17 | 某城市 | 4 | 4 | 13 | 17 | 16 | 16 | 0.6 | 15 | 94 | 30 | 69 | 35 | 10 | 15 | 35 | — | 一级 | 优 | 绿色 |
| 2022-06-18 | 某城市 | 4 | 4 | 13 | 17 | 23 | 23 | 0.5 | 13 | 101 | 32 | 66 | 33 | 14 | 20 | 33 | — | 一级 | 优 | 绿色 |
| 2022-06-19 | 某城市 | 4 | 4 | 11 | 14 | 26 | 26 | 0.5 | 13 | 104 | 33 | 81 | 41 | 13 | 19 | 41 | — | 一级 | 优 | 绿色 |
| 2022-06-20 | 某城市 | 4 | 4 | 16 | 20 | 27 | 27 | 0.6 | 15 | 72 | 23 | 60 | 30 | 13 | 19 | 30 | — | 一级 | 优 | 绿色 |
| 2022-06-21 | 某城市 | 4 | 4 | 23 | 29 | 32 | 32 | 0.6 | 15 | 42 | 14 | 34 | 17 | 16 | 23 | 32 | — | 一级 | 优 | 绿色 |
| 2022-06-22 | 某城市 | 6 | 6 | 14 | 18 | 27 | 27 | 0.5 | 13 | 160 | 50 | 130 | 75 | 13 | 19 | 75 | 03-8h | 二级 | 良 | 黄色 |
| 2022-06-23 | 某城市 | 6 | 6 | 19 | 24 | 25 | 25 | 0.5 | 13 | 119 | 38 | 103 | 53 | 12 | 18 | 53 | 03-8h | 二级 | 良 | 黄色 |
| 2022-06-24 | 某城市 | 8 | 8 | 14 | 18 | 28 | 28 | 0.4 | 10 | 134 | 42 | 122 | 69 | 16 | 23 | 69 | 03-8h | 二级 | 良 | 黄色 |
| 2022-06-25 | 某城市 | 8 | 8 | 16 | 20 | 29 | 29 | 0.4 | 10 | 134 | 42 | 122 | 69 | 16 | 23 | 69 | 03-8h | 二级 | 良 | 黄色 |
| 2022-06-26 | 某城市 | 8 | 8 | 19 | 24 | 24 | 24 | 0.5 | 13 | 131 | 41 | 105 | 55 | 12 | 18 | 55 | 03-8h | 二级 | 良 | 黄色 |
| 2022-06-27 | 某城市 | 7 | 7 | 16 | 20 | 29 | 29 | 0.4 | 10 | 117 | 37 | 110 | 59 | 12 | 18 | 59 | 03-8h | 二级 | 良 | 黄色 |
| 2022-06-28 | 某城市 | 6 | 6 | 17 | 22 | 28 | 28 | 0.5 | 13 | 167 | 59 | 136 | 80 | 15 | 22 | 80 | 03-8h | 二级 | 良 | 黄色 |
| 2022-06-29 | 某城市 | 6 | 6 | 20 | 25 | 32 | 32 | 0.5 | 13 | 182 | 78 | 148 | 90 | 16 | 23 | 90 | 03-8h | 二级 | 良 | 黄色 |
| 2022-06-30 | 某城市 | 4 | 4 | 9 | 12 | 15 | 15 | 0.5 | 13 | 58 | 19 | 49 | 25 | 7 | 10 | 25 | — | 一级 | 优 | 绿色 |

注：缺测指标的浓度及分指数均使用NA标识。

图 1-42　某城市空气质量日报表

## 五、评价城市年空气质量

### 1. WPS 相关函数介绍

PERCENTILE 函数返回区域中数值的第 K 个百分点的值。可以使用此函数来建立接受阈值。例如，可以确定得分排名在第 90 个百分点之上的检测候选人。

**语法**：PERCENTILE（array,k）

array 为定义相对位置的数组或数据区域。

k 为 0 到 1 之间的百分点值，包含 0 和 1。

**说明：**

① 若 array 为空或其数据点超过 8191 个，则 PERCENTILE 返回错误值♯NUM！。

② 若 k 为非数字型，则 PERCENTILE 返回错误值♯VALUE！。

③ 若 k＜0 或 k＞1，则 PERCENTILE 返回错误值♯NUM！。

④ 若 k 不是 $1/(n-1)$ 的倍数，则 PERCENTILE 使用插值法来确定第 k 个百分点的值。

**2. 计算相关年评价指标**

年评价指标包括污染物的年均浓度以及污染物（除 $O_3$ 外）的 24h 均值的年百分位数，并计算污染物的超标倍数、日达标率以及最大空气质量指数和空气质量综合指数。某城市名污染物的原始数据见图 1-43。

| | A | B | C | D | E | F | G | H | I | J | K | L |
|---|---|---|---|---|---|---|---|---|---|---|---|---|
| 1 | 区域 | 城市名称 | 日期 | 平均浓度 | 平均浓度 | 平均浓度 | 平均浓度 | 平均浓度 | 平均浓度 | AQI指数 | AQI等级 | 首要污染物 |
| 2 | 区域 | 城市名称 | 日期 | $SO_2$ | $NO_2$ | CO | $O_3\_8h$ | $PM_{10}$ | $PM_{2.5}$ | AQI指数 | AQI等级 | 首要污染物 |
| 3 | 某区域 | 某城市 | 2021/1/1 | 12 | 22 | 0.7 | 71 | 32 | 18 | 36 | 优 | - |
| 4 | 某区域 | 某城市 | 2021/1/2 | 12 | 36 | 0.8 | 76 | 44 | 24 | 45 | 优 | - |
| 5 | 某区域 | 某城市 | 2021/1/3 | 14 | 41 | 0.9 | 84 | 60 | 30 | 55 | 良 | $PM_{10}$ |
| 6 | 某区域 | 某城市 | 2021/1/4 | 14 | 28 | 0.8 | 85 | 56 | 34 | 53 | 良 | $PM_{10}$ |
| 7 | 某区域 | 某城市 | 2021/1/5 | 16 | 26 | 0.9 | 120 | 67 | 45 | 67 | 良 | $O_3\_8H$ |
| 8 | 某区域 | 某城市 | 2021/1/6 | 14 | 25 | 1 | 105 | 97 | 74 | 99 | 良 | $PM_{2.5}$ |
| 9 | 某区域 | 某城市 | 2021/1/7 | 10 | 26 | 1.2 | 53 | 82 | 64 | 87 | 良 | $PM_{2.5}$ |
| 10 | 某区域 | 某城市 | 2021/1/8 | 8 | 18 | 0.9 | 52 | 40 | 24 | 40 | 优 | - |
| 11 | 某区域 | 某城市 | 2021/1/9 | 10 | 19 | 0.7 | 66 | 30 | 12 | 33 | 优 | - |
| 12 | 某区域 | 某城市 | 2021/1/10 | 13 | 22 | 0.7 | 59 | 37 | 21 | 37 | 优 | - |
| 13 | 某区域 | 某城市 | 2021/1/11 | 10 | 28 | 0.9 | 46 | 52 | 35 | 51 | 良 | $PM_{10}$ |
| 14 | 某区域 | 某城市 | 2021/1/12 | 9 | 33 | 0.9 | 83 | 48 | 26 | 48 | 优 | - |
| 15 | 某区域 | 某城市 | 2021/1/13 | 12 | 52 | 1.1 | 70 | 74 | 40 | 65 | 优 | $NO_2$ |
| 16 | 某区域 | 某城市 | 2021/1/14 | 14 | 62 | 1.1 | 99 | 103 | 59 | 80 | 良 | $PM_{2.5}$ |
| 17 | 某区域 | 某城市 | 2021/1/15 | 16 | 82 | 1.2 | 190 | 151 | 99 | 130 | 轻度污染 | $PM_{2.5}$ |
| 18 | 某区域 | 某城市 | 2021/1/16 | 16 | 83 | 1.2 | 156 | 143 | 90 | 119 | 轻度污染 | $PM_{2.5}$ |

图 1-43 原始数据

年均值使用 AVERAGE 函数，例如，"＝AVERAGE（原始数据！D：D）"能计算一个日历年内城市 24h $SO_2$ 平均浓度值的算术平均值，再保留至整数位。

年百分位使用 PERCENTILE 函数，例如，"＝PERCENTILE（原始数据！D：D，0.98）"能计算一个日历年内城市 $SO_2$ 24h 平均值的 98％百分位数浓度，除 CO 外均保留至整数位。

超标倍数是针对年评价浓度超过标准相应限值的倍数，因此没有超标时显示"—"，可用函数计算 $SO_2$ 年均浓度的超标倍数并保留一位有效数字（详细内容扫描二维码评价城市年空气质量——函数 1），其他指标的超标倍数可以使用类似函数。

单项指数采用 MAX 函数，例如"＝MAX（B3/B4，G3/G4）"能计算 $SO_2$ 指标项的空气质量指数。

评价城市年空气质量——函数 1

最大空气质量指数和空气质量综合指数分别使用 MAX 函数和 SUM 函数。

该城市的年评价结果见图 1-44。

评价城市年空气
质量——数据计算

### 3. 可视化年空气质量

可视化年空气质量所涉及的指标计算及图表主要参考国家和地区生态环境状况公报。

（1）空气质量指数类别分布　在 A 列输入空气质量指数类别，然后在单元格 B1 输入函数 "=COUNTIF（原始数据！K：K，A1）"，并拖拉至 B5 以统计空气质量指数各类别的天数。如图 1-45。

| | A | B | C | D | E | F | G | H | I | J | K | L |
|---|---|---|---|---|---|---|---|---|---|---|---|---|
| 1 | 年平均值 | SO₂ | NO₂ | PM10 | PM2.5 | 年百分位数 | SO₂-24h-98per | NO₂-24h-98per | PM₁₀-24h-98per | PM2.5 -24h-95per | CO-24h-95per | O₃-8h-90per |
| 2 | 计算值 | 7.476712 | 24.07123 | 39.83288 | 23.1726 | 计算值 | 14 | 52.72 | 86 | 45.8 | 1.1 | 157 |
| 3 | 修约值 | 7 | 24 | 40 | 23 | 修约值 | 14 | 53 | 86 | 46 | 1 | 157 |
| 4 | 二级标准 | 60 | 40 | 70 | 35 | 二级标准 | 150 | 80 | 150 | 75 | 4 | 160 |
| 5 | 超标倍数 | - | - | - | - | 超标倍数 | | | | | | |
| 6 | | | | | | | | | | | | |
| 7 | 日达标率 | SO2 | NO2 | CO | O3_8h | PM10 | PM2.5 | 总达标率 | | | | |
| 8 | 计算值 | 100 | 99.45205 | 100 | 90.9589 | 99.726027 | 99.45205479 | 90.95890411 | | | | |
| 9 | 修约值 | 100 | 99.5 | 100 | 91 | 99.7 | 99.5 | 91 | | | | |
| 10 | | | | | | | | | | | | |
| 11 | 单项指数 | SO2 | NO2 | CO | O3_8h | PM10 | PM2.5 | 最大指数 | 综合指数 | | | |
| 12 | 计算值 | 0.116667 | 0.6625 | 0.25 | 0.98125 | 0.5714286 | 0.657142857 | | | | | |
| 13 | 修约值 | 0.12 | 0.66 | 0.25 | 0.98 | 0.57 | 0.66 | 0.98 | 3.24 | | | |

图 1-44　年评价结果

| | A | B | C | D | E | F |
|---|---|---|---|---|---|---|
| 1 | 优 | 162 | | | | |
| 2 | 良 | 170 | | | | |
| 3 | 轻度污染 | 32 | | | | |
| 4 | 中度污染 | 1 | | | | |
| 5 | 重度污染 | 0 | | | | |

（图表 1　　=COUNTIF（原始数据!K:K,A1）

图 1-45　统计空气质量指数各类别的天数

框选 A1 至 B5，选择"插入"→"全部图表"，在饼状图中选择圆环图，然后按 HJ 633—2012 的颜色对环条的颜色进行修改，添加标签并设置好显示的格式，最后点击一下大图，修改图表中所有文字的格式，主要是字体类型。如图 1-46。

评价城市年空气
质量——环形图

（2）首要污染物比例分布　在 A 列输入首要污染物类别，然后在单元格 B20 输入函数 "=COUNTIF（原始数据！L：L，A20）/COUNTIF（原始数据！J:J,"＞50"）"，并拖拉至 B23 以统计各类首要污染物的天数比例。如图 1-47。

框选 A20 至 B23，选择"插入"→"全部图表"，在条形图中选择百分比例堆积条形图，然后右击图表"选择数据"，修改系列生成方向，修改轴标签类别名称，插入图例和标签，设置好标签显示的格式，调整标签的位置使显示完整，最后点击一下大图，修改图表中所有文字的格式，主要是字体类型。如图 1-48。

评价城市年空气
质量——条形图

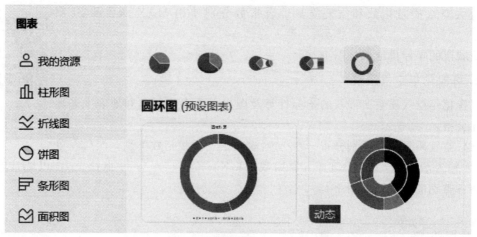

(a) 选择圆环图

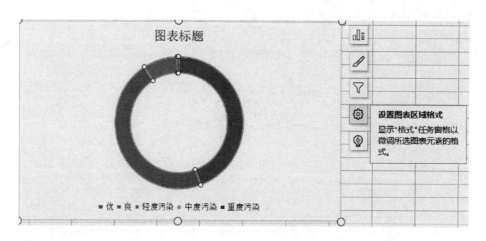

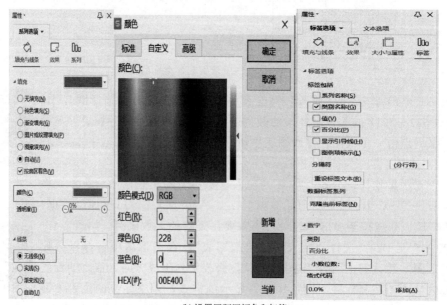

(b) 设置圆环图颜色和标签

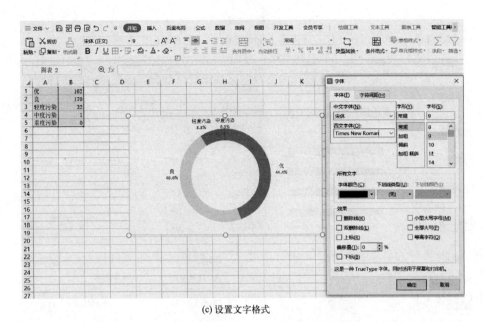

(c) 设置文字格式

图 1-46 空气质量指数类别分布图制作关键操作

| | B20 | | $f_x$ =COUNTIF(原始数据!L:L, A20)/COUNTIF(原始数据!J:J, ">50") |
|---|---|---|---|

| | A | B |
|---|---|---|
| 1 | 优 | 162 |
| 2 | 良 | 170 |
| 3 | 轻度污染 | 32 |
| 4 | 中度污染 | 1 |
| 5 | 重度污染 | 0 |
| 6 | | |
| 7 | | |
| 8 | | |
| 9 | | |
| 10 | | |
| 11 | | |
| 12 | | |
| 13 | | |
| 14 | | |
| 15 | | |
| 16 | | |
| 17 | | |
| 18 | | |
| 19 | | |
| 20 | $NO_2$ | 0.009569378 |
| 21 | $O_3\_8h$ | 0.866028708 |
| 22 | $PM_{10}$ | 0.057416268 |
| 23 | $PM_{2.5}$ | 0.066985646 |

图 1-47 统计各类首要污染物的天数比例

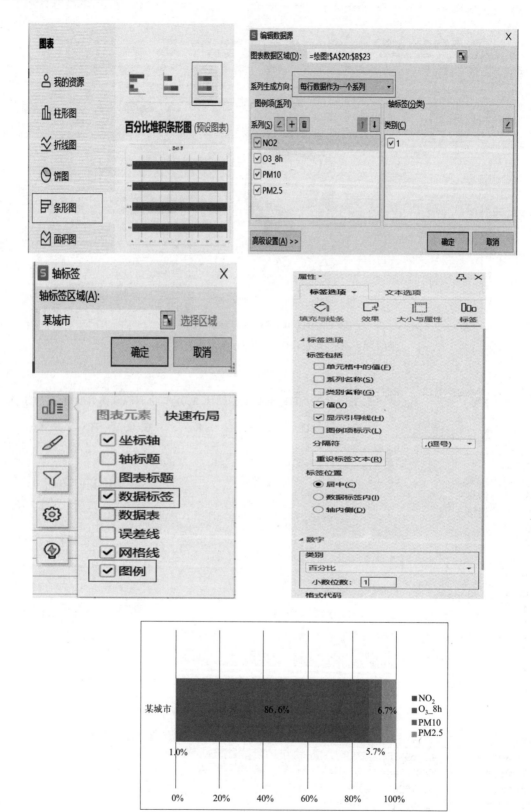

图 1-48  首要污染物比例分布图制作关键操作

（3）年评价浓度汇总图　把空气质量年评价浓度和二级标准限值通过"=空气质量年评价！B3"之类的函数引用到绘图工作表。注意，由于 CO 的浓度和二级标准限值都很低，需要添加"次要坐标轴"，因此添加了辅助数据组，除了 CO 浓度外其他数据浓度均设为 0。如图 1-49。

| B29 | | $f_x$ | =空气质量年评价!B3 | | | |
|---|---|---|---|---|---|---|
| ▲ | A | B | C | D | E | F | G |
| 25 | | | | | | | |
| 26 | | | | | | | |
| 27 | | | | | | | |
| 28 | | $SO_2$ | $NO_2$ | $PM_{10}$ | $PM_{2.5}$ | CO-24h-95 | $O_3$-8h-90per |
| 29 | 年浓度 | 7 | 24 | 40 | 23 | 1 | 157 |
| 30 | 二级标准 | 60 | 40 | 70 | 35 | 4 | 160 |
| 31 | 辅助1 | 0 | 0 | 0 | 0 | 1 | 0 |
| 32 | 辅助2 | 0 | 0 | 0 | 0 | 4 | 0 |

图 1-49　年评价浓度数据

框选 A28 至 G32，选择"插入"→"全部图表"，在组合图中选择簇状柱状图，其中辅助数据设置为"次坐标轴"，然后修改图表元素，删去"0"值标签。点击坐标轴和次坐标轴，在文本填充选择"无填充"，点击 CO 的柱通过取色器修改柱的颜色，修改图例位置，插入文本框，修改图表中所有文字的格式，主要是字体类型。如图 1-50。

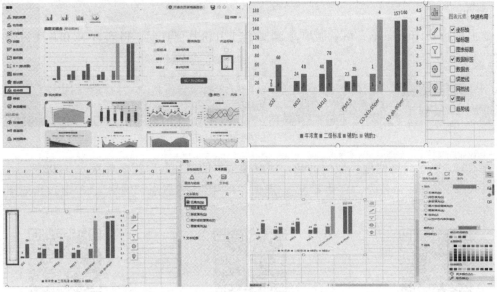

(a)插入柱状图并设置格式

图 1-50

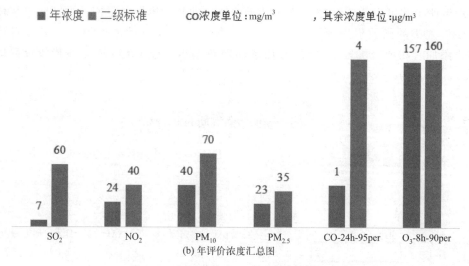

图 1-50　年评价浓度汇总图制作关键操作

## 六、制作空气质量日历

为了探索空气质量变化的时间序列，往往需要在日历中标出 AQI、首要污染物并根据评级着色。如图 1-51 所示。

首先，在单元格 C3 输入以下内容，查找 2020 年 1 月 1 日的 AQI 值：

"＝IFERROR（VALUE（VLOOKUP（DATEVALUE（＄B3＆＄B2＆C＄2），'2020年'！＄C：＄L，8，FALSE）），0）"。

在单元格 C4 输入以下内容，查找 2020 年 1 月 1 日的首要污染物：

"＝VLOOKUP（DATEVALUE（＄B3＆＄B2＆C＄2），'2020 年'！＄C：＄L，10，FALSE）"。

横向拖拉 C3 和 C4 单元格就能填充 2020 年 1 月份其他日期，得到 AQI 和首要污染物等信息。

WPS 制作空气质量日历视频

图 1-51　空气质量日历

在 C5、C6 单元格使用类似的语句，注意函数中的"2020"需要替换成"2021"。

插入命令按钮，命名为"自动着色"，点击"JS 宏"，然后点"编辑"。关键操作如图 1-52 所示。

制作空气质量日历——WPS 代码

Excel 制作空气质量日历

制作空气质量日历——Excel 代码

输入程序代码（详细内容扫描二维码制作空气质量日历——WPS 代码）。

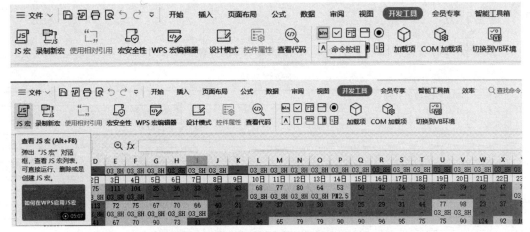

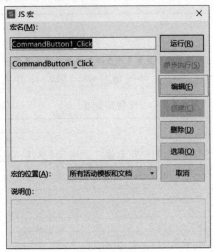

图 1-52 空气质量日历图制作关键操作

如果想在 Excel 中进行自动着色，可扫描二维码制作空气质量日历——Excel 代码查看程序代码。

## 任务决策

根据任务需求，按标准利用在线监测数据评价环境质量，并编写算法函数，形成自动化评价表格，填写任务决策单。

**任务决策单**

| 项目名称 | 环境监测数据管理 | | | | |
|---|---|---|---|---|---|
| 任务名称 | 数据评价 | | | 建议学时数 | 10 |
| 信息汇总 | | | | | |
| 评价详情 | 依据标准 | 评价指标 | 算法、函数 | 判定条件 | 备注 |
| | | | | | |
| | | | | | |
| | | | | | |
| | | | | | |
| 总结 | | | | | |

任务计划

根据任务决策过程中选定的方案，制订任务计划，填写任务计划单。

**任务计划单**

| 项目名称 | 环境监测数据管理 | | | |
|---|---|---|---|---|
| 任务名称 | 数据评价 | | 建议学时数 | 10 |
| 计划方式 | 分组讨论、资料收集、技能学习、制作表格等 | | | |
| 序号 | 任务 | | 时间 | 负责人 |
| 1 | | | | |
| 2 | | | | |
| 3 | | | | |
| 4 | | | | |
| 5 | | | | |
| 小组分工 | | | | |
| 计划评价 | | | | |

 任务实施

根据任务计划编制任务实施方案，并完成任务，填写任务实施单。

**任务实施单**

| 项目名称 | 环境监测数据管理 | | |
|---|---|---|---|
| 任务名称 | 数据评价 | 建议学时数 | 10 |
| 实施方式 | 分组讨论、资料收集、技能学习、编写函数、形成自动化评价表格等 | | |
| 序号 | 实施步骤 | | |
| 1 | | | |
| 2 | | | |
| 3 | | | |
| 4 | | | |
| 5 | | | |
| 6 | | | |

 任务检查与评价

完成任务后，进行任务检查，可采用小组互评等方式进行任务评价，任务评价单如下。

**任务评价单**

| 项目名称 | 环境监测数据管理 | | | | |
|---|---|---|---|---|---|
| 任务名称 | 数据评价 | | | | |
| 考核方式 | 过程考核、结果考核 | | | | |
| 说明 | 主要评价学生在项目学习过程中的操作方式、理论知识、学习态度、课堂表现、学习能力等 | | | | |
| 考核内容与评价标准 | | | | | |
| 序号 | 内容 | 评价标准 | | | 成绩比例/% |
| | | 优 | 良 | 合格 | |
| 1 | 基本理论掌握 | 完全理解相关标准和技术规范 | 熟悉相关标准和技术规范 | 了解相关标准和技术规范 | 30 |
| 2 | 实践操作技能 | 能够熟练编写函数，按标准要求完成环境质量评价表格，能够快速完成报告，报告内容完整、格式规范 | 能够较熟练地编写函数，按标准要求完成环境质量评价表格，能够较快地完成报告，报告内容完整、格式较规范 | 能够编写函数，按标准要求完成环境质量评价表格，能够参与完成报告，报告内容较完整 | 30 |

| 考核内容与评价标准 | | | | | |
|---|---|---|---|---|---|
| 序号 | 内容 | 评价标准 | | | 成绩比例/% |
| | | 优 | 良 | 合格 | |
| 3 | 职业核心能力 | 具有良好的自主学习能力和分析解决问题能力 | 具有较好的学习能力和分析解决问题能力 | 能较主动学习并收集信息,具备一定的分析解决问题能力 | 10 |
| 4 | 工作作风与职业道德 | 具有严谨的科学态度和工匠精神,能够严格遵守相关制度文件 | 具有良好的科学态度和工匠精神,能够自觉遵守相关制度文件 | 具有较好的科学态度和工匠精神,能够遵守相关制度文件 | 10 |
| 5 | 小组评价 | 具有良好的团队合作精神和沟通交流能力,热心帮助小组其他成员 | 具有较好的团队合作精神和人交流能力,能帮助小组其他成员 | 具有一定的团队合作精神,能配合小组完成项目任务 | 10 |
| 6 | 教师评价 | 包括以上所有内容 | 包括以上所有内容 | 包括以上所有内容 | 10 |
| 合计 | | | | | 100 |

 教学反馈

完成任务后,进行教学任务反馈,填写教学反馈单。

教学反馈单

| 项目名称 | 环境监测数据管理 | | | |
|---|---|---|---|---|
| 任务名称 | 数据评价 | | 建议学时数 | 10 |
| 序号 | 调查内容 | | 是/否 | 反馈意见 |
| 1 | 知识点是否讲解清楚 | | | |
| 2 | 操作是否规范 | | | |
| 3 | 解答是否及时 | | | |
| 4 | 重难点是否突出 | | | |
| 5 | 课堂组织是否合理 | | | |
| 6 | 逻辑是否清晰 | | | |
| 本次任务的兴趣点 | | | | |
| 本次任务的成就点 | | | | |
| 本次任务的疑虑点 | | | | |

 测试题

**一、简答题**

GB 3095—2012 如何划分环境空气功能区,分别适用哪种限值?

**二、填空题**

1. 根据 HJ 633—2012 空气质量指数分为____个级别。

2. GB 3838—2002 依据地表水水域环境功能和保护目标,按功能高低依次划分为_____类水域。

3. 根据 HJ 663—2013,空气质量评价方法分为_____和_____。

4. 变化趋势评价适用于评价污染物浓度或环境空气质量综合状况在多个连续时间周期内的

变化趋势，采用_____评价。

5. 在判定测定值或其计算值是否符合标准要求时，应将测试所得的测定值或其计算值与标准规定的极限数值作比较，比较的方法可采用_____和_____。

### 三、判断题

1. 污染物年评价达标是指该污染物年平均浓度（CO 和 $O_3$ 除外）和特定的百分位数浓度同时达标。（　　）

2. 评价时段内，断面水质为"良好"时，需要评价主要污染指标。（　　）

3. 河流、流域（水系）的断面总数在 5 个（含 5 个）以上时不作平均水质类别的评价。（　　）

4. 对同样的极限数值，若它本身符合要求，则全数值比较法比修约值比较法相对较严格。（　　）

5. WPS 中只能通过调整原始数据的有效数字位数来调整图表标签的有效数字位数。（　　）

# 任务七　数据质量监督

 ## 任务描述

小明在数据质量监督岗位上每天需要排查公司内部是否存在数据管理过程中的失范、违法行为，保障公司所公布的数据都是规范、公正、可靠的。

 ## 任务要求

根据任务单要求进行任务计划及实施。

 ## 任务单

根据任务描述，本任务需要排查公司内部是否存在数据管理过程中的失范、违法行为。具体任务要求可参照任务单。

**任务单**

| 项目名称 | 环境监测数据管理 |
|---|---|
| 任务名称 | 数据质量监督 |

**任务要求**

1. 任务开展要求：
(1)分组讨论任务实施方案，每组 3~5 人；
(2)所需资料自行收集。
2. 完成环境监测数据管理过程中的过程材料的收集与整理。
3. 提交排查报告并汇报

**任务准备**

1. 知识准备：
(1)《环境监测数据弄虚作假行为判定及处理办法》(环发〔2015〕175 号)；
(2)数据管理涉及的相关标准及技术规范。
2. 工具及设备支持：
计算机

续表

工作步骤

1. 小组讨论分工。
2. 小组合作完成环境监测数据管理过程中的过程材料的收集与整理。
3. 小组合作完成相关案例的收集和判断结论的商定。
4. 小组分工完成报告的编写。
5. 小组分工完成汇报 PPT 的编制

总结与提高

1. 自我总结
(1)请对每个组员的工作作风进行相互评价；
(2)请分析组内分工的合理性。
2. 拓展提高
通过提交报告,进一步明确报告编写的规范性

 **任务资讯**

## 一、《环境监测数据弄虚作假行为判定及处理办法》

**第一条** 为保障环境监测数据真实准确,依法查处环境监测数据弄虚作假行为,依据《中华人民共和国环境保护法》和《生态环境监测网络建设方案》（国办发〔2015〕56 号）等有关法律法规和文件,结合工作实际,制定本办法。

**第二条** 本办法所称环境监测数据弄虚作假行为,系指故意违反国家法律法规、规章等以及环境监测技术规范,篡改、伪造或者指使篡改、伪造环境监测数据等行为。

本办法所称环境监测数据,系指按照相关技术规范和规定,通过手工或者自动监测方式取得的环境监测原始记录、分析数据、监测报告等信息。

本办法所称环境监测机构,系指县级以上环境保护主管部门所属环境监测机构、其他负有环境保护监督管理职责的部门所属环境监测机构以及承担环境监测工作的实验室与从事环境监测业务的企事业单位等其他社会环境监测机构。

**第三条** 本办法适用于以下活动中涉及的环境监测数据弄虚作假行为:

（一）依法开展的环境质量监测、污染源监测、应急监测；

（二）监管执法涉及的环境监测；

（三）政府购买的环境监测服务或者委托开展的环境监测；

（四）企事业单位依法开展或者委托开展的自行监测；

（五）依照法律、法规开展的其他环境监测行为。

**第四条** 篡改监测数据,系指利用某种职务或者工作上的便利条件,故意干预环境监测活动的正常开展,导致监测数据失真的行为,包括以下情形:

（一）未经批准部门同意,擅自停运、变更、增减环境监测点位或者故意改变环境监测点位属性的；

（二）采取人工遮挡、堵塞和喷淋等方式,干扰采样口或周围局部环境的；

（三）人为操纵、干预或者破坏排污单位生产工况、污染源净化设施,使生产或污染状况不符合实际情况的；

（四）稀释排放或者旁路排放,或者将部分或全部污染物不经规范的排污口排放,逃避自动监控设施监控的；

（五）破坏、损毁监测设备站房、通信线路、信息采集传输设备、视频设备、电力设备、空调、风机、采样泵、采样管线、监控仪器或仪表以及其他监测监控或辅助设施的；

（六）故意更换、隐匿、遗弃监测样本或者通过稀释、吸附、吸收、过滤、改变样本保存条件等方式改变监测样本性质的；

（七）故意漏检关键项目或者无正当理由故意改动关键项目的监测方法的；

（八）故意改动、干扰仪器设备的环境条件或运行状态或者删除、修改、增加、干扰监测设备中存储、处理、传输的数据和应用程序，或者人为使用试剂、标样干扰仪器的；

（九）未向环境保护主管部门备案，自动监测设备暗藏可通过特殊代码、组合按键、远程登录、遥控、模拟等方式进入不公开的操作界面对自动监测设备的参数和监测数据进行秘密修改的；

（十）故意不真实记录或者选择性记录原始数据的；

（十一）篡改、销毁原始记录，或者不按规范传输原始数据的；

（十二）对原始数据进行不合理修约、取舍，或者有选择性评价监测数据、出具监测报告或者发布结果，导至评价结论失真的；

（十三）擅自修改数据的；

（十四）其他涉嫌篡改监测数据的情形。

第五条　伪造监测数据，系指没有实施实质性的环境监测活动，凭空编造虚假监测数据的行为，包括以下情形：

（一）纸质原始记录与电子存储记录不一致，或者谱图与分析结果不对应，或者用其他样品的分析结果和图谱替代的；

（二）监测报告与原始记录信息不一致，或者没有相应原始数据的；

（三）监测报告的副本与正本不一致的；

（四）伪造监测时间或者签名的；

（五）通过仪器数据模拟功能，或者植入模拟软件，凭空生成监测数据的；

（六）未开展采样、分析，直接出具监测数据或者到现场采样、但未开设烟道采样口，出具监测报告的；

（七）未按规定对样品留样或保存，导致无法对监测结果进行复核的；

（八）其他涉嫌伪造监测数据的情形。

第六条　涉嫌指使篡改、伪造监测数据的行为，包括以下情形：

（一）强令、授意有关人员篡改、伪造监测数据的；

（二）将考核达标或者评比排名情况列为下属监测机构、监测人员的工作考核要求，意图干预监测数据的；

（三）无正当理由，强制要求监测机构多次监测并从中挑选数据，或者无正当理由拒签上报监测数据的；

（四）委托方人员授意监测机构工作人员篡改、伪造监测数据或者在未作整改的前提下，进行多家或多次监测委托，挑选其中"合格"监测报告的；

（五）其他涉嫌指使篡改、伪造监测数据的情形。

第七条　环境监测机构及其负责人对监测数据的真实性和准确性负责。

负责环境自动监测设备日常运行维护的机构及其负责人按照运行维护合同对监测数据承担责任。

第八条　地市级以上人民政府环境保护主管部门负责调查环境监测数据弄虚作假行为。地市级以上人民政府环境保护主管部门应定期或者不定期组织开展环境监测质量监督检查，发现环境监测数据弄虚作假行为的，应当依法查处，并向上级环境保护主管部门报告。

第九条　对干预环境监测活动，指使篡改、伪造监测数据的行为，相关人员应如实记录。任何单位和个人有权举报环境监测数据弄虚作假行为，接受举报的环境保护主管部门应当为举报人保密，对能提供基本事实线索或相关证明材料的举报，应当予以受理。

第十条　负责调查的环境保护主管部门应当通报环境监测数据弄虚作假行为及相关责任人，记入社会诚信档案，及时向社会公布。

第十一条　环境保护主管部门发现篡改、伪造监测数据，涉及目标考核的，视情节严重程度将考核结果降低等级或者确定为不合格，情节严重的，取消授予的环境保护荣誉称号；涉及县域生态考核的，视情节严重程度，建议国务院财政主管部门减少或者取消当年中央财政资金转移支付；涉及《大气污染防治行动计划》《水污染防治行动计划》排名的，分别以当日或当月监测数据的历史最高浓度值计算排名。

第十二条　社会环境监测机构以及从事环境监测设备维护、运营的机构篡改、伪造监测数据或出具虚假监测报告的，由负责调查的环境保护主管部门将该机构和涉及弄虚作假行为的人员列入不良记录名单，并报上级环境保护主管部门，禁止其参与政府购买环境监测服务或政府委托项目。

第十三条　监测仪器设备应当具备防止修改、伪造监测数据的功能，监测仪器设备生产及销售单位配合环境监测数据造假的，由负责调查的环境保护部主管部门通报公示生产厂家、销售单位及其产品名录，并上报环境保护部，将涉嫌弄虚作假的单位列入不良记录名单，禁止其参与政府购买环境监测服务或政府委托项目，对安装在企业的设备不予验收、联网。

第十四条　国家机关工作人员篡改、伪造或指使篡改、伪造监测数据的，由负责调查的环境保护主管部门提出建议，移送有关任免机关或监察机关依据《行政机关公务员处分条例》和《事业单位工作人员处分暂行规定》的有关规定予以处理。

第十五条　党政领导干部指使篡改、伪造监测数据的，由负责调查的环境保护主管部门提出建议，移送有关任免机关或监察机关依据《党政领导干部生态环境损害责任追究办法（试行）》的有关规定予以处理。

第十六条　环境监测数据弄虚作假行为构成违法的，按照有关法律法规的规定处理。

第十七条　本办法由国务院环境保护主管部门负责解释。

第十八条　本办法自 2016 年 1 月 1 日起实施。

## 二、案例分析

### 1. 擅自断开数采仪通信连接

2021 年 11 月 10 日，执法人员对某焦化公司 1 号焦炉站房在线监控设备、1 号焦炉脱硫脱硝中控室进行现场检查。经调阅 1 号焦炉站房数采仪历史数据显示，2021 年 6 月 11 日 19 时 23 分至 6 月 12 日 1 时 33 分数据空缺。

经调阅 1 号焦炉数采仪运行日志显示，2021 年 6 月 11 日 19 时 22 分数采仪与分析仪连接断开，至 6 月 12 日 1 时 32 分数采仪与分析仪重新连接，期间无数据上传。执法人员调阅 1 号焦炉脱硫脱硝设施 DCS 相关参数历史数据和 1# 脱硝运行记录表显示，2021 年 6 月 11 日 20 时 30 分至 2021 年 6 月 12 日 2 时 30 分，1 号焦炉脱硫脱硝设施停运。查阅炼焦车间

2021 年 6 月 11 日 1 号焦炉中班和 2021 年 6 月 12 日夜班 1♯炉排推焦计划表显示，在 1 号焦炉脱硫脱硝设施停运期间焦炉正常生产，共出焦 14 炉。1 号焦炉脱硫脱硝设施停运期间生产废气中的二氧化硫和氮氧化物两种污染物未经处理直接排放。上述行为均未向生态环境部门报告，属于通过逃避监管的方式排放大气污染物的行为。

处理结果：罚款人民币 83.125 万元。

### 2. 全程校准记录与历史数据不一致

2021 年 6 月 25 日执法人员对某钢铁有限公司自动监控设施进行现场检查。执法人员现场调阅该单位 265m² 烧结机自动监控设施《烟气自动监测设备日常巡检维护记录本》和数采仪历史记录发现，维护记录中 2020 年 12 月 18 日气态污染物 CEMS 全系统校准设备一氧化氮标气响应时间与数采仪历史记录不一致（一氧化氮标气浓度为 141mg/m³）。数采仪历史数据显示一氧化氮设备全系统校准响应时间为 2020 年 12 月 18 日 14 时 07 分至 14 时 14 分（由 0.16mg/m³ 升至 132.39mg/m³），标定响应时间为 480s，而现场维护记录填写全系统校准响应时间为 179s，不符合《固定污染源烟气（$SO_2$、$NO_x$、颗粒物）排放连续监测技术规范》（HJ 75—2017）中响应时间≤200s 的要求，同时不符合《固定污染源烟气（$SO_2$、$NO_x$、颗粒物）排放连续监测技术规范》（HJ 75—2017）12.2.1 "超期未校准、失控时段数据按照本标准 12.2.3 处理。"12.2.3 "CEMS 系统数据失控时段污染物排放量按照表 5 进行修约"的要求；265m² 烧结机站点自 2020 年 12 月 18 日至 2021 年 3 月 31 日未进行全系统校准，不符合《固定污染源烟气（$SO_2$、$NO_x$、颗粒物）排放连续监测技术规范》（HJ 75—2017）11.2 定期校准 e）"抽取式气态污染物 CEMS 每 3 个月至少进行一次全系统校准"的要求；球团自动监控设施采用♯♯♯品牌♯♯♯—900C 型连续监测系统，该仪器校准期间数据无法上传到数采仪，同时不具备全系统校准期间设备回零时间显示功能，但该点位《烟气自动监测设备日常巡检维护记录本》中均记录了每次日常巡检和全系统校准回零时间，不符合《固定污染源烟气（$SO_2$、$NO_x$、颗粒物）排放连续监测技术规范》（HJ 75—2017）10.2 日常巡检 "CEMS 运维单位应根据本标准和仪器使用说明中的相关要求制订巡检规程，并严格按照规程开展日常巡检工作并做好记录。"的要求。

2021 年 6 月 29 日，相关部门向该单位下达责令改正违法行为决定书。

处理结果：罚款人民币 11 万元。

### 3. 皮托管系数设置与实际不符

2021 年 6 月 25 日执法人员对某钢铁有限公司自动监控设施进行现场检查。经调阅该单位 1 号烧结机机尾自动监控设施数采仪历史参数设置，发现 2021 年 6 月 23 日之前皮托管系数设置为 0.830，与污染源自动监控信息表中的皮托管系数 0.850 不符，不符合《固定污染源烟气（$SO_2$、$NO_x$、颗粒物）排放连续监测技术规范》（HJ 75—2017）12.1.3 "排污单位应在每个季度前五个工作日对上个季度的 CEMS 数据进行审核，确认上季度所有分钟、小时数据均按照附录 H 的要求正确标记"[附录 H H.5 系统运行参数：日期、时间、地点、污染源排放口的尺寸和截面积、污染物测量量程、超标报警值、皮托管系数以及过量空气系数（基准含氧量）等]的要求；现场调阅 1 号、2 号烧结机机头自动监测设备《烟气自动监测设备日常巡检维护记录本》和 1 号、2 号烧结机数采仪历史记录发现，维护记录中 4 月 20 日气态污染物 CEMS 全流路校准设备回零时间、标气响应时间与数采仪历史记录不一致。

校准期间停产，监测设备实际监测为空气数据，设备回零采用空气进行，数采仪数据前后无变化，现场实际无法确定回零时间，但现场记录 $SO_2$ 和 NO 回零时间分别为 54s 和 59s，不符合《固定污染源烟气（$SO_2$、$NO_x$、颗粒物）排放连续监测技术规范》（HJ75—2017）10.2 日常巡检"CEMS 运维单位应根据本标准和仪器使用说明中的相关要求制定巡检规程，并严格按照规程开展日常巡检工作并做好记录。"的要求。

数采仪历史数据显示二氧化硫设备校准时间段为 2021 年 4 月 20 日 9 时 46 分至 9 时 52 分（由 $2.86mg/m^3$ 上升至 $74.3mg/m^3$），合计时间为 360s，而现场维护记录填写标气响应时间为 129s，且未进行修约，不符合《固定污染源烟气（$SO_2$、$NO_x$、颗粒物）排放连续监测技术规范》（HJ 75—2017）要求中响应时间≤200s 的要求，同时不符合《固定污染源烟气（$SO_2$、$NO_x$、颗粒物）排放连续监测技术规范》（HJ 75—2017）12.2.1"超期未校准、失控时段数据按照本标准 12.2.3 处理。"12.2.3"CEMS 系统数据失控时段污染物排放量按照表 5 进行修约"的要求。2021 年 6 月 29 日，相关部门向该单位下达责令改正违法行为决定书。

处理结果：罚款人民币 11 万元。

 ## 任务决策

根据任务需求，需要收集完整的过程记录，并对比记录和数据不一致的部分，完成排查报告，填写任务决策单。

**任务决策单**

| 项目名称 | 环境监测数据管理 | | | | |
|---|---|---|---|---|---|
| 任务名称 | 数据质量监督 | | 建议学时数 | | 2 |
| 案例汇总 | | | | | |
| 案例详情 | 数据环节 | 记录环节 | 其他佐证 | 失范、违规内容 | 备注 |
| | | | | | |
| | | | | | |
| | | | | | |
| 总结 | | | | | |

 ## 任务计划

根据任务决策过程中选定的方案，制订任务计划，填写任务计划单。

**任务计划单**

| 项目名称 | 环境监测数据管理 | | |
|---|---|---|---|
| 任务名称 | 数据质量监督 | 建议学时数 | 2 |
| 计划方式 | 分组讨论、资料收集、技能学习等 | | |
| 序号 | 任务 | 时间 | 负责人 |
| 1 | | | |
| 2 | | | |
| 3 | | | |
| 4 | | | |
| 5 | | | |
| 小组分工 | | | |
| 计划评价 | | | |

**任务实施**

根据任务计划编制任务实施方案，并完成任务，填写任务实施单。

**任务实施单**

| 项目名称 | 环境监测数据管理 | | |
|---|---|---|---|
| 任务名称 | 数据质量监督 | 建议学时数 | 2 |
| 实施方式 | 分组讨论、资料收集、技能学习等 | | |
| 序号 | 实施步骤 | | |
| 1 | | | |
| 2 | | | |
| 3 | | | |
| 4 | | | |
| 5 | | | |
| 6 | | | |

 **任务检查与评价**

完成任务后，进行任务检查，可采用小组互评等方式进行任务评价，任务评价单如下。

**任务评价单**

| 项目名称 | 环境监测数据管理 | | |
|---|---|---|---|
| 任务名称 | 数据质量监督 | | |
| 考核方式 | 过程考核、结果考核 | | |
| 说明 | 主要评价学生在项目学习过程中的操作方式、理论知识、学习态度、课堂表现、学习能力等 | | |

| 考核内容与评价标准 | | | | | |
|---|---|---|---|---|---|
| 序号 | 内容 | 评价标准 | | | 成绩比例/% |
| | | 优 | 良 | 合格 | |
| 1 | 基本理论掌握 | 完全理解相关标准和技术规范 | 熟悉相关标准和技术规范 | 了解相关标准和技术规范 | 30 |
| 2 | 实践操作技能 | 能够熟练排查公司内部是否存在数据管理过程中的失范、违法行为，能够快速完成报告，报告内容完整、格式规范 | 能够较熟练地排查公司内部是否存在数据管理过程中的失范、违法行为，能够较快地完成报告，报告内容完整、格式较规范 | 能够排查公司内部是否存在数据管理过程中的失范、违法行为，能够参与完成报告，报告内容较完整 | 30 |
| 3 | 职业核心能力 | 具有良好的自主学习能力和分析解决问题能力 | 具有较好的学习能力和分析解决问题能力 | 能主动学习并收集信息，具备一定的分析解决问题能力 | 10 |
| 4 | 工作作风与职业道德 | 具有严谨的科学态度和工匠精神，能够严格遵守相关制度文件 | 具有良好的科学态度和工匠精神，能够自觉遵守相关制度文件 | 具有较好的科学态度和工匠精神，能够遵守相关制度文件 | 10 |
| 5 | 小组评价 | 具有良好的团队合作精神和沟通交流能力，热心帮助小组其他成员 | 具有较好的团队合作精神和与人交流能力，能帮助小组其他成员 | 具有一定的团队合作精神，能配合小组完成项目任务 | 10 |
| 6 | 教师评价 | 包括以上所有内容 | 包括以上所有内容 | 包括以上所有内容 | 10 |
| 合计 | | | | | 100 |

**教学反馈**

完成任务后，进行教学任务反馈，填写教学反馈单。

**教学反馈单**

| 项目名称 | 环境监测数据管理 | | |
|---|---|---|---|
| 任务名称 | 数据质量监督 | 建议学时数 | 2 |
| 序号 | 调查内容 | 是/否 | 反馈意见 |
| 1 | 知识点是否讲解清楚 | | |
| 2 | 操作是否规范 | | |
| 3 | 解答是否及时 | | |
| 4 | 重难点是否突出 | | |
| 5 | 课堂组织是否合理 | | |
| 6 | 逻辑是否清晰 | | |
| 本次任务的兴趣点 | | | |
| 本次任务的成就点 | | | |
| 本次任务的疑虑点 | | | |

 **测试题**

**一、判断题**

1. 纸质原始记录与电子存储记录不一致，或者谱图与分析结果不对应，或者用其他样本的分析结果和图谱替代的行为属于篡改监测数据的行为。（　　　）

2. 接受举报的环境保护主管部门应当公开举报人及其提供基本事实线索或相关证明材料。（　　　）

**二、论述题**

结合案例，谈谈数据采集仪在数据质量监督中的作用。

# 环境监测数据挖掘

 学习目标

| 知识目标 | 1. 掌握数据挖掘岗的工作方法和技能，能根据客户要求完成数据抽样、数据描述、假设检验、相关性分析和回归分析等任务；<br>2. 理解总体和样本的概念、抽样调查的方法、数据的类型、数据分布的类型、假设检验基本原理、变量之间的关系、相关性的表示方法、回归决定系数；<br>3. 熟悉数据的集中趋势和离散程度的表达方式、正态性检验、参数检验、非参数检验、相关系数的假设检验、直线型回归、非直线型回归；<br>4. 了解数据挖掘相关新技术 |
|---|---|
| 能力目标 | 能绘制臭氧超标日和臭氧不超标日臭氧浓度小时变化特征图、描述给定时间段 12:00 时臭氧浓度特征、WPS 进行参数检验和非参数检验、WPS 进行相关性分析、WPS 进行一元线性回归和多元线性回归 |
| 素质目标 | 1. 培养数据安全意识、严谨的科学态度和精益求精的工匠精神；<br>2. 提升与人交流、与人合作、信息处理的能力 |

## 引导案例

小明经过一段时间在数据管理岗位的锻炼后，被提拔到环境监测数据挖掘部门，需要运用统计学等专业知识对数据进行深入分析，结合相关科学原理挖掘数据的逻辑，为环境管理政策制定、措施落地等提供技术支持。

小明在工作中发扬创造精神和斗争精神，积极应用国产数据处理及分析工具，保障了数据安全，提高了决策的精准度，得到客户和领导的肯定。

## 任务一 数据抽样

## 任务描述

领导让小明对比一下臭氧超标日和臭氧不超标日的臭氧 1h 平均浓度变化特征，观察变化规律。

 **任务要求**

根据任务单要求进行任务计划及实施。

 **任务单**

根据任务描述，本任务需要对臭氧超标日和不超标日的臭氧 1h 平均浓度变化特征进行分析。具体任务要求可参照任务单。

任务单

| 项目名称 | 环境监测数据挖掘 |
|---|---|
| 任务名称 | 数据抽样 |

**任务要求**

1. 任务开展要求：
(1)分组讨论任务实施方案，每组 3～5 人；
(2)所需资料自行收集。
2. 完成相关数据收集与整理。
3. 提交臭氧超标日和臭氧不超标日臭氧浓度小时变化特征报告并汇报

**任务准备**

1. 知识准备：
(1)样本和总体相关知识；
(2)抽样调查相关知识；
(3)《生态环境统计技术规范 排放源统计》(HJ 772—2022)。
2. 工具及设备支持：
计算机

**工作步骤**

1. 小组讨论分工。
2. 小组合作完成相关数据的收集与整理。
3. 小组合作完成图表样式以及特征分析结论的商定。
4. 小组分工完成报告的编写。
5. 小组分工完成汇报 PPT 的编制

**总结与提高**

1. 自我总结：
(1)请对每个组员的工作作风进行相互评价；
(2)请分析组内分工的合理性。
2. 拓展提高：
通过提交报告，进一步明确报告编写的规范性

 **任务资讯**

在调查过程中，可以利用数据的全体进行分析，但由于数据采集过程中具有破坏性

（如测试灯泡寿命）或分析成本过高（算力、时间等有限），往往采用抽样调查代替普查。

## 一、总体和样本

根据研究目的确定的同质研究对象的全体（集合）称为总体，包括有限总体和无限总体。

从总体中随机抽取的部分观察单位称为样本，样本包含的观察单位数量称为样本容量或样本大小。

如为了解某地区 10～15 岁儿童血钙水平，随机选取该地区 3000 名 10～15 岁儿童进行血钙检测，则总体为该地区所有 10～15 岁儿童的血钙检测值，样本为所选取 3000 名儿童的血钙检测值，样本容量为 3000 例。

抽样统计的基本过程是先从总体中抽取部分个体组成样本，再对样本数据进行统计分析，最后以样本结果来推测总体情况。在这个"总体→样本→总体"的过程中，体现了抽样统计的核心思想方法——用样本估计总体。为此，样本需要满足以下两点要求：

### 1. 代表性

样本的代表性，就是样本与总体的一致性，而这种一致性在本质上是指样本的频率分布与总体分布的一致，它表现为样本与总体在数据结构上的相似。最理想的状态就是样本与总体的唯一差异仅在于数据的数量，在此情况下，所有与个数无关的特征可以由样本直接照搬到总体，凡与个数有关的特征也只需要从样本按比例折算到总体。简单地说，如果样本能很好地代表总体，那么样本的特征就可以当作是总体的特征，即样本的平均数、方差等统计特征与总体的参数特征一样。

### 2. 随机性

样本来自于总体，是总体的一部分，但未必能反映总体特征，只有保证样本来自于总体的所有可能部分，也就是只有保证样本中的每一个个体在总体中被抽取的机会是均等的，不至于出现倾向性误差时，样本才能用于估算总体特征。这就是样本的随机性要求。

## 二、抽样调查

抽样调查分为概率抽样和非概率抽样（典型抽样）。概率抽样包括简单随机抽样、分层随机抽样和系统抽样，非概率抽样包括方便抽样、判断抽样、定额抽样和雪球抽样（表 2-1）。

表 2-1　生态环境调查抽样方法统计

| 抽样方法 | 说明 | 案例 |
|---|---|---|
| 简单随机抽样 | 从总体中逐个抽取，每个抽样单元被抽中的概率相同 | 250m×250m 网格覆盖研究区域，随机抽取单元格 |
| 分层随机抽样 | 将总体分成互不相交的层，然后按照一定的比例，从各层独立地抽取一定数量的个体 | 分成与人口密度相对应的城市核心区、次城市区和城市边缘区，在每个研究区内抽取 40 个地块样本 |
| 系统抽样 | 将总体先按一定的顺序排列、编号，按一定间隔选择被调查的单位个体。 | 200m×200m 网格覆盖，获取网格的交叉点，对所有交叉点进行采样 |
| 定额抽样 | 将总体依某种标准分层（群），然后按照一定比例主观抽取样本 | 60 个城市 7 种栖息地，每个城市的每种生境中抽取具代表性的 1hm² 地块 |

续表

| 抽样方法 | 说明 | 案例 |
|---|---|---|
| 判断抽样 | 从总体中选择那些被判断为最能代表总体的单位作样本 | 由城市绿地主管部门选择,设定标准,逐一排除 |
| 方便抽样 | 样本限于总体中易于抽到的一部分 | 机构成员、公众自愿提供。预先发放传单,根据回应率选择调查社区 |
| 雪球抽样 | 根据随机抽取的少量样本所形成的线索确定实际调查样本 | 根据前人研究涉及的样本额外添加其他可供选择的样本。随机选点,调查离样点最近的 3 种规模的私人花园和 2 种规模的共享住宅花园 |

根据研究的规模和目的,不同抽样方法的优缺点各不相同。就统计意义而言,基于概率抽样抽取的样本对总体的代表性都是有保证的,非概率抽样易掺入主观的成分,且不能计算抽样误差,在实际操作中不好掌握。需要注意的是,在实际应用中常常组合使用不同抽样方法以满足具体的调查需求。

简单随机抽样是概率抽样中最基本的一种抽样方法,其理论研究也最为成熟。但用于生态环境调查具有一些缺点,一方面因为样点可能落在难以进入或不可进入的区域,空间上的分散性也延长了采样所需时间;另一方面城市绿地中的植物主要受功能定位制约,分布极不均匀,可能留下大片未采样区域。

系统抽样一般是在不同类型的网格上进行,最常采用的是方形网格。具体操作时将一个研究区域划分成大小相等的矩形网格,这样 N 个样本就可以从网格的中心、随机点或网格线的中间部分、交叉点等位置获取。系统抽样最主要的优点是操作简单,能缩短现场定位的时间。另外有研究证明在排序和梯度研究中,系统抽样不仅在工作和时间上比其他方式更有效,而且在物种与环境相关性方面也取得了更好的结果。其缺点是精度估计比较困难,事实上许多行之有效的系统抽样并不是严格的概率抽样。

分层抽样是国内外城市植被调查中应用最为普遍的抽样技术。根据研究规模、目的和内容的不同,分层依据灵活多变(表 2-2)。分层抽样能提供来自不同分层截面的代表性样本,适用于既要对总体参数进行估计,也需要对各层参数估计的情形。它的优点是组织实施比较方便,样本散布也比较均匀。但是,如果分层的依据不科学,或者随机性及抽样量没有满足要求,同样会使抽样结果的代表性和精度降低。

表 2-2　分层抽样的依据

| 类型 | 分层依据 | 研究内容 |
|---|---|---|
| 按生境特点分层 | 绿地类型、受干扰情况、景观类型 | 外来物种和生境类型对城市植物群落系统发育多样性的影响,城市边缘区建筑垃圾对植被群落的影响 |
| 按社会经济特点分层 | 住房密度、人口收入、住房年龄、城市化阶段、城乡梯度 | 社会经济和植被时空格局变化的关系,园林植物组成和物种丰富度的决定因素 |
| 按斑块特点分层 | 面积大小、森林覆盖率 | 森林规模、邻近土地利用和与边缘距离对林下植物物种丰富度和组成的影响 |
| 按管理特点分层 | 灌溉方案、修剪频率 | 植物种类组成、叶片质量和城市景观类型的估计生物排放量 |
| 按空间位置分层 | 街区、流域 | 城市庭院植物多样性、组成和结构的均匀化。城市、郊区和乡村溪流沿岸的木本植物群落研究 |

非概率抽样适用于对调查范围内的植被已有初步了解的情况下，进一步在此基础上选择具有代表性的调查样地。定额抽样与分层抽样类似，都需要将总体依某种标准分层，区别在于前者在分层后人为抽取典型样本，可视为分层抽样和判断抽样的结合。方便抽样保证了抽取样本的可调查性，但调查样本的代表性差。当需要对特定地区植物生长变化进行研究时，雪球抽样是不错的选择。

## 三、生态环境统计调查

### 1. 调查设计

（1）调查内容　包括各类排放源的污染物/温室气体产生、治理、排放等情况。

（2）调查范围　包括工业源、农业源、生活源、移动源，以及实施污染物集中处理（置）的污水处理单位、生活垃圾处理单位、危险废物（医疗废物）集中处理（置）单位等。

（3）调查对象　分为基本调查单位和综合调查单位。

① 基本调查单位　基本调查单位根据以下原则确定：

a. 比例筛选原则　以最新的全国污染源普查数据库、全国排污许可证管理信息平台数据库等为总体，按个体单位的重点统计指标值降序排列，筛选出累积到一定比例的个体单位确定为基本调查单位，并定期动态更新。

b. 规模值原则　重点统计指标值超过一定规模值的个体单位确定为基本调查单位。规模值由组织调查的生态环境主管部门确定。

c. 重点性原则　参照重点排污单位、排污许可重点管理单位名录等将相关个体单位确定为基本调查单位。

d. 稳定性原则　基本调查单位筛选比例、筛选规模值以及调查单位数量等应保持相对稳定，避免数据时间序列断层和突变，保证统计数据稳定可比。

基本调查单位每年调整一次，并按以下要求进行调整：

a. 新增基本调查单位　符合基本调查单位确定原则的所有当年新、改（扩）建单位，以及因其他原因上年未确定为基本调查单位的，将其新增为基本调查单位。组织调查的生态环境主管部门可根据管理需求新增基本调查单位。

b. 移除基本调查单位　当原有基本调查单位因关闭（指主要生产设施拆除等不具备恢复生产能力）、实施清洁生产改造或其他原因，不再满足基本调查单位确定原则时，将其从基本调查单位中移除。

② 综合调查单位　根据调查目的、调查范围和数据可获取性等，由组织调查的生态环境主管部门确定。

（4）调查频次及时间　调查分为年度调查和季度调查等，具体根据统计调查制度确定。

年度调查周期为一年，调查时间为1月1日至12月31日，调查频次为每年一次。季度调查周期为一个季度，调查频次为每季度一次。

（5）调查方法　按照《排放源统计调查制度》中规定的调查方法开展调查。常用的调查方法有全面调查、重点调查和抽样调查等。根据调查对象特点，选用不同的调查方法。

全面调查是对构成调查对象总体的所有单位进行逐家调查。

重点调查是在调查对象中选择部分单位进行调查。

抽样调查是从调查对象中随机抽取部分样本单位进行调查，获取样本单位数据，并据以推断总体情况。

（6）调查指标

① 基本调查单位指标

a. 基础信息指标　包括调查对象名称、统一社会信用代码、位置、类型、规模、所属国民经济行业等。

b. 生产台账指标　包括取水量、能源消耗量、原辅材料用量、产品生产情况等反映基本调查单位活动水平的指标。

c. 污染治理指标　包括污染治理工艺、设施数量、处理能力等污染治理设施运行情况指标。

d. 污染物/温室气体产生与排放指标　包括废水及水污染物产生、排放情况；废气及大气污染物产生、排放情况；固体废物的产生、利用、贮存、处置情况以及集中处理处置过程中的污染物产生、排放情况；温室气体产生、排放情况等。

② 综合调查单位指标　包括人口、能源、交通、农业等社会经济数据，以及污染物/温室气体的产生与排放情况等。

（7）调查表式　根据统计需求设计调查表式，调查表式应符合部门统计调查制度格式规范。

## 2. 数据采集

（1）数据来源

① 基本调查单位

a. 基础信息指标数据来源于企业营业执照、环境影响评价文件、排污许可证及其执行报告等。

b. 生产台账指标数据来源于生产运行报表、排污许可证及其执行报告等。

c. 污染治理指标数据来源于污染治理设施运行报表、排污许可证及其执行报告等。

d. 污染物/温室气体产生与排放数据按照污染物监测数据法、产排污系数法/排放因子法、物料衡算法等计算得出，或来源于排污许可证执行报告。

② 综合调查单位　社会经济数据来源于统计、住房和城乡建设、农业农村、公安等相关部门。

（2）数据填报

① 调查对象应按照《排放源统计调查制度》及技术要求，正确理解指标含义和有关填报要求，在数据采集处理平台中完整填报调查表。按照 GB/T 2260、GB 3101、GB/T 4754、GB/T 8170、GB 11714、GB 32100、HJ 523、HJ 608 等规定，规范填报调查数据。

② 基本调查单位名称、统一社会信用代码、行业代码、行政区划代码、排污许可证编号等基本信息应正确填报。单位名称、统一社会信用代码应与工商登记备案一致。主要产品产量、原辅材料用量、污染治理设施运行状况等数据应与实际情况相符，并有完整规范的台账资料等供核查核证。

③ 综合调查单位数据应由各级生态环境主管部门协调相关部门获取并负责填报。

（3）数据核算

① 基本调查单位污染物/温室气体产生/排放核算方法　基本调查单位污染物/温室气体产生/排放核算方法有监测数据法、产排污系数法/排放因子法、物料衡算法等。

监测数据符合监测技术规范要求的，优先选用监测数据法。不具备监测条件或监测数据不符合监测技术规范要求的，选用产排污系数法/排放因子法、物料衡算法核算。

a. 监测数据法　对具有符合技术规范要求的自动监测数据或由有资质的检测机构按照技术规范要求进行手工监测得到数据的调查对象，可采用监测数据法核算污染物的排放量。

自动监测数据符合技术规范要求的，优先选用自动监测数据。

监测数据满足以下原则方为有效：监测数据规范性，检测机构资质、监测设备运行维护、监测采样分析等应符合相关技术要求。监测数据代表性，各排污环节污染物排放量核算应选用对应点位的监测数据；采用手工监测数据核算水/大气污染物排放量时，监测数据应符合相应监测要求。监测数据处理合规性，调查对象使用污染物排放自动监测数据的，应按有关标记规则对数据缺失、无效等异常时段进行标记，并根据 HJ 75、HJ 356 等要求进行规范性补充替代；应使用全时段有效数据，不得随意截取某时段或某时点数据作为核算依据。

依据实际监测的废水、废气（流）量及污染物浓度，按照式(2-1)计算水、大气污染物的产生量和排放量。

$$G_j = \sum_{i=1}^{n} (Q_i \cdot C_{ij})$$　　　　　(2-1)

式中　$G_j$——污染物 $j$ 的产生量/排放量；

　　　$Q_i$——第 $i$ 段时间的废水/废气（流）量；

　　　$C_{ij}$——第 $i$ 段时间污染物 $j$ 的平均（加权平均）浓度。

b. 产排污系数法/排放因子法　根据生产过程中的产品产量（或原料、能源消耗量等）及相应产排污系数/排放因子，计算污染物/温室气体的产生量和排放量。有污染治理设施的采用式(2-2)计算，没有污染治理设施的采用式(2-3)计算：

$$G_j = P_j \cdot W \cdot (1-\eta)$$　　　　　(2-2)

式中　$G_j$——污染物/温室气体 $j$ 的产生量/排放量；

　　　$P_j$——污染物/温室气体 $j$ 的产排污系数/排放因子；

　　　$W$——产品产量（或原料、能源消耗量等）；

　　　$\eta$——污染物/温室气体 $j$ 采用的治理技术的去除效率。

$$G_j = P_j \cdot W$$　　　　　(2-3)

式中　$G_j$——污染物/温室气体 $j$ 的产生量/排放量；

　　　$P_j$——污染物/温室气体 $j$ 的产排污系数/排放因子；

　　　$W$——产品产量（或原料、能源消耗量等）。

优先采用《排放源统计调查产排污核算方法和系数手册》中的产排污系数和《企业温室气体排放核算方法与报告指南 发电设施》中的排放因子；没有对应产排污系数或排放因子的，可使用省级以上生态环境主管部门制定的产排污系数或排放因子，或具有相似、相近生产工艺和排污特点的产排污系数或排放因子。

c. 物料衡算法　对生产工艺相对简单、各项参数容易获得、燃料或原料中的某类元素含量及其转化情况较为明确等的调查对象，可采用物料衡算法核算污染物/温室气体的排放量。

根据质量守恒原理，对生产过程中使用的物料变化情况进行定量计算，按照式(2-4)计算污染物/温室气体的排放量。

$$G_{排放}=G_{投入}-G_{回收}-G_{处理}-G_{转化}-G_{产品} \tag{2-4}$$

式中 $G_{排放}$——某物质以污染物/温室气体形式排放的量；

$G_{投入}$——投入物料中的总量；

$G_{回收}$——回收再利用的量；

$G_{处理}$——经净化处理去除的量；

$G_{转化}$——生产过程中被分解、转化的量；

$G_{产品}$——进入产品中的量。

② 综合调查单位污染物/温室气体排放核算方法 根据综合调查单位的相关数据和对应产排污系数/排放因子，计算污染物/温室气体产生量和排放量。

（4）数据自审及提交

① 数据自审 调查对象应对填报数据进行自审，数据应符合完整性、规范性、一致性、准确性、逻辑性、合理性等质量标准，数据质量标准及自审内容见表2-3。调查对象应对错误信息进行修改。

表 2-3 调查对象填报数据质量标准及自审内容

| 一级质量标准 | 二级质量标准 | 自审内容 | 描述 |
|---|---|---|---|
| 完整性 | 无遗漏 | 调查表及指标 | 1. 按照污染源属性或行业类别以及温室气;体排放源核算范围填报调查表，无遗漏；<br>2. 基本信息、活动水平数据完整、无遗漏；<br>3. 污染物/温室气体核算参数完整、无遗漏 |
| 规范性 | 指标填报规范性 | 基本信息、活动水平数据 | 1. 数据填报符合指标界定；<br>2. 空值、零值符合填报要求 |
| 规范性 | 核算方法规范性 | 核算方法选用，产排污系数/排放因子、核算参数选取 | 1. 按照优先顺序选取核算方法；<br>2. 核算方法符合适用条件；<br>3. 产排污系数/排放因子和核算参数选取正确；<br>4. 污染治理设施去除效率符合实际情况 |
| 一致性 | 基础数据保持一致 | 填报数据 | 1. 填报信息与统计资料、原始凭证等台账资料一致；<br>2. 台账资料与单位内部相关业务部门资料一致；<br>3. 录入数据与生产运行报表数据一致；<br>4. 不同调查表中相同指标数据一致 |
| 准确性 | 计算准确 | 活动水平数据、重要核算参数 | 计算过程正确,计算结果准确 |
| 逻辑性 | 表内、表间数值逻辑性 | 同一调查表或不同调查表的数值型指标的数值间逻辑关系 | 数值间应符合规定的逻辑关系 |
| 逻辑性 | 非数值型指标逻辑性 | 同一调查表或不同调查表的非数值型指标间逻辑关系 | 有共生关系的指标符合逻辑关系 |
| 合理性 | 单值合理性 | 数值型指标,衍生指标 | 数值应符合值域范围的要求 |
| 合理性 | 变化趋势合理性 | 活动水平数据、污染物/温室气体产生量和排放量本年度数据较上一年度数据变化情况 | 本年度数据较上一年度数据变化趋势合理 |

② 数据提交　调查对象法定代表人或负责人对调查数据负责，审核确认后提交。

### 3. 数据汇总和报送

（1）数据汇总　数据汇总指由基础表生成汇总表的过程，由全国统一的数据采集处理平台完成。

数据汇总分为原表汇总和专项分类汇总。原表汇总指按各地区行政区划代码汇总；专项分类汇总指按行业代码、流域代码、海域代码等专项代码汇总。

（2）数据报送　从调查对象开始，按照县级、地市级、省级、国务院生态环境主管部门的顺序，依次逐级上报。季度调查数据按照时效性要求可适当减少报送环节。实行垂直管理的地区可按隶属关系上报。

### 4. 质量控制

（1）规范设计调查表及指标　调查表结构应清晰，填报说明应明确。指标名称、口径、范围、计算方法、解释说明及其相关的目录、分组、编码应规范统一，符合统计指标体系、统计分类等标准。

（2）采用统一的数据采集处理平台　平台设计应满足统计调查制度需要，遵循科学的软件开发规范，符合国家信息安全标准。

（3）做好数据采集前准备工作　开展统计调查前，各级生态环境主管部门应将人员、经费、设备等保障性资源配置到位，确保调查顺利进行。采取多种形式开展调查制度、软件操作等方面的业务培训。相关人员均应接受培训。

（4）保证调查对象完整　各级生态环境主管部门应按照调查制度规定的调查范围确定基本调查单位和综合调查单位，确保应纳入的调查对象完整、无遗漏。基本调查单位调整应相对稳定，新增或移除应依据充分。

（5）保证数据采集质量　调查对象独立填报调查数据，对照表2-3进行自审，修改差错数据、补充不完整数据。地方生态环境主管部门及时对调查对象报送的原始数据进行审核，经核实确属调查对象填报错误的，应退回原调查对象修改后重新上报，保留修改记录和相关说明。

（6）规范数据审核流程　各级生态环境主管部门应及时审核数据并反馈问题。县级、地市级、省级、国务院生态环境主管部门在规定时间内对数据进行逐级审核，发现疑点和问题，及时退回下级部门或调查对象核实和修正，并保留修改记录。

县级生态环境主管部门负责审核县级汇总数据和调查对象填报数据。地市级生态环境主管部门负责审核地市级汇总数据，抽样审核县级汇总数据和调查对象填报数据。省级生态环境主管部门负责审核省级汇总数据，抽样审核地市级及以下汇总数据和调查对象填报数据。国务院生态环境主管部门负责审核全国汇总数据，抽样审核省级及以下汇总数据和调查对象填报数据。

各级生态环境主管部门对本辖区排放源统计数据审核质量负责，对下级数据审核进行指导和监督。

①数据质量标准和审核内容　数据质量标准包括完整性、逻辑性、合理性、协调性，根据数据质量标准确定审核内容，见表2-4。

② 数据审核要求　各级生态环境主管部门对照表2-4审核汇总数据，抽样选取一定数量的基本调查单位审核填报数据，必要时进行现场复核。各级生态环境主管部门审核重点及

抽样比例见表2-5。无县区的地级市，其辖区镇街参照县级审核要求执行。

表 2-4　数据质量标准及审核内容

| 一级质量标准 | 二级质量标准 | 审核内容 | 描述 |
|---|---|---|---|
| 完整性 | 无遗漏 | 调查区域,排放源类别,调查对象,调查表及指标 | 1. 调查区域覆盖完整、无遗漏;<br>2. 污染源类型、温室气体核算范围覆盖完整、无遗漏;<br>3. 调查对象无遗漏;<br>4. 调查表及指标填报完整、无遗漏 |
| 逻辑性 | 表内、表间数值逻辑性 | 同一调查表或不同调查表的数值型指标的数值间逻辑关系 | 数值间应符合规定的逻辑关系 |
| | 非数值型指标逻辑性 | 同一调查表或不同调查表的非数值型指标间逻辑关系 | 有共生关系的指标符合逻辑关系 |
| 合理性 | 单值合理性 | 调查指标,衍生指标 | 1. 数值应符合值域范围的要求;<br>2. 区域内数值排序,识别异常值 |
| | 结构合理性 | 污染物/温室气体产生量和排放量区域间、行业间差异合理性 | 1. 辖区内不同区域,根据能源消费数据、人口数据、重点行业产品产量、历年生态环境统计数据、污染源普查数据等进行比较,区域间差异在合理范围内;<br>2. 辖区内不同行业,根据行业产值、产品产量比重等进行比较,行业间差异在合理范围内 |
| | 变化趋势合理性 | 活动水平数据、污染物/温室气体排放量本年度数据较上一年度数据变化情况 | 1. 同一区本年度数据较上一年度数据变化趋势合理;<br>2. 同一行业本年度数据较上一年度数据变化趋势合理;<br>3. 同一企业本年度数据较上一年度数据变化趋势合理 |
| 协调性 | 宏观数据协调性 | 产品产量、能源消耗量等活动水平数据与排放数据的关系 | 与经济、行业、社会发展水平等其他统计数据的协调性 |

表 2-5　各级生态环境主管部门审核重点及抽样比例

| 部门 | 审核重点 | 基本调查单位抽样比例 | |
|---|---|---|---|
| | | 调查表数据审核 | 现场复核(推荐) |
| 县级生态环境主管部门 | 完整性、规范性、一致性、逻辑性 | 100% | 10%的基本调查单位 |
| 地市级生态环境主管部门 | 完整性、逻辑性、合理性、协调性 | 不少于30% | 5%的基本调查单位 |
| 省级生态环境主管部门 | 完整性、逻辑性、合理性、协调性 | 不少于5% | 必要时开展 |
| 国务院生态环境主管部门 | 完整性、合理性、协调性 | 不少于1% | 必要时开展 |

③ 重点审核　各级生态环境主管部门应当加强对重点行业、重点区域、重点调查对象数据的审核。对于绝对数值大和变化幅度大的行业、区域、调查对象进行重点审核,必要时开展现场复核。对于行业和区域分布不符合数据质量标准的,应追溯审核基本调查单位数据。

④ 审核方法

a. 比较法　将同一指标从时间或空间不同维度进行对比,审核数据的合理性。

b. 排序法　对某项指标数据进行升序或降序排列，审核该指标数据的异常值。

c. 比例法　计算某项指标数据的区域或行业比例，根据区域或行业结构判断数据的合理性。

d. 平均效率法　计算区域或行业污染物平均产生或排放浓度、去除效率等，判断相关数据合理性。

e. 逻辑分析法　根据指标之间的逻辑关系，审核数据之间的逻辑性。

f. 推算法　根据产品产量、原辅材料用量、水耗、能耗及监测数据、污染治理设施去除效率等进行推算，审核污染物/温室气体产生量和排放量数据的合理性。

## 四、绘制臭氧超标日和臭氧不超标日臭氧浓度小时变化特征图

绘制臭氧超标日
和臭氧不超标日
浓度小时变化
特征图——
数据处理视频

本任务根据分层抽样的理念，分别抽取臭氧超标日的臭氧 1h 平均浓度和臭氧不超标日的臭氧 1h 平均浓度，然后分别统计求取相应条件下各时刻的算术平均值，并绘制对比图表。

### 1. 分别抽取臭氧超标日的臭氧 1h 平均浓度和臭氧不超标日的臭氧 1h 平均浓度

根据原始数据，需要在 D 列对原始数据中的时间（B 列，以文本形式存储）转换成系统能识别的时间格式，例如在单元格 D2 输入"＝DATEVALUE（B2）＋TIMEVALUE（B2）"即可得到第一天的时间格式。

在 E 列求算每日的臭氧浓度 8h 滑动平均值，例如在单元格 E9 输入函数（详细内容扫描二维码绘制臭氧超标日和臭氧不超标日臭氧浓度小时变化特征图——函数 1）计算第一天的滑动平均值。

绘制臭氧超标日和
臭氧不超标日
浓度小时变化特征图
——函数 1

绘制臭氧超标日和
臭氧不超标日
浓度小时变化特征图
——函数 2

在 H 列输入汇总的日期后，在 I 列求算每日最大 8h 滑动平均值，例如在单元格 I2 输入函数（详细内容扫描二维码绘制臭氧超标日和臭氧不超标日臭氧浓度小时变化特征图-函数 2）计算第一天臭氧的日最大 8h 滑动平均值。如图 2-1。

全选 I 列，然后在"开始"菜单栏找到"条件格式"功能，利用"突出显示单元格规则"中的"大于"，输入 160，就能标出超标日了。根据超标日为 4 月 5 日和 4 月 8～10 日，利用"开始"菜单栏的"筛选"功能对 D 列时间进行筛选，把超标日的数据筛选出来，可以利用数字筛选提高效率（选择"介于"），然后把筛选出来的数据的 B、C、D 列数据复制粘贴到一个叫"超标日"的工作表中。同理把非超标日的数据的 B、C、D 列数据复制粘贴到一个叫"非超标日"的工作表中。如图 2-2。

| | A | B | C | D | E | F | G | H | I |
|---|---|---|---|---|---|---|---|---|---|
| 1 | 站点名称 | 时间 | O₃ | 时间 | 计算8h滑动平均值 | | | 日期 | 最大8h滑动平均值 |
| 2 | A站点 | 2022-04-01 01:00 | 61 | 44652.04167 | | | | 2022/4/1 | 71 |
| 3 | A站点 | 2022-04-01 02:00 | 66 | 44652.08333 | | | | 2022/4/2 | 105 |
| 4 | A站点 | 2022-04-01 03:00 | 66 | 44652.125 | | | | 2022/4/3 | 139 |
| 5 | A站点 | 2022-04-01 04:00 | 62 | 44652.16667 | | | | 2022/4/4 | 150 |
| 6 | A站点 | 2022-04-01 05:00 | 62 | 44652.20833 | | | | 2022/4/5 | 216 |
| 7 | A站点 | 2022-04-01 06:00 | 66 | 44652.25 | | | | 2022/4/6 | 157 |
| 8 | A站点 | 2022-04-01 07:00 | 66 | 44652.29167 | | | | 2022/4/7 | 154 |
| 9 | A站点 | 2022-04-01 08:00 | 68 | 44652.33333 | 65 | | | 2022/4/8 | 174 |
| 10 | A站点 | 2022-04-01 09:00 | 71 | 44652.375 | 66 | | | 2022/4/9 | 221 |
| 11 | A站点 | 2022-04-01 10:00 | 71 | 44652.41667 | 66 | | | 2022/4/10 | 222 |
| 12 | A站点 | 2022-04-01 11:00 | 71 | 44652.45833 | 67 | | | 2022/4/11 | 160 |
| 13 | A站点 | 2022-04-01 12:00 | 67 | 44652.5 | 67 | | | 2022/4/12 | 151 |
| 14 | A站点 | 2022-04-01 13:00 | 67 | 44652.54167 | 68 | | | 2022/4/13 | 90 |
| 15 | A站点 | 2022-04-01 14:00 | 70 | 44652.58333 | 69 | | | 2022/4/14 | 139 |
| 16 | A站点 | 2022-04-01 15:00 | 68 | 44652.625 | 69 | | | 2022/4/15 | 157 |
| 17 | A站点 | 2022-04-01 16:00 | 63 | 44652.66667 | 68 | | | | |
| 18 | A站点 | 2022-04-01 17:00 | 63 | 44652.70833 | 68 | | | | |
| 19 | A站点 | 2022-04-01 18:00 | 59 | 44652.75 | 66 | | | | |
| 20 | A站点 | 2022-04-01 19:00 | 53 | 44652.79167 | 64 | | | | |
| 21 | A站点 | 2022-04-01 20:00 | 55 | 44652.83333 | 62 | | | | |
| 22 | A站点 | 2022-04-01 21:00 | 64 | 44652.875 | 62 | | | | |
| 23 | A站点 | 2022-04-01 22:00 | 79 | 44652.91667 | 63 | | | | |
| 24 | A站点 | 2022-04-01 23:00 | 94 | 44652.95833 | 66 | | | | |
| 25 | A站点 | 2022-04-02 00:00 | 98 | 44653 | 71 | | | | |
| 26 | A站点 | 2022-04-02 01:00 | 99 | 44653.04167 | – | | | | |

图 2-1 根据原始数据汇总出臭氧的日最大 8h 滑动平均值

图 2-2

图 2-2　数据筛选关键操作

### 2. 统计求取相应条件下的各时刻下的算术平均值

在 F 列输入时间，例如在单元格 F2 输入"1:00"，然后拖拉内容至 25 行。

在 G 列利用 AVERAGEIF() 函数求各时刻下的算术平均值，例如在单元格 G2 输入"=AVERAGEIFS(B:B,A:A,"*"&TEXT(F2,"hh:mm"))"。注意 A:A 需要是文本格式的时间，否则需要用 text(时间,"yyyy-mm-dd HH:MM") 转换。最后拖拉填充其他时间。同理求得非超标日的平均值。

此外，可以使用 FILTER 函数过滤出符合时间的数据值，然后结合 INDEX 函数和 PERCENTILE 函数计算 90% 分位数，例如输入"=PERCENTILE(INDEX(FILTER(A:B, TEXT(A:A,"hh:mm")=TEXT(F2,"hh:mm"),"-"),0,2),0.9)"计算出某个时间点的 90% 分位数臭氧浓度值如图 2-3 和图 2-4。

|  | G2 | | fx | =AVERAGEIFS(B:B, A:A, "*"&TEXT(F2, "hh:mm")) | | | |
| --- | --- | --- | --- | --- | --- | --- | --- |
|  | A | B | C | D | E | F | G |
| 1 | 时间 | O₃ | 时间 |  |  | 时间 | O₃ 平均值 |
| 2 | 2022-04-05 01:00 | 66 | 44656.04167 |  |  | 1:00 | 75.25 |
| 3 | 2022-04-05 02:00 | 66 | 44656.08333 |  |  | 2:00 | 67.25 |
| 4 | 2022-04-05 03:00 | 33 | 44656.125 |  |  | 3:00 | 55.75 |
| 5 | 2022-04-05 04:00 | 45 | 44656.16667 |  |  | 4:00 | 49.25 |
| 6 | 2022-04-05 05:00 | 38 | 44656.20833 |  |  | 5:00 | 42.25 |
| 7 | 2022-04-05 06:00 | 48 | 44656.25 |  |  | 6:00 | 40.25 |
| 8 | 2022-04-05 07:00 | 43 | 44656.29167 |  |  | 7:00 | 30.75 |
| 9 | 2022-04-05 08:00 | 36 | 44656.33333 |  |  | 8:00 | 39.25 |
| 10 | 2022-04-05 09:00 | 67 | 44656.375 |  |  | 9:00 | 56.25 |
| 11 | 2022-04-05 10:00 | 109 | 44656.41667 |  |  | 10:00 | 89 |
| 12 | 2022-04-05 11:00 | 143 | 44656.45833 |  |  | 11:00 | 139 |
| 13 | 2022-04-05 12:00 | 187 | 44656.5 |  |  | 12:00 | 179 |
| 14 | 2022-04-05 13:00 | 225 | 44656.54167 |  |  | 13:00 | 206.5 |
| 15 | 2022-04-05 14:00 | 247 | 44656.58333 |  |  | 14:00 | 221.75 |
| 16 | 2022-04-05 15:00 | 226 | 44656.625 |  |  | 15:00 | 220.25 |
| 17 | 2022-04-05 16:00 | 214 | 44656.66667 |  |  | 16:00 | 214 |
| 18 | 2022-04-05 17:00 | 215 | 44656.70833 |  |  | 17:00 | 209.75 |
| 19 | 2022-04-05 18:00 | 202 | 44656.75 |  |  | 18:00 | 208.25 |
| 20 | 2022-04-05 19:00 | 180 | 44656.79167 |  |  | 19:00 | 187.25 |
| 21 | 2022-04-05 20:00 | 307(H) | 44656.83333 |  |  | 20:00 | 150.6666667 |
| 22 | 2022-04-05 21:00 | 101 | 44656.875 |  |  | 21:00 | 108.5 |
| 23 | 2022-04-05 22:00 | 94 | 44656.91667 |  |  | 22:00 | 93 |
| 24 | 2022-04-05 23:00 | 110 | 44656.95833 |  |  | 23:00 | 107.75 |
| 25 | 2022-04-06 00:00 | 109 | 44657 |  |  | 0:00 | 94.5 |
| 26 | 2022-04-08 01:00 | 78 | 44659.04167 |  |  |  |  |
| 27 | 2022-04-08 02:00 | 52 | 44659.08333 |  |  |  |  |
| 28 | 2022-04-08 03:00 | 45 | 44659.125 |  |  |  |  |
| 29 | 2022-04-08 04:00 | 42 | 44659.16667 |  |  |  |  |
| 30 | 2022-04-08 05:00 | 45 | 44659.20833 |  |  |  |  |

Sheet1　超标日　非超标日　绘图

|  | H2 | | fx | =PERCENTILE(INDEX(FILTER(A:B, TEXT(A:A, "hh:mm")=TEXT(F2, "hh:mm"), "-"), 0, 2), 0.9) | | | | |
| --- | --- | --- | --- | --- | --- | --- | --- | --- |
|  | A | B | C | D | E | F | G | H |
| 1 | 时间 | O₃ | 时间 |  |  | 时间 | O₃ 平均值 | 90% 分位数 |
| 2 | 2022-04-05 01:00 | 66 | 44656.04167 |  |  | 1:00 | 75.25 | 78.7 |

图 2-3　超标日的各时刻下的算术平均值及 90% 分位数

| | G2 | | $f_x$ | =AVERAGEIFS(B:B,A:A,"*"&TEXT(F2,"hh:mm")) | | | |
|---|---|---|---|---|---|---|---|
| | A | B | C | D | E | F | G |
| 1 | 时间 | O₃ | 时间 | | | 时间 | O₃平均值 |
| 2 | 2022-04-01 01:00 | 61 | 44652.04167 | | | 1:00 | 82.72727273 |
| 3 | 2022-04-01 02:00 | 66 | 44652.08333 | | | 2:00 | 82 |
| 4 | 2022-04-01 03:00 | 66 | 44652.125 | | | 3:00 | 75.90909091 |
| 5 | 2022-04-01 04:00 | 62 | 44652.16667 | | | 4:00 | 67.36363636 |
| 6 | 2022-04-01 05:00 | 62 | 44652.20833 | | | 5:00 | 59 |
| 7 | 2022-04-01 06:00 | 66 | 44652.25 | | | 6:00 | 54.81818182 |
| 8 | 2022-04-01 07:00 | 66 | 44652.29167 | | | 7:00 | 55.09090909 |
| 9 | 2022-04-01 08:00 | 68 | 44652.33333 | | | 8:00 | 59.63636364 |
| 10 | 2022-04-01 09:00 | 71 | 44652.375 | | | 9:00 | 70.90909091 |
| 11 | 2022-04-01 10:00 | 71 | 44652.41667 | | | 10:00 | 82.27272727 |
| 12 | 2022-04-01 11:00 | 71 | 44652.45833 | | | 11:00 | 93.27272727 |
| 13 | 2022-04-01 12:00 | 67 | 44652.5 | | | 12:00 | 106.3636364 |
| 14 | 2022-04-01 13:00 | 67 | 44652.54167 | | | 13:00 | 121.2727273 |
| 15 | 2022-04-01 14:00 | 70 | 44652.58333 | | | 14:00 | 133.0909091 |
| 16 | 2022-04-01 15:00 | 68 | 44652.625 | | | 15:00 | 139.0909091 |
| 17 | 2022-04-01 16:00 | 63 | 44652.66667 | | | 16:00 | 142 |
| 18 | 2022-04-01 17:00 | 63 | 44652.70833 | | | 17:00 | 140.1818182 |
| 19 | 2022-04-01 18:00 | 59 | 44652.75 | | | 18:00 | 138.2727273 |
| 20 | 2022-04-01 19:00 | 53 | 44652.79167 | | | 19:00 | 129.1818182 |
| 21 | 2022-04-01 20:00 | 55 | 44652.83333 | | | 20:00 | 113.3636364 |
| 22 | 2022-04-01 21:00 | 64 | 44652.875 | | | 21:00 | 98.18181818 |
| 23 | 2022-04-01 22:00 | 79 | 44652.91667 | | | 22:00 | 86.27272727 |
| 24 | 2022-04-01 23:00 | 94 | 44652.95833 | | | 23:00 | 84.36363636 |
| 25 | 2022-04-02 00:00 | 98 | 44653 | | | 0:00 | 83.18181818 |
| 26 | 2022-04-02 01:00 | 99 | 44653.04167 | | | | |
| 27 | 2022-04-02 02:00 | 97 | 44653.08333 | | | | |
| 28 | 2022-04-02 03:00 | 96 | 44653.125 | | | | |
| 29 | 2022-04-02 04:00 | 94 | 44653.16667 | | | | |
| 30 | 2022-04-02 05:00 | 96 | 44653.20833 | | | | |

Sheet1　超标日　非超标日　绘图　＋

图 2-4　非超标日的各时刻下的算术平均值

### 3. 绘制对比图表

在新的工作表汇总超标日和非超标日的各时刻下的算术平均值。然后插入图表，选择带数据标记的折线图，通过"设置"小按钮修改图例位置为"靠上"，依次选择 X 轴和 Y 轴，修改线条属性。同时修改刻度线标记的主要类型为"内部"，最后点击图表修改全图中的文字的字体字号。如图 2-5。

绘制臭氧超标日和臭氧不超标日浓度小时变化特征图视频

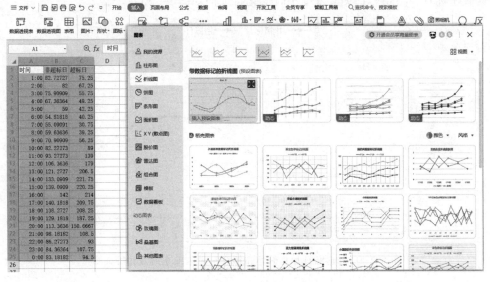

图 2-5

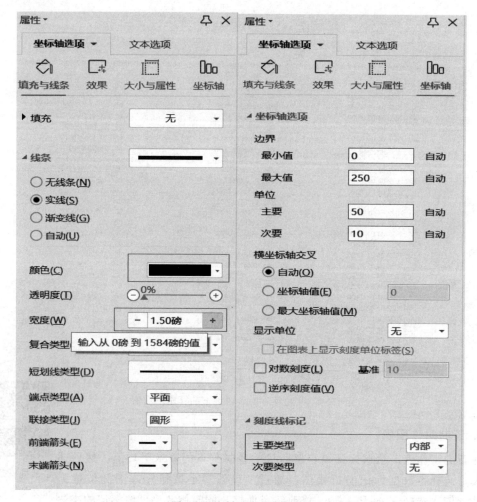

图 2-5　绘制图表关键操作

臭氧超标日和不超标日臭氧浓度小时变化特征图如图 2-6 所示。

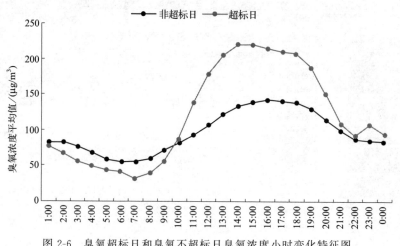

图 2-6　臭氧超标日和臭氧不超标日臭氧浓度小时变化特征图

**任务决策**

根据任务需求，需要收集相关数据并完成超标日和非超标日的数据分类，再分类汇总绘制图表，完成分析报告，填写任务决策单。

**任务决策单**

| 项目名称 | 环境监测数据挖掘 | | | | |
|---|---|---|---|---|---|
| 任务名称 | 数据抽样 | | | 建议学时数 | 4 |
| 信息汇总 | | | | | |
| 任务分解 | 总体和样本 | 抽样依据 | 表征指标 | 计算方法 | 备注 |
| | | | | | |
| | | | | | |
| | | | | | |
| 总结 | | | | | |

 **任务计划**

根据任务决策过程中选定的方案，制订任务计划，填写任务计划单。

**任务计划单**

| 项目名称 | 环境监测数据挖掘 | | |
|---|---|---|---|
| 任务名称 | 数据抽样 | 建议学时数 | 4 |
| 计划方式 | 分组讨论、资料收集、技能学习等 | | |
| 序号 | 任务 | 时间 | 负责人 |
| 1 | | | |
| 2 | | | |
| 3 | | | |
| 4 | | | |
| 5 | | | |
| 小组分工 | | | |
| 计划评价 | | | |

 **任务实施**

根据任务计划编制任务实施方案，并完成任务，填写任务实施单。

**任务实施单**

| 项目名称 | 环境监测数据挖掘 | | |
|---|---|---|---|
| 任务名称 | 数据抽样 | 建议学时数 | 4 |
| 实施方式 | 分组讨论、资料收集、技能学习、实践操作等 | | |
| 序号 | 实施步骤 | | |
| 1 | | | |
| 2 | | | |
| 3 | | | |
| 4 | | | |
| 5 | | | |
| 6 | | | |

**任务检查与评价**

完成任务后，进行任务检查，可采用小组互评等方式进行任务评价，任务评价单如下。

**任务评价单**

| 项目名称 | 环境监测数据挖掘 | | | |
|---|---|---|---|---|
| 任务名称 | 数据抽样 | | | |
| 考核方式 | 过程考核、结果考核 | | | |
| 说明 | 主要评价学生在项目学习过程中的操作方式、理论知识、学习态度、课堂表现、学习能力等 | | | |
| 考核内容与评价标准 | | | | |

| 序号 | 内容 | 评价标准 | | | 成绩比例/% |
|---|---|---|---|---|---|
| | | 优 | 良 | 合格 | |
| 1 | 基本理论掌握 | 完全理解生态环境统计调查和相关统计学原理及概念 | 熟悉生态环境统计调查和相关统计学原理及概念 | 了解生态环境统计调查和相关统计学原理及概念 | 30 |
| 2 | 实践操作技能 | 能够熟练筛选出数据并绘制图表，能够快速完成报告，报告内容完整、格式规范 | 能够较熟练地筛选出数据并绘制图表，能够较快地完成报告，报告内容完整、格式较规范 | 能够筛选出数据并绘制图表，能够参与完成报告，报告内容较完整 | 30 |
| 3 | 职业核心能力 | 具有良好的自主学习能力和分析解决问题能力 | 具有较好的学习能力和分析解决问题能力 | 能主动学习并收集信息，具备一定的分析解决问题能力 | 10 |
| 4 | 工作作风与职业道德 | 具有严谨的科学态度和工匠精神，能够严格遵守相关制度文件 | 具有良好的科学态度和工匠精神，能够自觉遵守相关制度文件 | 具有较好的科学态度和工匠精神，能够遵守相关制度文件 | 10 |
| 5 | 小组评价 | 具有良好的团队合作精神和沟通交流能力，热心帮助小组其他成员 | 具有较好的团队合作精神和与人交流能力，能帮助小组其他成员 | 具有一定的团队合作精神，能配合小组完成项目任务 | 10 |
| 6 | 教师评价 | 包括以上所有内容 | 包括以上所有内容 | 包括以上所有内容 | 10 |
| 合计 | | | | | 100 |

 **教学反馈**

完成任务实施后，进行教学任务反馈，填写教学反馈单。

**教学反馈单**

| 项目名称 | 环境监测数据挖掘 | | |
|---|---|---|---|
| 任务名称 | 数据抽样 | 建议学时数 | 4 |
| 序号 | 调查内容 | 是/否 | 反馈意见 |
| 1 | 知识点是否讲解清楚 | | |
| 2 | 操作是否规范 | | |
| 3 | 解答是否及时 | | |
| 4 | 重难点是否突出 | | |
| 5 | 课堂组织是否合理 | | |
| 6 | 逻辑是否清晰 | | |
| 本次任务的兴趣点 | | | |
| 本次任务的成就点 | | | |
| 本次任务的疑虑点 | | | |

# 测试题

## 一、填空题

1. 样本需要满足_____和_____。

2. _____是国内外城市植被调查中应用最为普遍的抽样技术。

## 二、判断题

1. 总体是根据研究目的确定的同质研究对象的全体。（    ）

2. 概率抽样包括简单随机抽样、分层随机抽样和系统抽样，非概率抽样包括方便抽样、判断抽样、定额抽样和雪球抽样。（    ）

# 任务二　数据描述

## 任务描述

小明发现臭氧超标日和非超标日 12:00 臭氧浓度均值相差较大，于是想抽取 12:00 臭氧浓度数据，分析数据特征。

## 任务要求

根据任务单要求进行任务计划及实施。

## 任务单

根据任务描述，本任务需要分析数据的集中趋势和离散程度以及数据分布特征。具体任务要求可参照任务单。

任务单

| 项目名称 | 环境监测数据挖掘 |
|---|---|
| 任务名称 | 数据描述 |
| 任务要求 | |

1. 任务开展要求：
(1)分组讨论任务实施方案,每组 3～5 人；
(2)所需资料自行收集。
2. 完成相关数据收集与整理。
3. 提交 12:00 臭氧浓度特征报告并汇报

任务准备

1. 知识准备：
(1) 数据的类型；
(2) 数据的集中趋势；
(3) 数据的离散程度；
(4) 数据分布。
2. 工具及设备支持：
计算机

工作步骤

  1. 小组讨论分工。

  2. 小组合作完成相关数据的收集与整理。

  3. 小组合作完成集中趋势和离散程度以及数据分布的指标以及分布结论的商定。

  4. 小组分工完成报告的编写。

  5. 小组分工完成汇报 PPT 的编制

总结与提高

  1. 自我总结：

  (1)请对每个组员的工作作风进行相互评价；

  (2)请分析组内分工的合理性。

  2. 拓展提高：

通过提交报告,进一步明确报告编写的规范性

 任务资讯

## 一、数据的类型

统计数据按不同的分类规则可分为不同的类型，这里主要按三种分类规则分类。

① 按照所采用的计量尺度不同，可以将统计数据分为分类数据、顺序数据和数值型数据。分类数据是指只能归于某一类别的非数字型数据，比如性别中的男女就是分类数据。顺序数据是只能归于某一有序类别的非数字型数据，比如产品的等级。数值型数据是按数字尺度测量的观察值，它是自然或度量衡单位对事物进行测量的结果。

② 按照统计数据的收集方法，可以将其分为观测数据和实验数据。观测数据是通过调查或观测而收集到的数据，它是在没有对事物进行人为控制的条件下得到的，有关社会经济现象的统计数据几乎都是观测数据。在实验中控制实验对象而收集到的数据则称为实验数据。

③ 按照被描述的对象与时间的关系，可以将统计数据分为截面数据和时间序列数据。在相同或近似相同的时间点上收集到的数据称为截面数据。在不同时间上收集到的数据，称为时间序列数据。

数据统计的对象是变量值，变量可以分为离散变量和连续变量。

① 离散变量，指变量值可以按一定顺序一一列举，只能用自然数或整数表示的变量。例如，企业个数、职工人数、设备台数等，只能按计量单位数计，这种变量的数值一般用计数方法取得．

② 连续变量，指变量值可以在一定区间内任意取值的变量，其数值是连续不断的，相邻两个数值可作无限分割，即可取无限个数值。例如，生产零件的规格尺寸，人体测量的身高、体重、胸围等都属于连续变量，其数值只能用测量或计量的方法取得。

## 二、数据的集中趋势

集中趋势又称"数据的中心位置""集中量数"等。它是一组数据的代表值，常用的衡量指标有算术平均数、中位数、众数、加权平均数、几何平均数、调和平均数等。

### 1. 算数平均值

对于一组由 $n$ 个数组成的数据 $X_1$、$X_2$、$\cdots$、$X_n$，其算数平均值 $\overline{X}$ 的计算式如下。

$$\overline{X} = \frac{X_1 + X_2 + \cdots + X_n}{n} \tag{2-5}$$

值得注意的是，算术平均数易受极端值的影响。例如有下列数据：5、7、5、4、6、7、8、5、4、7、8、6、20，全部数据的平均值是 7.1，实际上大部分数据（有 10 个）不超过 7，如果去掉 20，则剩下的 12 个数的平均数为 6。

### 2. 中位数

中位数是按顺序排列的一组数据中居于中间位置的数，因此在这组数据中有一半的数据大于中位数，有一半的数据小于中位数。

若数据的数量为奇数，则中位数是所有数据高低排序后位于正中间的一个数据；若数据的数量为偶数，则中位数是所有数据高低排序后位于中间的两个数据的平均值。

### 3. 众数

众数是一组数据中出现次数最多的数值，其不受极端数据的影响，求法简便。

例如：1、2、3、3、4 的众数是 3。

如果有两个或两个以上的数值出现次数都是最多，那么这几个数值都是这组数据的众数。

例如：1、2、2、3、3、4 的众数是 2 和 3。

如果所有数值出现的次数都相同，那么这组数据没有众数。

例如：1、2、3、4、5 没有众数。

### 4. 加权平均数

对于一组由 $n$ 个数组成的数据 $X_1$、$X_2$、$\cdots$、$X_n$，各数据的权重分别为 $w_1$、$w_2$、$\cdots$、$w_n$，其加权平均值 $\overline{X}$ 的计算式如下。

$$\overline{X} = X_1 w_1 + X_2 w_2 + \cdots + X_n w_n \tag{2-6}$$

值得注意的是，权重体现了该数据在加权平均值中的相对重要程度，因此对加权平均值有重要影响。

例如，根据《环境空气质量评价技术规范（试行）》（HJ 663—2013），空气质量综合指数计算式如下。

$$I_{\text{sum}} = \sum_{n=1}^{6} I_i = \sum_{n=1}^{6} \frac{C_{i,\text{a}}}{S_{i,\text{a}}} \tag{2-7}$$

式中　$C_{i,\text{a}}$——SO$_2$、NO$_2$、PM$_{10}$、PM$_{2.5}$、CO、O$_3$ 的年评价浓度值；

$\quad\quad S_{i,\text{a}}$——SO$_2$、NO$_2$、PM$_{10}$、PM$_{2.5}$、CO、O$_3$ 的二级标准限值，分别为 $60\mu\text{g}/\text{m}^3$、$40\mu\text{g}/\text{m}^3$、$70\mu\text{g}/\text{m}^3$、$35\mu\text{g}/\text{m}^3$、$4\text{mg}/\text{m}^3$、$160\mu\text{g}/\text{m}^3$。

可见，CO 和 PM$_{2.5}$ 在空气质量综合指数中占有较大的权重。

### 5. 几何平均数

对于一组由 $n$ 个数组成的数据 $X_1$、$X_2$、$\cdots$、$X_n$，其简单几何平均值 $\overline{X}$ 的计算式如下。

$$\overline{X} = \sqrt[n]{X_1 X_2 \cdots X_n} \tag{2-8}$$

几何平均数受极端值的影响较算术平均数小，适用于对增长率、比率、指数等进行平均的场景。

## 三、数据的离散程度

离散程度反映了一组数据各数值之间的差异程度，常用的衡量指标有极差、四分位差、方差和标准差、变异系数等。

### 1. 极差

极差是一组数据中最大值与最小值之差，反映了一组数据波动的范围。它仅仅取决于两个极端值的水平，不能反映数据中其他数值的分布情况，容易受极端值的影响。

### 2. 方差

方差常用于度量一组数据和其数学期望（即平均值）之间的偏离程度，体现了这组数据在平均值附近的波动程度。

若这组数据是由总体所有数据组成，则使用总体方差：

$$\sigma^2 = \frac{\sum_{i=1}^{n}(X_i - \overline{X})^2}{n} \tag{2-9}$$

若这组数据是由总体部分代表性数据（样本）组成，则使用样本方差：

$$s^2 = \frac{\sum_{i=1}^{n}(X_i - \overline{X})^2}{n-1} \tag{2-10}$$

### 3. 标准差

标准差是方差的算术平方根，分为总体标准差和样本标准差，其量纲与该组数据相同。

$$总体标准差\ \sigma = \sqrt{\frac{\sum_{i=1}^{n}(X_i - \overline{X})^2}{n}} \tag{2-11}$$

$$样本标准差\ s = \sqrt{\frac{\sum_{i=1}^{n}(X_i - \overline{X})^2}{n-1}} \tag{2-12}$$

### 4. 变异系数

变异系数，又称"离散系数"（英文：coefficient of variation，CV），是标准差与平均值之比，在实际应用中主要指样本变异系数：

$$CV = s/\overline{X} \tag{2-13}$$

当需要比较两组数据离散程度大小的时候，如果两组数据的测量尺度相差太大，或者数据量纲不同，直接使用标准差来进行比较不合适，此时就应当消除测量尺度和量纲的影响，使用变异系数进行比较。

## 四、数据分布

数据分布主要指数据的概率分布。所谓概率分布是指随机变量取值的概率规律。随机变量与普通变量不同，其取值具有随机性，但随机变量取值相同的次数会服从一定的规律，若取值次数有限，则该规律称为频率分布；若取值次数无限，则该规律称为概率分布。

### 1. 离散变量的概率分布

离散变量的概率分布，常用的有两点分布、二项分布、几何分布、泊松（Poisson）分布等。

（1）两点分布　对于一次是非抽样试验，出现"是"的概率为 $p$，出现"非"的概率是 $1-p$，此概率分布称为两点分布，表示为 $\zeta \sim B(1, p)$，其期望 $E=p$，方差 $D=p(1-p)$。

（2）二项分布　已知独立是非抽样试验中出现"是"的概率为 $p$，出现"非"的概率是 $1-p$，在 $n$ 次是非抽样试验中刚好出现 $k$ 次"是"的概率是 $C_n^k p^k (1-p)^{n-k}$，其中 $C_n^k$ 表示 $k$ 次"是"可以在 $n$ 次试验的任何地方出现，共有 $C_n^k$ 个不同的方法。二项分布表示为 $\zeta \sim B(n, p)$，其期望 $E=np$，方差 $D=np(1-p)$。

（3）几何分布　已知独立是非抽样试验中出现"是"的概率为 $p$，出现"非"的概率是 $1-p$，在 $n$ 次是非抽样试验中进行 $k$ 次才出现第一次"是"的概率是 $p(1-p)^{k-1}$。几何分布表示为 $\zeta \sim GE(p)$，其期望 $E=1/p$，方差 $D=(1-p)/p^2$。

（4）泊松分布　已知独立是非抽样试验中出现"是"的概率为 $\lambda/n$，出现"非"的概率是 $1-\lambda/n$，在无限次（$n$ 趋于无穷大）是非抽样试验中刚好出现 $k$ 次"是"的概率是 $\dfrac{\lambda^k}{k!} e^{-\lambda}$。泊松分布表示为 $\zeta \sim P(\lambda)$，其期望 $E=\lambda$，方差 $D=\lambda$。

泊松分布是二项分布在 $n$ 为无穷大、$p$ 为无穷小的极限形式。

例如，一段时间内某一电子元件遭受脉冲的次数，就服从于泊松分布。当把连续的时间分割成无穷小份后，那么每一小份之间是相互独立的。由于一段时间内所有电子元件平均遭受脉冲的次数为 $\lambda$，因此每一小份时间内遭受脉冲的次数就是 $\lambda/n$，那么对于某一电子元件遭受 $k$ 次脉冲的概率就是 $\dfrac{\lambda^k}{k!} e^{-\lambda}$。

### 2. 连续变量的概率分布

连续变量的概率分布，常用的有均匀分布、指数分布、正态分布、卡方分布等。

（1）均匀分布　当连续变量在 $(a, b)$ 区间内每一点的概率都相同、在 $(a, b)$ 区间外概率均为 0 时，该变量服从均匀分布，表示为 $X \sim U(a, b)$，其期望 $E=(a+b)/2$，方差 $D=(b-a)^2/12$。计算机生成随机数的函数就是在 $(0, 1)$ 之间服从均匀分布。

（2）指数分布　当连续变量在 $x>0$ 处每一点上出现的概率都是 $\lambda e^{-\lambda x}$（$\lambda$ 与泊松分布中的 $\lambda$ 含义一致）时，该变量服从指数分布，表示为 $X \sim E(\lambda)$，其期望 $E=1/\lambda$，方差 $D=1/\lambda^2$。一般认为随机事件之间发生的时间间隔服从指数分布，例如某一电子元件遭受脉冲的时间间隔。

【例】某冰箱生产厂的冰箱平均 10 年出现大的故障，且故障发生的次数服从泊松分布，求冰箱使用 15 年后还没有出现大故障的比例。

根据题目，已知 $\mu=10$ 年，则 $\lambda=1/\mu=0.1$，由于每 $x$ 年（$x$ 为连续变量）出现大故障的概率为 $\lambda e^{-\lambda x}$，因此 15 年中出现故障的比例是 $\int_0^x \lambda e^{-\lambda x}=1-e^{-\lambda x}=1-e^{-0.1 \times 15}=0.7769$。故没有出现大故障的比例为 $1-0.7769=0.2231$，即 15 年后，没有出现大故障的冰箱约占 22.3%。

（3）正态分布 当连续变量在每一点上出现的概率都是 $\dfrac{1}{\sqrt{2\pi}\sigma}e^{-\frac{(x-\mu)^2}{2\sigma^2}}$（$\sigma$ 是该变量数据集的总体方差，$\mu$ 是该变量数据集的平均值）时，该变量服从正态分布，表示为 $X \sim N(\mu,\ \sigma^2)$，其期望 $E=\mu$，方差 $D=\sigma^2$。当 $\mu=0$，$\sigma^2=1$ 时，正态分布称为标准正态分布。

正态分布的概率密度函数曲线具有如下特征：

① 集中性：正态曲线的高峰位于正中央，即平均值 $\mu$ 所在的位置。

② 对称性：正态曲线以平均值为中心，左右对称，曲线两端永远不与横轴相交。

③ 均匀变动性：正态曲线由平均值所在处开始，分别向左右两侧逐渐均匀下降。

正态分布是自然界中的常见的数据分布类型，广泛应用于误差分析、无线电噪声分析、自动控制、产品检验、质量控制、质量管理等领域。

（4）卡方分布 由 $n$ 个相互独立的服从标准正态分布的连续变量的平方和所构成的变量分布称为卡方分布，表示为 $Q \sim \chi^2(v)$，其中 $v$ 称为自由度，$v=n-k$，$k$ 称为限制条件数。

卡方分布是一种正偏态分布，$n$ 越小，其概率密度函数曲线越不对称。

卡方分布 $\chi^2(v)$，其期望 $E=v$，方差 $D=2v$。

例如，零件的尺寸测量值的方差服从卡方分布，因为尺寸测量值与测量平均值之差服从标准正态分布 $N(0,\ 1)$，故该方差服从 $\chi^2\ (n-1)$，其中 $n$ 为测量次数、$k=1$ 为限制条件数。

### 3. 分布峰度和偏度

峰度（kurtosis）又称峰态系数，表征概率密度分布曲线在平均值处峰值高低（尖度）的特征数。样本峰度的计算公式如下：

$$g = \frac{n(n+1)}{(n-1)(n-2)(n-3)}\sum_{i=1}^{n}\left(\frac{x_i-\bar{x}}{s}\right)^4 - \frac{3(n-1)^2}{(n-2)(n-3)} \tag{2-14}$$

峰度可以描述数据分布形态的陡缓程度。当峰度为 0 时，数据集服从正态分布；当峰度小于 0 时，数据分布比较均匀；当峰度大于 0 时，数据分布呈相对尖锐的集中。

偏度（skewness）亦称偏态、偏态系数，是统计数据分布偏斜方向和程度的度量，是统计数据分布非对称程度的数字特征。样本偏度的计算公式如下：

$$b = \frac{n}{(n-1)(n-2)}\sum_{i=1}^{n}\left(\frac{x_i-\bar{x}}{s}\right)^3 \tag{2-15}$$

当偏度等于 0 时，数据集服从对称分布，两侧尾部长度对称，因此偏度常被用于检验数据分布的正态性。如图 2-7（b）。

当偏度小于 0 时，数据分布具有负偏离，也称左偏态，此时数据位于均值左边的比位于右边的少，直观表现为左边的尾部相对于与右边的尾部要长，因为有少数变量值很小，使曲线左侧尾部拖得很长。因此，众数＞中位数＞算术平均数。如图 2-7（a）。

当偏度大于 0 时，数据分布具有正偏离，也称右偏态，此时数据位于均值右边的比位于左边的少，直观表现为右边的尾部相对于与左边的尾部要长，因为有少数变量值很大，使曲线右侧尾部拖得很长。因此，算术平均数＞中位数＞众数。如图 2-7（c）。

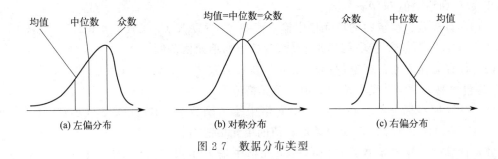

图 2-7　数据分布类型

## 五、描述给定时间段 12:00 臭氧浓度特征

本任务需要使用数据筛选功能，把 12:00 的臭氧浓度另存到一个工作表中，然后根据数据使用 WPS 计算算数平均值、中位数、众数、极差、总体方差、样本标准差、样本变异系数以及偏度和峰度，并衡量频率曲线的正态性。

描述给定时间段 12:00 臭氧浓度特征——数据处理视频

### 1. 筛选数据

使用数据筛选功能，把 12:00 的臭氧浓度另存到一个工作表中（图 2-8）。

【注意】单元格中不能带单位，否则无法进行数值计算。

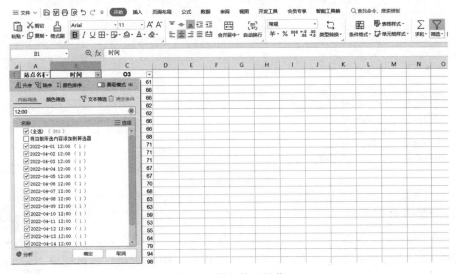

图 2-8　数据筛选操作

### 2. 数据计算

（1）计算平均值：在空白的单元格中输入函数"＝AVERAGE(C2:C16)"，其中"C2:C16"是包含每天 12:00 臭氧浓度数值的单元格范围。

（2）计算中位数：在空白的单元格中输入函数"＝MEDIAN(C2:C16)"，其中"C2:C16"是包含每天 12:00 臭氧浓度数值的单元格范围。

（3）计算众数：在空白的单元格中输入函数"＝MODE(C2:C16)"，其中"C2:C16"是包含每天 12:00 臭氧浓度数值的单元格范围。如果数据集合中不含有重复的数据，则

MODE 数返回错误值 N/A。

（4）计算极差：在空白的单元格中输入函数"＝MAX(C2:C16)－MIN（C2:C16）"，其中"C2:C16"是包含每天 12:00 臭氧浓度数值的单元格范围。

（5）计算总体方差：在空白的单元格中输入函数"＝VAR.P(C2:C16)"，其中"C2:C16"是包含每天 12:00 臭氧浓度数值的单元格范围。

（6）计算样本标准差：在空白的单元格中输入函数"＝STDEV.S(C2:C16)"，其中"C2:C16"是包含每天 12:00 臭氧浓度数值的单元格范围。

（7）计算样本变异系数：在空白的单元格中输入函数"＝STDEV.S(C2:C16)/AVERAGE（C2:C16）"，其中"C2:C16"是包含每天 12:00 臭氧浓度数值的单元格范围。

（8）计算峰度：在空白的单元格中输入函数"＝KURT(C2:C16)"，其中"C2:C16"是包含每天 12:00 臭氧浓度数值的单元格范围。

（9）计算偏度：在空白的单元格中输入函数"＝SKEW(C2:C16)"，其中"C2:C16"是包含每天 12:00 臭氧浓度数值的单元格范围。

计算结果如图 2-9 所示。

| | A | B | C | D | E | F | G |
|---|---|---|---|---|---|---|---|
| 1 | 站点名称 | 时间 | $O_3$ | | | 项目名称 | 计算值 |
| 2 | A站点 | 2022-04-01 12:00 | 67 | | | 平均值 | 125.7333333 |
| 3 | A站点 | 2022-04-02 12:00 | 95 | | | 中位数 | 122 |
| 4 | A站点 | 2022-04-03 12:00 | 122 | | | 众数 | #N/A |
| 5 | A站点 | 2022-04-04 12:00 | 134 | | | 极差 | 159 |
| 6 | A站点 | 2022-04-05 12:00 | 187 | | | 总体方差 | 1809.795556 |
| 7 | A站点 | 2022-04-06 12:00 | 133 | | | 样品标准偏差 | 44.0348347 |
| 8 | A站点 | 2022-04-07 12:00 | 147 | | | 样本变异系数 | 0.35022403 |
| 9 | A站点 | 2022-04-08 12:00 | 191 | | | 峰度 | 0.068859122 |
| 10 | A站点 | 2022-04-09 12:00 | 170 | | | 偏度 | -0.412288456 |
| 11 | A站点 | 2022-04-10 12:00 | 168 | | | | |
| 12 | A站点 | 2022-04-11 12:00 | 121 | | | | |
| 13 | A站点 | 2022-04-12 12:00 | 89 | | | | |
| 14 | A站点 | 2022-04-13 12:00 | 32 | | | | |
| 15 | A站点 | 2022-04-14 12:00 | 118 | | | | |
| 16 | A站点 | 2022-04-15 12:00 | 112 | | | | |

图 2-9　计算结果

### 3. 绘制频率分布图

直方图又称频率分布图，是一种显示数据分布情况的柱形图，即不同数据出现的频率。通过这些高度不同的柱形，可以直观、快速地观察数据的分散程度和中心趋势，从而判断数据分布类型。

描述给定时间段 12:00 臭氧浓度特征——绘图视频

（1）根据数据的数量、极差合理设计数据分组数量，并均匀地确定间距。本任务拟定分组数量为 6 组，根据极差确定间距为 30。

（2）根据数据的最小值合理设置区间的起始值。

（3）在单元格 H2 输入函数"="["&F2&","&G2&")""，并拖拉，在 H 列自动生成区间范围，以作为直方图的 X 轴数值。

（4）在单元格 I2 输入函数"=COUNTIFS('12 时'! ＄C＄2:＄C＄16,">="&F2,'12时'! ＄C＄2:＄C＄16,"<"&G2)"，并拖拉，在 I 列自动统计数据统计区间范围内的数据数量，即频数（出现次数）。

（5）在单元格 J2 输入函数"＝I2/SUM(I:I)"，并拖拉，在 J 列自动统计频率，以作为直方图的 Y 轴数值。

（6）在单元格 K2 输入函数"＝NORM.DIST(AVERAGE(F2:G2),′12 时′! ＄G＄2,′12 时′! ＄G＄7,FALSE)"，并拖拉，在 K 列自动计算区间中值对应的正态分布的概率值。"′12 时′! ＄G＄2"是数据的算术平均值；"′12 时′! ＄G＄7"是数据的样本标准差。

（7）在单元格 L2 输入函数"＝K2/SUM(K:K)"，并拖拉，在 L 列对正态分布概率进行归一化处理，以作为直方图的 Y 轴数值。

（8）选择 H、J、L 列第 1 到 7 行区域，插入图表，选择"组合图"，让频率做柱形图，让正态分布折算的频率做带平滑线的散点图。如图 2-10。

（9）美化图表，包括 X 轴和 Y 轴的线条加粗并显示刻度线，给 Y 轴增加轴标题。

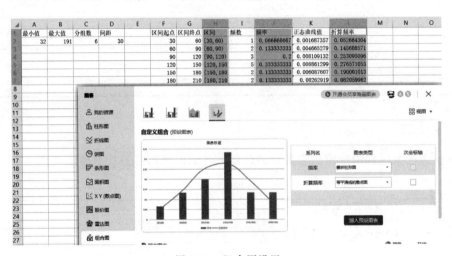

图 2-10　组合图设置

## 4. 结果分析

频率分布图如图 2-11。

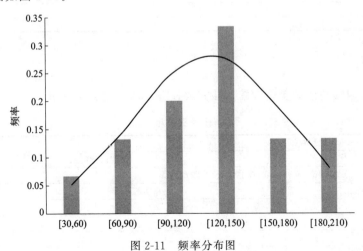

图 2-11　频率分布图

根据峰度结果，给定时间段 12:00 臭氧浓度数据呈现相对尖锐的集中分布，属于左偏态，少量数值显著偏小。

根据直方图，给定时间段 12:00 臭氧浓度数据分布与正态分布相似，存在一个相对尖锐的峰，与正态分布相比属于左偏分布。

## 任务决策

根据任务需求，需要计算数据的集中趋势和离散程度以及数据分布的相关指标，再绘制频率分布图，完成分析报告，填写任务决策单。

**任务决策单**

| 项目名称 | 环境监测数据挖掘 | | | | |
|---|---|---|---|---|---|
| 任务名称 | 数据描述 | | 建议学时数 | | 6 |
| 信息汇总 | | | | | |
| 任务分解 | 项目 | 计算方法 | 指标意义 | 结果分析 | 备注 |
| | 集中趋势 | | | | |
| | 离散程度 | | | | |
| | 数据分布 | | | | |
| | 频率分布图 | | | | |
| 总结 | | | | | |

## 任务计划

根据任务决策过程中选定的方案，制订任务计划，填写任务计划单。

**任务计划单**

| 项目名称 | 环境监测数据挖掘 | | |
|---|---|---|---|
| 任务名称 | 数据描述 | 建议学时数 | 6 |
| 计划方式 | 分组讨论、资料收集、技能学习等 | | |
| 序号 | 任务 | 时间 | 负责人 |
| 1 | | | |
| 2 | | | |
| 3 | | | |
| 4 | | | |
| 5 | | | |
| 小组分工 | | | |
| 计划评价 | | | |

## 任务实施

根据任务计划编制任务实施方案，并完成任务，填写任务实施单。

**任务实施单**

| 项目名称 | 环境监测数据挖掘 | | |
|---|---|---|---|
| 任务名称 | 数据描述 | 建议学时数 | 6 |
| 实施方式 | 分组讨论、资料收集、技能学习、实践操作等 | | |
| 序号 | 实施步骤 | | |
| 1 | | | |
| 2 | | | |
| 3 | | | |
| 4 | | | |
| 5 | | | |
| 6 | | | |

**任务检查与评价**

完成任务后，进行任务检查，可采用小组互评等方式进行任务评价，任务评价单如下。

**任务评价单**

| 项目名称 | 环境监测数据挖掘 |
|---|---|
| 任务名称 | 数据描述 |
| 考核方式 | 过程考核、结果考核 |
| 说明 | 主要评价学生在项目学习过程中的操作方式、理论知识、学习态度、课堂表现、学习能力等 |

| 序号 | 内容 | 评价标准 | | | 成绩比例/% |
|---|---|---|---|---|---|
| | | 优 | 良 | 合格 | |
| 1 | 基本理论掌握 | 完全理解相关统计学原理及概念 | 熟悉相关统计学原理及概念 | 了解相关统计学原理及概念 | 30 |
| 2 | 实践操作技能 | 能够熟练计算数据的集中趋势和离散程度以及数据分布的相关指标，并绘制频率分布图，能够快速完成报告，报告内容完整、格式规范 | 能够较熟练地计算数据的集中趋势和离散程度以及数据分布的相关指标，并绘制频率分布图，能够较快地完成报告，报告内容完整、格式较规范 | 能够计算数据的集中趋势和离散程度以及数据分布的相关指标，并绘制频率分布图，能够参与完成报告，报告内容较完整 | 30 |
| 3 | 职业核心能力 | 具有良好的自主学习能力和分析解决问题能力 | 具有较好的学习能力和分析解决问题能力 | 能主动学习并收集信息，具备一定的分析解决问题能力 | 10 |
| 4 | 工作作风与职业道德 | 具有严谨的科学态度和工匠精神，能够严格遵守相关制度文件 | 具有良好的科学态度和工匠精神，能够自觉遵守相关制度文件 | 具有较好的科学态度和工匠精神，能够遵守相关制度文件 | 10 |
| 5 | 小组评价 | 具有良好的团队合作精神和沟通交流能力，热心帮助小组其他成员 | 具有较好的团队合作精神和与人交流能力，能帮助小组其他成员 | 具有一定的团队合作精神，能配合小组完成项目任务 | 10 |
| 6 | 教师评价 | 包括以上所有内容 | 包括以上所有内容 | 包括以上所有内容 | 10 |
| 合计 | | | | | 100 |

 **教学反馈**

完成任务后，进行教学任务反馈，填写教学反馈单。

**教学反馈单**

| 项目名称 | 环境监测数据挖掘 | | |
|---|---|---|---|
| 任务名称 | 数据描述 | 建议学时数 | 6 |
| 序号 | 调查内容 | 是/否 | 反馈意见 |
| 1 | 知识点是否讲解清楚 | | |
| 2 | 操作是否规范 | | |
| 3 | 解答是否及时 | | |
| 4 | 重难点是否突出 | | |
| 5 | 课堂组织是否合理 | | |
| 6 | 逻辑是否清晰 | | |
| 本次任务的兴趣点 | | | |
| 本次任务的成就点 | | | |
| 本次任务的疑虑点 | | | |

**测试题**

## 一、填空题

1. 数据统计的对象是变量值，变量可以分为_____和_____。

2. 集中趋势常用的衡量指标有____、____、____、____、____、调和平均数等。

3. 离散程度常用的衡量指标有____、____、____、____、_____等。

## 二、判断题

1. 集中趋势又称"数据的中心位置""集中量数"等。（    ）

2. 离散变量的概率分布，常用的有两点分布、二项分布、几何分布、泊松分布等。（    ）

3. 当偏度小于0时，数据分布具有负偏离，也称左偏态。（    ）

# 任务三　假设检验

## 任务描述

在数据挖掘岗位上，小明经常被领导提问"那一时刻的臭氧浓度特别高，合理吗?""14:00的溶解氧含量一定低于12:00的溶解氧含量吗?"……

这类问题的实质都是在问一个数据点或一组数据是否与其他数据有显著性差异，需要对数据进行假设检验。

## 任务要求

根据任务单要求进行任务计划及实施。

## 任务单

根据任务描述，本任务需要检验数据点（组）是否不同于其他数据。具体任务要求可参照任务单。

**任务单**

| 项目名称 | 环境监测数据挖掘 |
|---|---|
| 任务名称 | 假设检验 |
| 任务要求 | |
| 1. 任务开展要求：<br>(1)分组讨论任务实施方案,每组3~5人；<br>(2)所需资料自行收集。<br>2. 完成相关数据收集与整理。<br>3. 提交污染物浓度影响因素分析报告并汇报 | |
| 任务准备 | |
| 1. 知识准备：<br>(1)假设检验基本原理；<br>(2)正态性检验； | |

| 任务准备 |
| --- |
| （3）参数检验；<br>（4）非参数检验。<br>2. 工具及设备支持：<br>计算机 |

| 工作步骤 |
| --- |
| 1. 小组讨论分工。<br>2. 小组合作完成相关数据的收集与整理。<br>3. 小组合作基于假设检验判断不同条件下的数据是否有差异从而判断该条件是否影响污染物浓度,完成判定结果的商定。<br>4. 小组分工完成报告的编写。<br>5. 小组分工完成汇报 PPT 的编制 |

| 总结与提高 |
| --- |
| 1. 自我总结：<br>（1）请对每个组员的工作作风进行相互评价；<br>（2）请分析组内分工的合理性。<br>2. 拓展提高：<br>通过提交报告,进一步明确报告编写的规范性 |

 **任务资讯**

## 一、假设检验基本原理

假设检验是数理统计学中根据一定假设条件由样本推断总体的一种方法,其基本思想是依据过去的信息对不能肯定（确定）的问题作出一个肯定（或否定）的回答。

假设检验的基本原理：在给定备择假设 H1 下对原假设 H0 作出判断,若拒绝原假设 H0,那就意味着接受备择假设 H1,否则就接受原假设 H0。

这是一种依据小概率事件原理的反证法。因此,在假设检验中需要构造某一个事件 H1 使它在原假设 H0 为真的条件下发生的概率很小。根据小概率事件在一次实验中认为不可能发生的实际推断原理,如果在一次试验或观察中出现了 H1,则应拒绝原假设 H0,如果在一次试验或观察中未出现 H1,则应接受原假设 H0。

然而,由于样本的随机性和样本选取的多样性,假设检验在进行判断时有可能犯两种错误：

第一类错误是拒真错误——当原假设 H0 为真时,由于在试验或观察中出现了 H1,因此拒绝原假设 H0 而犯错。通常把犯第一类错误的概率称为拒真概率,记为 $\alpha$。

第二类错误是纳伪错误——当备择假设 H1 为真时,由于在试验或观察中未出现了 H1,因此接受 H0 而犯错。通常把犯第二类错误的概率称为纳伪概率,记为 $\beta$。

由于在实际检验中一般把大概率事件作为原假设,因此在实际检验中人们主要关注第一类错误是否出现。又由于 H0 与 H1 有显著性差异,因此人们把拒真概率 $\alpha$ 称为显著性水平,把 $1-\alpha$ 称为置信度,把假设检验称为显著性检验。

显著性水平 $\alpha$ 一般由人们根据检验的要求确定的,传统意义上通常选择 $\alpha=0.01$ 或 0.05 等,意味着当作出接受原假设的决定时,其正确的概率（置信度）为 99% 或 95%。可见，$\alpha$ 越小，相应的置信区间（置信度）就越大。

因此，假设检验的基本思路就是首先计算 H0 的发生概率（$p$ 值），若 $p$ 值小于 $\alpha$，意味着真事件发生的概率小于拒真概率（即发生了小概率事件），因此应拒绝 H0；否则，若 $p$ 值大于 $\alpha$，意味着真事件发生的概率大于拒真概率（即发生了大概率事件），因此应接受 H0。

假设检验可分为单尾（单侧）检验与双尾（双侧）检验。

单侧检验，是指根据样本水平检验总体的参数值是否大于或小于某个特定值的过程，当检验的是总体的参数值是否大于某个特定值时，称为右侧检验；当检验的是总体的参数值是否小于某个特定值时，称为左侧检验。

双侧检验，就是指根据样本水平检验总体的参数值是否等于某个特定值的过程，此时对差异的方向没有要求。

图 2-12 表示了单侧检验与双侧检验在拒绝域和接受域的差异。对于相同的概率密度曲线，拒绝域就是 $\alpha$ 对应的曲线积分面积，因此双侧检验时拒绝域的在单一方向的面积是单侧检验时的一半。

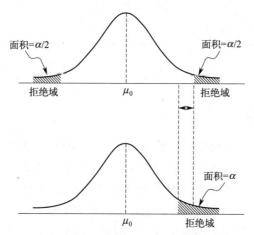

图 2-12　单侧检验与双侧检验在拒绝域和接受域的差异

假设检验可以分为参数检验和非参数检验两大类。参数假设是仅仅涉及母体分布的未知参数的统计假设，而非参数假设则只对未知分布函数的类型或者它的某些特征提出某种假设。

## 二、正态性检验

正态分布是样本进行 Z 检验和 T 检验的前提，若数据服从正态分布，则可进行 T 检验或 Z 检验，否则只能进行非参数检验。

正态性检验就是检验数据是否服从正态分布的方法，其原假设 H0 为"数据服从正态分布"，若（$1-p$ 值）$>\alpha$ 则接受原假设"数据服从正态分布"。

（1）对于小样本量（$3<n<50$），常使用科尔莫戈罗夫-斯米尔诺夫检验（Kolmogorov-Smirnov test）和夏皮罗-威尔克检验（Shapiro-Wilk test）。

正态性检验

——KS 法视频

科尔莫戈罗夫-斯米尔诺夫检验是用样本的分布函数与所假定的理论分布

函数（如正态分布、均匀分布、泊松分布等等）的最大距离来检验。

首先对数据由小到大排序，然后计算样本累积分布函数 Fobs＝$k/n$（$k$ 是序号，$n$ 是数据数），接着利用"＝NORM. DIST(G2,AVERAGE(C:C),STDEV. S(C:C),TRUE)"计算正态分布累积分布函数 Fexp，最后求得两者之差的绝对值的最大值，即为最大距离。随后根据数据量 $n$ 查表 2-6 得到 K-S 检验临界值。检验结果如图 2-13。

表 2-6　K-S 检验临界值

| $n$ | $\alpha=0.05$ | $\alpha=0.01$ | $n$ | $\alpha=0.05$ | $\alpha=0.01$ |
|---|---|---|---|---|---|
| 4 | 0.381 | 0.417 | 14 | 0.227 | 0.261 |
| 5 | 0.337 | 0.405 | 15 | 0.22 | 0.257 |
| 6 | 0.319 | 0.364 | 16 | 0.213 | 0.25 |
| 7 | 0.3 | 0.348 | 17 | 0.206 | 0.245 |
| 8 | 0.285 | 0.331 | 18 | 0.2 | 0.239 |
| 9 | 0.271 | 0.311 | 19 | 0.195 | 0.235 |
| 10 | 0.258 | 0.294 | 20 | 0.19 | 0.231 |
| 11 | 0.249 | 0.284 | 25 | 0.18 | 0.203 |
| 12 | 0.242 | 0.275 | 30 | 0.161 | 0.187 |
| 13 | 0.234 | 0.268 | >30 | $\dfrac{0.886}{\sqrt{n}}$ | $\dfrac{1.031}{\sqrt{n}}$ |

图 2-13　WPS 进行 K-S 检验

（2）对于大样本量（$n>30$），常使用雅克-贝拉检验（Jarque-Bera test），其步骤如下：首先计算样本偏度 $b$ 和峰度 $g$，然后计算 JB：

$$JB=\frac{n}{6}\left(b^2+\frac{g^2}{4}\right) \tag{2-16}$$

最后检验 JB 是否服从 $\chi^2(2)$（自由度为 2 的卡方分布），检验方法有以下两种。

① 根据 JB 计算值和自由度 $v=2$，查《统计分布数值表 $\chi^2$ 分布》（GB 4086.2—1983）中 $\chi^2$ 分布函数表可得到 $p$ 值。若（$1-p$ 值）大于 $\alpha$，则接受 H0 "数据服从正态分布"。

② 根据《统计分布数值表 $\chi^2$ 分布》（GB 4086.2—1983）中 $\chi^2$ 分布分位数表，可以从 H0 所接受的概率出发，查出 $\chi^2$ 的临界值，若 $|\chi^2_{查}|>|JB|$，则接受 H0，否则拒绝 H0。

此外，正态分布假定的统计图也常用于衡量数据是否服从正态分布。如图 2-14 所示，P-P 图是根据变量的累积概率对应于所指定的理论分布累积概率绘制的散点图，用于直观地考察样本数据是否服从某一概率分布。如果样本数据服从所假定的分布，则散点较好地落在原点出发的 $y=x$ 线附近。Q-Q 图的结果与 P-P 图相似，只是 P-P 图是用概率分布的累计比进行正态性考

正态性检验
——PP 图视频

165

察，而 Q-Q 图是用概率分布的分位数进行正态性考察。同 P-P 图一样，如果样本数据对应的总体分布确为正态分布，则在 Q-Q 图中，样本数据对应的散点应基本落在原点出发的 $y=x$ 线附近。

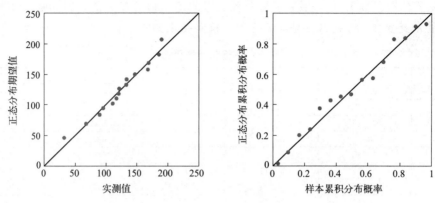

图 2-14　正态分布 Q-Q 图（左图）和 P-P 图（右图）

## 三、参数检验

参数检验是假定比较数据服从某一种分布形式，通过参数的估计量对比较总体的参数做假设检验，如 Z 检验、T 检验、F 检验等。

均值对比的假设检验，也称均值的显著性分析，是根据样本的平均值、标准差、方差等参数对总体平均值的显著性差异做假设检验，其 H0 往往是"总体平均值没有显著性差异"。检验的方法主要有 Z 检验和 T 检验，它们的区别在于 Z 检验面向总体数据或大样本数据，而 T 检验适用于小规模抽样样本。

方差齐性检验是根据样本的平均值、标准差、方差等参数检查不同样本的总体方差是否有显著性差异的一种方法，其 H0 往往是"总体方差没有显著性差异"。检验的方法主要是 F 检验。

### 1. Z 检验

当总体标准差已知或样本容量大于 30（样本标准差与总体标准差的差异足够小）时进行 Z 检验。

（1）比较某个总体的均值与某个常数是否有显著性的差异，检验公式如下：

$$Z = \frac{\overline{x} - \mu}{\sigma / \sqrt{n}} \tag{2-17}$$

式中　$Z$——Z 检验统计量；

$\overline{x}$，$\mu$——样本平均值，总体平均值；

$\sigma$——总体标准差（样本量足够大时可以样本标准差代替）；

$n$——样本量。

（2）比较两个样本的均值是否有显著性的差异，检验公式如下：

$$Z = \frac{(\overline{x}_1 - \overline{x}_2) - (\mu_1 - \mu_2)}{\sqrt{\dfrac{\sigma_1^2}{n_1} + \dfrac{\sigma_2^2}{n_2}}} \tag{2-18}$$

式中　　　　　　　　$Z$——Z 检验统计量；

$\overline{x}_1, \overline{x}_2, \mu_1, \mu_2$——样本 1 和样本 2 的平均值，总体 1 和总体 2 的平均值；

$\sigma_1, \sigma_2$——总体 1 和总体 2 的标准差（样本量足够大时可以样本标准差代替）；

$n_1, n_2$——样本 1 和样本 2 的样本量。

根据 $Z$ 值，查《统计分布数值表　正态分布》（GB 4086.1—1983）中正态分布函数表可得到 $p$ 值。若（$1-p$ 值）大于 $\alpha$，则接受 H0。

此外，根据《统计分布数值表　正态分布》（GB 4086.1—1983）中正态分布分位数表，可以从 II0 所接受的概率（$1-\alpha$）出发，查出 $Z$ 的临界值，若 $|Z_{查}| > |Z_{计算}|$，则接受 H0，否则拒绝 H0。

【注意】双侧检验时，对于显著性水平为 $\alpha$ 的事件，拒真概率取 $\alpha/2$。

### 2. T 检验

当样本容量小于 30，但已知样本总体服从正态分布时适合进行 T 检验。

（1）单样本 T 检验　判断单列正态分布数据是否与某一给定值有显著性差异，或单列正态分布数据是否来自满足某一均值的总体。例如，判断某班语文成绩的均值是否与 80 分有显著性差别。T 检验公式为：

$$T = \frac{\overline{x} - \mu}{s / \sqrt{n}} \tag{2-19}$$

式中　$T$——T 检验统计量；

$\overline{x}, \mu$——样本平均值，总体平均值；

$s$——样本标准差；

$n$——样本量。

（2）配对样本的 T 检验　所谓配对样本的 T 检验，是指参与对比的两列数据都是满足正态分布，而且两列数据之间存在一一对应关系。因此，处于待检验状态的两列配对样本，应该具有相同的数据个数，而且两列数据在语义上有一一对应关系。例如对同一个班级的两次考试成绩，这两次成绩都按照学号顺序存放，具有明确的对应关系。T 检验公式如下：

$$T = \frac{(\overline{x}_1 - \overline{x}_2)}{\sqrt{\dfrac{\sigma_1^2 + \sigma_2^2 - 2r\sigma_1\sigma_2}{n}}} \tag{2-20}$$

式中　$T$——T 检验统计量；

$\overline{x}_1, \overline{x}_2$——样本 1 和样本 2 的平均值；

$\sigma_1, \sigma_2$——总体 1 和总体 2 的标准差；

$r$——两个样本间的相关系数；

$n$——样本对数量。

（3）独立样本 T 检验　独立样本是两个没有对应关系的独立正态分布数据集合，可以有不同的数据个数，例如，对同一学校的某次考试，如果需要检验男生与女生的成绩之间有无显著性差异在总体成绩满足正态分布的情况下，则都可以使用独立样本的 T 检验，但是在进行 T 检验之前，需要明确两个样本的方差是否相同，然后根据方差齐性与否选择相应的计算方法。

① 等方差独立样本 T 检验，公式如下：

$$T = \frac{(\overline{x}_1 - \overline{x}_2)}{\sqrt{\dfrac{(n_1-1)\sigma_1^2 + (n_2-1)\sigma_2^2}{n_1 + n_2 - 2}\left(\dfrac{1}{n_1} + \dfrac{1}{n_2}\right)}} \qquad (2\text{-}21)$$

② 异方差独立样本 T 检验，公式如下：

$$T = \frac{(\overline{x}_1 - \overline{x}_2)}{\sqrt{\dfrac{\sigma_1^2}{n_1} + \dfrac{\sigma_2^2}{n_2}}} \qquad (2\text{-}22)$$

式中　$T$——T 检验统计量；

$\overline{x}_1, \overline{x}_2$——样本 1 和样本 2 的平均值；

$\sigma_1$, $\sigma_2$——总体 1 和总体 2 的标准差；

$n_1$, $n_2$——样本 1 和样本 2 的样本量。

根据 $t$ 值，查《统计分布数值表 $t$ 分布》(GB 4086.3—1983) 中 $t$ 分布函数表可得到 $p$ 值。若（$1-p$ 值）大于 $\alpha$，则接受 H0。

此外，根据《统计分布数值表 $t$ 分布》(GB 4086.3—1983) 中 $t$ 分布分位数表，可以从 H0 所接受的概率出发，查出 $t$ 的临界值，若 $|t_{查}| > |t_{计算}|$，则接受 H0，否则拒绝 H0。

**【注意】**

① 双侧检验时，对于显著性水平为 $\alpha$ 的事件，查表时概率取 $1-\alpha/2$。

② 配对样本的 T 检验和独立样本 T 检验时，自由度 $v = n_A + n_B - 2$；单样本 T 检验时，自由度 $v = n - 1$。

### 3. F 检验

方差齐性是方差分析和均值 T 检验的重要前提。方差齐性检验的要求是样本来自两个独立的、服从正态分布的总体。

F 检验的原假设是"两个总体的方差没有显著性差异"，然后按如下公式计算 F 值。

$$F = \frac{s_1^2}{s_2^2} \qquad (2\text{-}23)$$

其中，方差较大的样本组作为第一组样本，方差较小的样本组作为第二组样本，因此 $s_1 > s_2$，故 $F > 1$。

根据显著性水平，查《统计分布数值表 F 分布》(GB 4086.4—1983) 中的 F 分布分位数表查 $F_\alpha(n_1-1, n_2-1)$。然后比较 $F_\alpha(n_1-1, n_2-1)$ 与 F 值的大小，若 F 值大于 $F_\alpha(n_1-1, n_2-1)$，则拒绝原假设，也就是说两个样本方差不齐，否则接受原假设。

**【注意】**

① 双侧检验时，对于显著性水平为 $\alpha$ 的事件，查表时概率取 $1-\alpha/2$。

② $n_1$ 指方差较大的样本组的样本个数（测量次数），$n_2$ 指方差较小的样本组的样本个数（测量次数）。

## 四、 WPS 进行参数检验案例

WPS 进行参数
检验案例视频

**【案例 1】** 测量土壤样本的碳酸钙含量，结果如下表（单位：g/kg），请问能否 95% 把握认为该土壤样本的碳酸钙含量是 56g/kg?

| 55.29 | 57.33 | 54.95 | 56.81 | 58.95 | 56.62 | 55.84 | 59.94 | 56.1 | 60.42 |
|-------|-------|-------|-------|-------|-------|-------|-------|------|-------|

步骤：

① 打开 WPS 表格，输入数据，如图 2-15。

| A | B | C | D | E | F | G | H | I | J |
|-------|-------|-------|-------|-------|-------|-------|-------|------|-------|
| 55.29 | 57.33 | 54.95 | 56.81 | 58.95 | 56.62 | 55.84 | 59.94 | 56.1 | 60.42 |

图 2-15　输入数据（1）

② 在单元格 C2 输入"56"作为检验值；在单元格 C3 输入"＝AVERAGE(A1:J1)"计算平均值；在单元格 C4 输入"＝STDEV(A1:J1)"计算样本标准差；在单元格 F2 输入"＝COUNT(A1:J1)"计算样本量。

③ 在单元格 C5 输入"＝(C3-C2)/(C4/F2^0.5)"计算 T 值。

④ 在单元格 C6 输入"＝TDIST(C5,F2-1,2)"计算显著性水平。其中 C5 单元格就是 T 值，F2-1 就是自由度，"2"代表双侧检验，也可以输入"1"代表单侧检验。

⑤ 由于显著性水平大于拒真概率 0.05，因此不能拒绝原假设 H0，故有 95％把握认为"该土壤样本的碳酸钙含量是 56g/kg"的说法成立。检验结果如图 2-16。

|   | A | B | C | D | E | F | G | H | I | J |
|---|-------|-------|------------|-------|-------|-------|-------|-------|------|-------|
| 1 | 55.29 | 57.33 | 54.95 | 56.81 | 58.95 | 56.62 | 55.84 | 59.94 | 56.1 | 60.42 |
| 2 | 检验值 |  | 56 | 样本量 |  | 10 |  |  |  |  |
| 3 | 平均值 |  | 57.225 |  |  |  |  |  |  |  |
| 4 | 样本标准差 |  | 1.92087509 |  |  |  |  |  |  |  |
| 5 | T值 |  | 2.016679874 |  |  |  |  |  |  |  |
| 6 | 显著性水平 |  | 0.074520359 |  |  |  |  |  |  |  |

图 2-16　T 检验结果（1）

思考题：查看 ZTEST 函数的使用方法，尝试进行 Z 检验。

【案例 2】A、B 两家企业的危险废物每月产生量如表 2-7 所示，请问两企业危险废物每月产生量是否有明显区别？

表 2-7　两家企业危险废物月产生量

| 企业 | 危险废物月产生量/kg | | | | | | | | | | | | | | |
|------|------|------|------|------|------|------|------|------|------|------|------|------|------|------|------|
| A 企业 | 25.0 | 31.2 | 36.4 | 38.5 | 45.1 | 45.8 | 46.3 | 52.3 | 55.6 | 58.5 | 63.0 | 64.7 | 68.4 | — | — |
| B 企业 | 17.2 | 18.6 | 19.4 | 24.3 | 24.7 | 26.0 | 34.3 | 38.5 | 40.6 | 42.1 | 43.1 | 44.2 | 48.3 | 49.0 | 58.3 |

步骤：

① 打开 WPS 表格，输入数据，如图 2-7。

| A | B | C | D | E | F | G | H | I | J | K | L | M | N | O | P |
|------|------|------|------|------|------|------|------|------|------|------|------|------|------|------|------|
| 企业 | 危险废物月产生量/kg | | | | | | | | | | | | | | |
| A企业 | 25 | 31.2 | 36.4 | 38.5 | 45.1 | 45.8 | 46.3 | 52.3 | 55.6 | 58.5 | 63 | 64.7 | 68.4 | — | — |
| B企业 | 17.2 | 18.6 | 19.4 | 24.3 | 24.7 | 26 | 34.3 | 38.5 | 40.6 | 42.1 | 43.1 | 44.2 | 48.3 | 49 | 58.3 |

图 2-17　输入数据（2）

② 在单元格 D5 输入"＝STDEV(B2:P2)"计算 A 企业样本标准差；在单元格 D6 输入"＝STDEV(B3:P3)"计算 B 企业样本标准差；在单元格 G5 输入"＝COUNTA(B2:P2)"计算 A 企业样本量；在单元格 G6 输入"＝COUNTA(B3:P3)"计算 B 企业样本量。

③ 在单元格 D7 输入"＝D5^2/D6^2"计算 F 值，注意一定要保证 F 大于 1。

④ 在单元格 D8 输入"＝2 * FDIST(D7,G5-1,G6-1)"计算显著性水平，其中"2"是因为 FDIST 输出的是 $P$（$X > F$）的概率，转化成双侧检验时需要 2 倍。

⑤ 由于显著性水平大于拒真概率 0.05，因此不能拒绝原假设 H0，故 95％把握认为"A、B 两企业危险废物每月产生量的方差没有显著性差别（齐方差）"的说法成立。

⑥ 在单元格 J5 输入"＝AVERAGE(B2:P2)"计算 A 企业平均值；在单元格 J6 输入"＝AVERAGE(B3:P3)"计算 B 企业平均值。

⑦ 在单元格 J7 输入"＝(J5-J6)/((((G5-1) * D5^2＋(G6-1) * D6^2)/(G5＋G6-2) * (1/G5＋1/G6))^0.5"计算 T 值。

⑧ 在单元格 J8 输入"＝TDIST(J7,G5＋G6-2,2)"计算显著性水平。其中 J7 单元格就是 T 值，G5＋G6-2 就是自由度，"2"代表双侧检验，也可以输入"1"代表单侧检验。

⑨ 由于显著性水平小于拒真概率 0.05，因此拒绝原假设 H0，故有 95％把握认为"A、B 两企业危险废物每月产生量存在明显区别"的说法成立。检验结果如图 2-18。

| | A | B | C | D | E | F | G | H | I | J | K | L | M | N | O | P |
|---|---|---|---|---|---|---|---|---|---|---|---|---|---|---|---|---|
| 1 | 企业 | | | | | | | 危险废物月产生量/kg | | | | | | | | |
| 2 | A企业 | 25 | 31.2 | 36.4 | 38.5 | 45.1 | 45.8 | 46.3 | 52.3 | 55.6 | 58.5 | 63 | 64.7 | 68.4 | | |
| 3 | B企业 | 17.2 | 18.6 | 19.4 | 24.3 | 24.7 | 26 | 34.3 | 38.5 | 40.6 | 42.1 | 43.1 | 44.2 | 48.3 | 49 | 58.3 |
| 4 | | | | | | | | | | | | | | | | |
| 5 | A企业 | 样本标准差 | | 13.40143984 | | 样本量 | | 13 | | 平均值 | 48.52307692 | | | | | |
| 6 | B企业 | 样本标准差 | | 12.79066624 | | 样本量 | | 15 | | 平均值 | 35.24 | | | | | |
| 7 | | | F值 | 1.097783222 | | | | | | T值 | 2.680763519 | | | | | |
| 8 | | | 显著性水平 | 0.857883332 | | | | | | 显著性水平 | 0.012582693 | | | | | |

图 2-18　T 检验结果（2）

思考题：查看 TTEST 函数和 FTEST 函数的使用方法，尝试重新完成一次案例 2。

## 五、非参数检验

在统计测量中不需要假定总体分布形式和用参数估计量，直接对比较数据的分布进行统计检验的方法，称为非参数检验（nonparameter test）。

非参数检验适用于不符合正态分布的数据，主要有两类：不符合正态分布的高测度数据（定距数据和高测度的定序数据）；低测度数据（定类数据和低测度的定序数据）。

（1）对单样本进行非参数检验常见的方法有二项分布检验和卡方检验。

① 二项分布检验　二项分布检验常用于通过样本估算总体中"是否""生死""达标/超标"等两个选项的数据是否按某一概率 $p$ 出现的场景。如通过抽样估算全校对某道题目的正确率是否为某个数值 $p$ 的场景。

二项分布检验（binomial test）是用来检验样本是否来自参数为（$n$，$p$）的二项分布总体的方法。其中 $n$ 为样本量，$p$ 为概率。

二项分布检验的原假设 H0 是"样本来自的总体与所指定的某个二项分布不存在显著的差异"。

当样本小于或等于 30 时，按照计算二项分布概率的公式计算 H0 的置信度。

$$P(X \leqslant k) = \sum_{k=1}^{k} \binom{n}{k} p^k (1-p)^{n-k} \tag{2-24}$$

也可以根据 $n$、$p$ 以及 $X$ 查《统计分布数值表　二项分布》（GB 4086.5—1983）得到 $P$（$X \leqslant k$），注意标准中 $X$ 是从 0 开始，故查表时 $X$ 取 $k-1$。$P(X \leqslant k)$ 就是 $p$ 值。若 $p$ 值大于 $\alpha$，则接受 H0。

当样本数大于 30 时，计算的是 Z 统计量，然后查《统计分布数值表 正态分布》(GB 4086.1—1983) 中正态分布函数表可得到 $p$ 值。若（1－$p$ 值）大于 $\alpha$，则接受 H0。

$$Z = \frac{X - p}{\sqrt{\dfrac{p(1-p)}{n}}} \tag{2-25}$$

【注意】双侧检验时，拒真概率取 $\alpha/2$。

② 卡方检验  卡方检验常用于通过样本估算总体中各选项的出现概率分布是否按一定比例的场景，如通过有限次抛硬币实验判断"正反两面出现的概率均为 0.5"是否成立，又如通过抽样判断全校对某道题目的答题情况是否按某一比例分布的场景。

卡方检验（chi-square test）是以卡方分布 $\chi^2(v)$ 为基础的检验方法，其原假设 H0 为"观察频率与期望频率没有显著性差异"。

$$\chi^2 = \sum_{i=1}^{k} \frac{(A_i - E_i)^2}{E_i} = \sum_{i=1}^{k} \frac{(A_i - np_i)^2}{np_i} \tag{2-26}$$

其中，$A_i$ 为 $i$ 水平的观察频数；$E_i$ 为 $i$ 水平的期望频数；$n$ 为总频数；$p_i$ 为水平的期望频率；$k$ 为单元格数。$i$ 水平的期望频数 $E_i$ 等于总频数 $n \times i$ 水平的期望概率。

根据 $\chi^2$ 计算值和自由度 $v$，查《统计分布数值表 $\chi^2$ 分布》(GB 4086.2—1983) 中 $\chi^2$ 分布函数表可得到 $p$ 值。若（1－$p$ 值）大于 $\alpha$，则接受 H0。

此外，根据《统计分布数值表 $\chi^2$ 分布》(GB 4086.2—1983) 中 $\chi^2$ 分布分位数表，可以从 H0 所接受的概率出发，查出 $\chi^2$ 的临界值，若 $|\chi^2$ 查 $| > |\chi^2$ 计算$|$，则接受 H0，否则拒绝 H0。

【注意】自由度 $v$＝（行数－1）×（列数－1）。

(2) 对两相关样本进行非参数检验常见的方法有符号检验法和 Wilcoxon 秩和检验法。

① 符号（秩）检验法  符号检验法是通过两个相关样本的每对数据（的秩）之差的符号进行检验，从而比较两个样本的显著性。若两个样本差异不显著，正差值与负差值的个数应大致各占一半，即正差值与负差值的频率服从（$n$, 0.5）的二项分布。

符号检验法的步骤如下：

a. 计算每对数据的差值。

b. 统计正差值数量 $a$ 和负差值数量 $b$。

c. 根据样本量 $n = a + b$、$p = 0.5$ 以及 $X = \min(a, b)$ 查《统计分布数值表 二项分布》(GB 4086.5—1983) 得到 $P(X \leqslant k)$，对于给定显著性水平为 $\alpha$ 的双侧检验（两样本是否存在差异），若 $2P(X \leqslant k) > \alpha$，则接受原假设 H0"正差值与负差值的个数各占一半"；对于给定显著性水平为 $\alpha$ 的单侧检验（某一样本显著优于另一样本），若 $P(X \leqslant k) > \alpha$，则接受原假设 H0"两样本无显著性差异"。

② Wilcoxon 秩和检验法  Wilcoxon 秩和检验，又称顺序和检验，是通过将所有观察值按照从小到大的次序排列，每一观察值按照次序编号，称为秩（或秩次）。对两组观察值分别计算秩和进行均值对比的假设检验。

场景一：两个样本的容量均小于 10 的检验方法。

检验的具体步骤如下。

第一步：将两个样本数据混合并由小到大进行等级排列（最小的数据秩次编为 1，最大的数据秩次编为 $n_1 + n_2$）。

第二步：把容量较小[$\min(n_1, n_2)$]的样本中各数据的等级相加，即秩和，用 $T$ 表示。

第三步：把 $T$ 值与秩和检验表中某一显著性水平 $\alpha$ 下的临界值相比较，如果 $T_左 < T < T_右$，则两样本不存在显著性差异；如果 $T < T_1$ 或 $T \geqslant T_2$ 则表明两样本存在显著性差异。秩和临界值见表 2-8。

表 2-8　秩和临界值表

| $T_1$ | $T_2$ | $T_1$ | $T_2$ | 显著性水平 $\alpha$ | $T_1$ | $T_2$ | $T_1$ | $T_2$ | 显著性水平 $\alpha$ |
|---|---|---|---|---|---|---|---|---|---|
| 2 | 4 | 3 | 11 | 0.067 | 4 | 8 | 16 | 36 | 0.055 |
| 2 | 5 | 3 | 13 | 0.047 | 4 | 9 | 15 | 41 | 0.025 |
| 2 | 6 | 3 | 15 | 0.036 | 4 | 9 | 17 | 39 | 0.053 |
| 2 | 6 | 4 | 14 | 0.071 | 4 | 10 | 16 | 44 | 0.026 |
| 2 | 7 | 3 | 17 | 0.028 | 4 | 10 | 18 | 42 | 0.053 |
| 2 | 7 | 4 | 16 | 0.056 | 5 | 5 | 18 | 37 | 0.028 |
| 2 | 8 | 3 | 19 | 0.022 | 5 | 5 | 19 | 36 | 0.048 |
| 2 | 8 | 4 | 18 | 0.044 | 6 | 7 | 28 | 56 | 0.026 |
| 2 | 9 | 3 | 21 | 0.018 | 6 | 7 | 30 | 54 | 0.051 |
| 2 | 9 | 4 | 20 | 0.036 | 6 | 8 | 29 | 61 | 0.021 |
| 2 | 10 | 4 | 22 | 0.03 | 6 | 8 | 32 | 58 | 0.054 |
| 2 | 10 | 5 | 21 | 0.061 | 6 | 9 | 31 | 65 | 0.025 |
| 3 | 3 | 6 | 15 | 0.05 | 6 | 9 | 33 | 63 | 0.044 |
| 3 | 4 | 6 | 18 | 0.028 | 6 | 10 | 33 | 69 | 0.028 |
| 3 | 4 | 7 | 17 | 0.057 | 6 | 10 | 35 | 67 | 0.047 |
| 4 | 4 | 11 | 25 | 0.029 | 7 | 7 | 37 | 68 | 0.027 |
| 4 | 4 | 12 | 24 | 0.057 | 7 | 7 | 39 | 66 | 0.049 |
| 4 | 5 | 12 | 28 | 0.032 | 7 | 8 | 39 | 73 | 0.027 |
| 4 | 5 | 13 | 27 | 0.056 | 7 | 8 | 41 | 71 | 0.047 |
| 4 | 6 | 12 | 32 | 0.019 | 7 | 9 | 41 | 78 | 0.027 |
| 4 | 6 | 14 | 30 | 0.057 | 7 | 9 | 43 | 76 | 0.045 |
| 4 | 7 | 13 | 35 | 0.021 | 7 | 10 | 43 | 83 | 0.028 |
| 4 | 7 | 15 | 33 | 0.055 | 7 | 10 | 46 | 80 | 0.054 |
| 4 | 8 | 14 | 38 | 0.024 | | | | | |

注：括号内数字表示样本容量 $(n_1, n_2)$，样本容量下一行分别为 $T_左$、$T_右$、相应分位点。

场景二：两个样本的容量均大于 10 的检验方法。

检验的具体步骤如下。

第一步：将两个样本数据混合并由小到大进行等级排列（最小的数据秩次编为 1，最大的数据秩次编为 $n_1 + n_2$）。

第二步：令 $n_1$ 为容量较小的样本量，$n_2$ 为容量较大的样本量，使 $n_1 \leqslant n_2$。计算容量较小的样本中各数据的等级相加，即秩和，用 $T$ 表示。

第三步：根据 $n_1$、$n_2$ 和 $T$，计算 $Z$ 值。

$$Z = \frac{T - \dfrac{n_1(n_1 + n_2 + 1)}{2}}{\sqrt{\dfrac{n_1 n_2 (n_1 + n_2 + 1)}{12}}} \tag{2-27}$$

第四步：根据显著性水平在《统计分布数值表　正态分布》(GB 4086.1—1983) 中正态分布分位数表查出 $Z$ 的临界值，若 $|Z_查| > |Z_{计算}|$，则接受 H0 "两样本不存在显著性差异"，否则拒绝 H0。

（3）对两独立样本进行非参数检验常见的方法有 Mann-Whitney U 检验、Kolmogorov-

Smirnov Z 检验、Wald-Wolfowitz 游程检验以及 Moses 极端反应检验。

Mann-Whitney U 检验是最常用的两个独立样本检验。它等同于对两个组进行的 Wilcoxon 等级和检验和 Kruskal-Wallis 检验。Mann-Whitney 检验中被抽样的两个总体处于等同的位置。对来自两个组的实测值进行组合和等级排序，在同数的情况下分配平均等级。同数的数目相对于实测值总数要小一些。如果两个总体的位置相同，那么在两个样本之间随机混合等级。该检验计算组 1 分数领先于组 2 分数的次数，以及组 2 分数领先于组 1 分数的次数。Mann-Whitney U 统计的是这两个数字中较小的一个。同时显示 Wilcoxon 等级和 $W$ 统计。$W$ 是具有较小等级平均值的组的等级之和，除非组具有相同等级平均值，那么它将是在"两个独立样本定义组"对话框中最后命名组的等级之和。

Kolmogorov-Smirnov Z 检验和 Wald-Wolfowitz 游程检验是检测分布对于位置和形状的差异所更为通用的检验。Kolmogorov-Smirnov Z 检验是以两个样本的观察累积分布函数之间的最大绝对差为基础的。当这个差很大时，就将这两个分布视为不同的分布。Wald-Wolfowitz 游程检验对来自两个组的实测值进行组合和等级排序。如果两个样本来自同一总体，那么两个组应随机散布在整个等级中。

Moses 极端反应检验假定实验变量在一个方向影响某些主体，而在相反方向影响其他主体。它检验与控制组相比的极端响应。当与控制组结合时，此检验主要检查控制组的跨度，测量实验组中的极值对该跨度的影响程度。控制组由"两个独立样本：定义组"对话框中的组 1 值定义。来自两个组的实测值都进行了组合和等级排序。控制组的跨度通过控制组的最大值和最小值的等级差加上 1 来计算。因为意外的离群值可能使跨度范围变形，所以将自动从各端修剪 5% 的控制个案。

## 六、 WPS 进行非参数检验案例

【案例 1】A 城市 147 家代表性企业的调查问卷结果表明：有 131 家企业每年对员工开展职业安全培训。请问通过 A 城市代表性企业的调查问卷结果在 95% 置信水平下能否判断"A 城市 90% 的企业每年对员工开展职业安全培训"的说法成立？

WPS 进行非参数检验案例——案例 1 和案例 2

步骤：

① 打开 WPS 表格，输入数据。

② 在单元格输入"＝BINOM. DIST(B2,B1,0.9,TRUE)"计算显著性水平，其中，B2 是培训企业数量作为"试验成功次数"，B1 是企业总数作为"试验的次数"，"0.9"就是待检验的成功率，TRUE 代表使用二项分布分布函数。

③ 由于显著性水平（$1-p$ 值）大于拒真概率 0.05，因此接受原假设 H0，故有 95% 把握认为"A 城市 90% 的企业每年对员工开展职业安全培训"。检验结果如图 2-19。

| | A | B | C | D | E | F |
|---|---|---|---|---|---|---|
| | | =BINOM. DIST(B2, B1, 0.9, TRUE) | | | | |
| 1 | 企业数 | 147 | | | | |
| 2 | 培训数 | 131 | | | | |
| 3 | 显著性水平 | 0.399456879 | | | | |

图 2-19　案例 1 检验结果

**【案例 2】** A 城市 147 家代表性企业的调查问卷结果表明：有 131 家企业的环保主管学历是高中及以下，有 13 家企业的环保主管学历是本科，有 3 家企业的环保主管学历是研究生。请问通过 A 城市代表性企业的调查问卷结果在 95％置信水平下能否判断"A 城市 90％的企业环保主管学历是高中及以下、8％学历是本科、2％学历是研究生"的说法成立？

步骤：

① 打开 WPS 表格，输入数据，如图 2-20。

图 2-20　案例 2 输入数据

② 在单元格 D3～D5 依次输入"＝＄B＄2＊C3"、"＝＄B＄2＊C4"、"＝＄B＄2＊C5"分别计算各种学历的企业期望数。

③ 在单元格 G1 输入"＝CHITEST(B3:B5,D3:D5)"计算显著性水平。

④ 由于显著性水平 $(1-p$ 值) 大于拒真概率 0.05，因此接受原假设 H0，故有 95％把握认为"A 城市的企业环保主管有 90％学历是高中及以下、8％学历是本科、2％学历是研究生"。检验结果如图 2-21。

图 2-21　案例 2 检验结果

**【案例 3】** A、B 两河段的监测站近一周高锰酸盐指数监测结果和达标情况见表 2-9，请判断在 95％置信水平下 A、B 两河段的监测站近一周高锰酸盐指数是否有明显区别？

表 2-9　A、B 两河段监测站近一周高锰酸盐指数监测结果和达标情况

| 时间 | A 河段 高锰酸盐指数/(mg/L) | A 河段 超标 1/达标 0 | B 河段 高锰酸盐指数/(mg/L) | B 河段 超标 1/达标 0 |
|---|---|---|---|---|
| 周一 | 7.9 | 1 | 7.5 | 1 |
| 周二 | 4.1 | 0 | 5.9 | 0 |
| 周三 | 4.3 | 0 | 6.2 | 1 |
| 周四 | 1.9 | 0 | 2.5 | 0 |

续表

| 时间 | A 河段<br>高锰酸盐指数/(mg/L) | A 河段<br>超标 1/达标 0 | B 河段<br>高锰酸盐指数/(mg/L) | B 河段<br>超标 1/达标 0 |
|---|---|---|---|---|
| 周五 | 8.4 | 1 | 8.2 | 1 |
| 周六 | 1.7 | 0 | 1.5 | 0 |
| 周日 | 3.3 | 0 | 3.8 | 0 |

WPS 进行非参数检验案例
——案例 3 视频

步骤：

① 打开 WPS 表格，输入数据，如图 2-22。

② 在单元格依次输入"＝RANK.AVG(B2，＄B＄2：＄C＄8，1)""＝RANK.AVG(C2，＄B＄2：＄C＄8，1)"等函数分别计算 A 河段和 B 河段高锰酸盐指数的秩，其中函数最后面的"1"（大于 0 的整数）目的是计算秩时按从小到大排列。如图 2-23。

| | A | B | C |
|---|---|---|---|
| 1 | 时间 | A河段高锰酸盐指数/(mg/L) | B河段高锰酸盐指数/(mg/L) |
| 2 | 周一 | 7.9 | 7.5 |
| 3 | 周二 | 4.1 | 5.9 |
| 4 | 周三 | 4.3 | 6.2 |
| 5 | 周四 | 1.9 | 2.5 |
| 6 | 周五 | 8.4 | 8.2 |
| 7 | 周六 | 1.7 | 1.5 |
| 8 | 周日 | 3.3 | 3.8 |

图 2-22　案例 3 输入数据

| | A | B | C |
|---|---|---|---|
| 1 | 时间 | A河段高锰酸盐指数/(mg/L) | B河段高锰酸盐指数/(mg/L) |
| 2 | 周一 | 7.9 | 7.5 |
| 3 | 周二 | 4.1 | 5.9 |
| 4 | 周三 | 4.3 | 6.2 |
| 5 | 周四 | 1.9 | 2.5 |
| 6 | 周五 | 8.4 | 8.2 |
| 7 | 周六 | 1.7 | 1.5 |
| 8 | 周日 | 3.3 | 3.8 |
| 9 | | | |
| 10 | | | |
| 11 | 时间 | A河段高锰酸盐指数的秩 | B河段高锰酸盐指数的秩 |
| 12 | 周一 | 12 | 11 |
| 13 | 周二 | 7 | 9 |
| 14 | 周三 | 8 | 10 |
| 15 | 周四 | 3 | 4 |
| 16 | 周五 | 14 | 13 |
| 17 | 周六 | 2 | 1 |
| 18 | 周日 | 5 | 6 |

图 2-23　计算秩

③ 在单元格输入"＝COUNT(B12:B18)""＝COUNT(C12:C18)"分别统计 A 河段和 B 河段数据量；"＝SUM(B12:B18)""＝SUM(C12:C18)"分别计算 A 河段和 B 河段 T 值，然后查秩和临界值表（表 2-8）。如图 2-24。

| 11 | 时间 | A河段高锰酸盐指数/(mg/L) | B河段高锰酸盐指数/(mg/L) |
|---|---|---|---|
| 12 | 周一 | 12 | 11 |
| 13 | 周二 | 7 | 9 |
| 14 | 周三 | 8 | 10 |
| 15 | 周四 | 3 | 4 |
| 16 | 周五 | 14 | 13 |
| 17 | 周六 | 2 | 1 |
| 18 | 周日 | 5 | 6 |
| 19 | 样本量 | 7 | 7 |
| 20 | T值 | 51 | 54 |

| ▲ | A | B | C | D | E |
|---|---|---|---|---|---|
| 1 | $n_1$ | $n_2$ | $T_1$ | $T_2$ | 显著性水平α |
| 41 | 7 | 7 | 37 | 68 | 0.027 |
| 42 | 7 | 7 | 39 | 66 | 0.049 |
| 43 | 7 | 8 | 39 | 73 | 0.027 |
| 44 | 7 | 8 | 41 | 71 | 0.047 |
| 45 | 7 | 9 | 41 | 78 | 0.027 |
| 46 | 7 | 9 | 43 | 76 | 0.045 |
| 47 | 7 | 10 | 43 | 83 | 0.028 |
| 48 | 7 | 10 | 46 | 80 | 0.054 |

图 2-24　Wilcoxon 秩和检验法-查表法

④ 由表 2-8 可知，95％置信度下 $T_1$、$T_2$ 分别为 39 和 66。由于 T 值介于 $T_1$ 和 $T_2$ 之间，因此两样本不存在显著性差异，故有95％把握认为"A、B 两河段的监测站的近一周高锰酸盐指数没有明显区别"。

⑤ 在单元格输入"＝COUNTA(B12:B18)"和"＝COUNTA(C12:C18)"计算 A 河段和 B 河段样本量，然后在单元格输入"＝SUM(B12:B18)"和"＝SUM(C12:C18)"计算 A 河段和 B 河段的秩和 T 值，接着在单元格输入"＝(B20-B19 * (B19＋C19＋1)/2)/(B19 * C19 * (B19＋C19＋1)/12)^0.5"计算 Z 值，最后在单元格输入"＝1-2 * NORM.S.DIST(B21, TRUE)"得到双侧检验情形下显著性水平。如图 2-25。

| 11 | 时间 | A河段高锰酸盐指数/(mg/L) | B河段高锰酸盐指数/(mg/L) |
|---|---|---|---|
| 12 | 周一 | 12 | 11 |
| 13 | 周二 | 7 | 9 |
| 14 | 周三 | 8 | 10 |
| 15 | 周四 | 3 | 4 |
| 16 | 周五 | 14 | 13 |
| 17 | 周六 | 2 | 1 |
| 18 | 周日 | 5 | 6 |
| 19 | 样本量 | 7 | 7 |
| 20 | T值 | 51 | 54 |
| 21 | Z值 | -0.191662969 | |
| 22 | 显著性水 | 0.151993786 | |

图 2-25　Wilcoxon 秩和检验法-Z 检验法

⑥ 符号（秩）检验法：在单元格输入"＝B12-C12"等函数就算近一周的秩差，然后在单元格输入"＝COUNTIF(D12:D18,">0")"统计正秩差数和"＝COUNTIF(D12:D18,"<0")"统计负秩差数，最后在单元格输入"＝2 * BINOM.DIST(MIN(E12,F12),E12＋F12,0.5,TRUE)"统计双侧检验情形下二项分布检验的显著性水平。如图 2-26。

⑦ 鉴于计算出来的显著性水平均大于拒真概率 0.05，因此接受 H0"两组数据的中位数没有显著性差异"，故有95％把握认为"A、B 两河段的监测站的近一周高锰酸盐指数没有明显区别"。

| ▲ | A | B | C | D | E | F | G |
|---|---|---|---|---|---|---|---|
| 1 | 时间 | A河段高锰酸盐指数/(mg/L) | B河段高锰酸盐指数/(mg/L) | 差值 | 正秩差数 | 负秩差数 | |
| 2 | 周一 | 7.9 | 7.5 | 0.4 | 3 | 4 | |
| 3 | 周二 | 4.1 | 5.9 | -1.8 | | | |
| 4 | 周三 | 4.3 | 6.2 | -1.9 | | | |
| 5 | 周四 | 1.9 | 2.5 | -0.6 | | | |
| 6 | 周五 | 8.4 | 8.2 | 0.2 | | | |
| 7 | 周六 | 1.7 | 1.5 | 0.2 | | | |
| 8 | 周日 | 3.3 | 3.8 | -0.5 | | | |
| 9 | | | | | | | |
| 10 | | | | | | | |
| 11 | 时间 | A河段高锰酸盐指数/(mg/L) | B河段高锰酸盐指数/(mg/L) | 秩差 | 正秩差数 | 负秩差数 | |
| 12 | 周一 | 12 | 11 | 1 | 3 | 4 | |
| 13 | 周二 | 7 | 9 | -2 | | | |
| 14 | 周三 | 8 | 10 | -2 | | | |
| 15 | 周四 | 3 | 4 | -1 | | | |
| 16 | 周五 | 14 | 13 | 1 | | | |
| 17 | 周六 | 2 | 1 | 1 | | | |
| 18 | 周日 | 5 | 6 | -1 | | | |
| 19 | 样本量 | 7 | 7 | 显著性水平 | | | 1 |

图 2-26 符号（秩）检验法

## 任务决策

根据任务需求，需要根据题目建立原假设和备择假设，注意在备择假设中要明确该假设检验是单侧检验还是双侧检验，然后计算检验值并据此判断备择假设是否成立，从而完成分析报告，填写任务决策单。

**任务决策单**

| 项目名称 | 环境监测数据挖掘 | | | | | |
|---|---|---|---|---|---|---|
| 任务名称 | 假设检验 | | | 建议学时数 | | 10 |
| 信息汇总 | | | | | | |
| 任务分解 | | 影响因素 | 原假设、备择假设 | 检验值 | 结论 | 备注 |
| | | | | | | |
| | | | | | | |
| | | | | | | |
| | | | | | | |
| 总结 | | | | | | |

## 任务计划

根据任务决策过程中选定的方案，制订任务计划，填写任务计划单。

**任务计划单**

| 项目名称 | 环境监测数据管理 | | |
|---|---|---|---|
| 任务名称 | 假设检验 | 建议学时数 | 10 |
| 计划方式 | 分组讨论、资料收集、技能学习等 | | |
| 序号 | 任务 | 时间 | 负责人 |
| 1 | | | |
| 2 | | | |
| 3 | | | |
| 4 | | | |
| 5 | | | |
| 小组分工 | | | |
| 计划评价 | | | |

**任务实施**

根据任务计划编制任务实施方案，并完成任务，填写任务实施单。

**任务实施单**

| 项目名称 | 环境监测数据管理 | | |
|---|---|---|---|
| 任务名称 | 假设检验 | 建议学时数 | 10 |
| 实施方式 | 分组讨论、资料收集、技能学习、实践操作等 | | |
| 序号 | 实施步骤 | | |
| 1 | | | |
| 2 | | | |
| 3 | | | |
| 4 | | | |
| 5 | | | |
| 6 | | | |

 **任务检查与评价**

完成任务后，进行任务检查，可采用小组互评等方式进行任务评价、任务评价单如下。

**任务评价单**

| 项目名称 | 环境监测数据挖掘 | | | |
|---|---|---|---|---|
| 任务名称 | 假设检验 | | | |
| 考核方式 | 过程考核、结果考核 | | | |
| 说明 | 主要评价学生在项目学习过程中的操作方式、理论知识、学习态度、课堂表现、学习能力等 | | | |

<table>
<tr><td colspan="6" align="center">考核内容与评价标准</td></tr>
<tr><td rowspan="2">序号</td><td rowspan="2">内容</td><td colspan="3" align="center">评价标准</td><td rowspan="2">成绩比例/%</td></tr>
<tr><td>优</td><td>良</td><td>合格</td></tr>
<tr><td>1</td><td>基本理论掌握</td><td>完全理解相关统计学原理及概念</td><td>熟悉相关统计学原理及概念</td><td>了解相关统计学原理及概念</td><td>30</td></tr>
<tr><td>2</td><td>实践操作技能</td><td>能够熟练根据题目进行相应假设检验，并判断该因素是否对污染物浓度有影响，能够快速完成报告，报告内容完整、格式规范</td><td>能够较熟练地根据题目进行相应假设检验，并判断该因素是否对污染物浓度有影响，能够较快地完成报告，报告内容完整、格式较规范</td><td>能够根据题目进行相应假设检验，并判断该因素是否对污染物浓度有影响，能够参与完成报告，报告内容较完整</td><td>30</td></tr>
<tr><td>3</td><td>职业核心能力</td><td>具有良好的自主学习能力和分析解决问题能力</td><td>具有较好的学习能力和分析解决问题能力</td><td>能主动学习并收集信息，具备一定的分析解决问题能力</td><td>10</td></tr>
<tr><td>4</td><td>工作作风与职业道德</td><td>具有严谨的科学态度和工匠精神，能够严格遵守相关制度文件</td><td>具有良好的科学态度和工匠精神，能够自觉遵守相关制度文件</td><td>具有较好的科学态度和工匠精神，能够遵守相关制度文件</td><td>10</td></tr>
<tr><td>5</td><td>小组评价</td><td>具有良好的团队合作精神和沟通交流能力，热心帮助小组其他成员</td><td>具有较好的团队合作精神和与人交流能力，能帮助小组其他成员</td><td>具有一定的团队合作精神，能配合小组完成项目任务</td><td>10</td></tr>
<tr><td>6</td><td>教师评价</td><td>包括以上所有内容</td><td>包括以上所有内容</td><td>包括以上所有内容</td><td>10</td></tr>
<tr><td colspan="5" align="center">合计</td><td>100</td></tr>
</table>

 **教学反馈**

完成任务后，进行教学任务反馈，填写教学反馈单。

教学反馈单

| 项目名称 | 环境监测数据挖掘 | | | |
|---|---|---|---|---|
| 任务名称 | 假设检验 | 建议学时数 | | 10 |
| 序号 | 调查内容 | 是/否 | | 反馈意见 |
| 1 | 知识点是否讲解清楚 | | | |
| 2 | 操作是否规范 | | | |
| 3 | 解答是否及时 | | | |
| 4 | 重难点是否突出 | | | |
| 5 | 课堂组织是否合理 | | | |
| 6 | 逻辑是否清晰 | | | |
| 本次任务的兴趣点 | | | | |
| 本次任务的成就点 | | | | |
| 本次任务的疑虑点 | | | | |

 测试题

## 一、简答题

简述假设检验的基本原理。

## 二、判断题

1. 显著性水平 $\alpha$ 越小，相应的置信区间（置信度）就越大。（　　）

2. 根据 A、B 两家企业的危险废物每月产生量判断 A 企业每月产生量是否比 B 企业高，需要采用单侧检验。（　　）

3. Q-Q 图是根据变量的累积概率对应于所指定的理论分布累积概率绘制的散点图，用于直观地考察样本数据是否服从某一概率分布。（　　）

## 三、填空题

1. 假设检验在进行判断时有可能犯两种错误：_____ 和 _____。

2. 均值对比的假设检验，也称均值的显著性分析，主要有____ 和 _____。

3. ____ 是指在统计测量中不需要假定总体分布形式和用参数估计量，直接对比较数据的分布进行统计检验的方法。

4. 对两相关样本进行非参数检验常见的方法有_____ 和 _____。

# 任务四　相关性分析

 任务描述

在数据挖掘岗位上，小明经常被领导提问"温度对 $PM_{10}$ 的浓度有影响吗?""风速和气温，哪个对臭氧浓度的影响更大?"……

这类问题的实质都是在问因变量和自变量是否存在相关性以及相关性的强弱，需要对数据进行相关性分析。

 任务要求

根据任务单要求进行任务计划及实施。

## 任务单

根据任务描述，本任务需要分析数据的集中趋势和离散程度以及数据分布特征。具体任务要求可参照任务单。

任务单

| 项目名称 | 环境监测数据挖掘 |
|---|---|
| 任务名称 | 相关性分析 |
| 任务要求 | |
| 1. 任务开展要求：<br>(1)分组讨论任务实施方案，每组 3～5 人；<br>(2)所需资料自行收集。<br>2. 完成相关数据收集与整理。<br>3. 提交相关性分析报告并汇报 | |
| 任务准备 | |
| 1. 知识准备：<br>(1)变量之间的关系；<br>(2)相关性的表示方法；<br>(3)相关系数的假设检验。<br>2. 工具及设备支持：<br>计算机 | |
| 工作步骤 | |
| 1. 小组讨论分工。<br>2. 小组合作完成相关数据的收集与整理。<br>3. 小组合作完成相关性分析数据组的建立、相关性系数和检验值的计算以及结论的商定。<br>4. 小组分工完成报告的编写。<br>5. 小组分工完成汇报 PPT 的编制 | |
| 总结与提高 | |
| 1. 自我总结：<br>(1)请对每个组员的工作作风进行相互评价；<br>(2)请分析组内分工的合理性。<br>2. 拓展提高：<br>通过提交报告，进一步明确报告编写的规范性 | |

## 任务资讯

### 一、变量之间的关系

许多现象之间都有相互联系，例如：身高与体重、教育程度和收入、饮食习惯和患病概率等。在这些有关系的现象中，它们之间联系的程度和性质也各不相同，一般分为：

#### 1. 相关关系

当一个或几个相互联系的变量取一定的数值时，与之相对应的另一变量的值虽然不确定，但它仍按某种规律在一定的范围内变化。变量间的这种相互关系，称为具有不确定性的相关关系。相关关系按照不同的标准可分为不同的类型，如图 2-27。

按程度可分为以下类型：

① 完全相关：一个变量的数量变化由另一个变量的数量变化所唯一确定，即函数关系。

② 不完全相关：两个变量之间的关系介于不相关和完全相关之间。

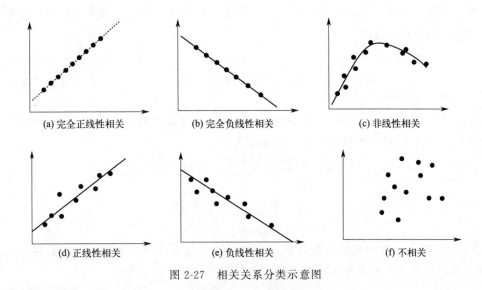

图 2-27 相关关系分类示意图

③ 不相关：两个变量的数量变化互相独立，没有关系。

按方向可分为：

① 正相关：两个变量的变化趋势相同，散点图中各点散布的位置是从左下角到右上角的区域，即一个变量的值由小变大时，另一个变量的值也由小变大。

② 负相关：两个变量的变化趋势相反，散点图中各点散布的位置是从左上角到右下角的区域，即一个变量的值由小变大时，另一个变量的值由大变小。

按形式可分为：

① 线性相关（直线相关）：当相关关系的一个变量变动时，另一个变量也相应地发生均等的变动。

② 非线性相关（曲线相关）：当相关关系的一个变量变动时，另一个变量也相应地发生不均等的变动。

按变量数目可分为：

① 单相关：只反映一个自变量和一个因变量的相关关系。

② 复相关：反映两个及两个以上的自变量同一个因变量的相关关系。

③ 偏相关：当研究因变量与两个或多个自变量相关时，如果把其余的自变量看成不变（即当作常量），只研究因变量与其中一个自变量之间的相关关系，就称为偏相关。

**2. 因果关系**

当两组相关变量的变化有明确的时间顺序，表现为因变量的变化是由于自变量的变化而引起时，称这两组变量具有因果关系。可见，两变量之间具有相关关系，不代表它们之间有因果关系。

值得注意的是，具有因果关系的两变量在统计上有时也不会表现出相关性，例如在多因一果的情况下，对反映原因的一组数据和反映结果的一组数据进行相关性分析时，由于其他原因的干扰，可能会得到"两变量不相关"的错误结论。

## 二、相关性的表示方法

相关性系数是反映两个变量之间变化趋势的方向以及程度的指标，其范围为 $-1$ 到 $+1$，

0 表示两个变量不相关，正值表示正相关，负值表示负相关，绝对值越大表示相关性越强。

### 1. 皮尔逊相关性系数

皮尔逊相关系数（Pearson correlation coefficient），又称皮尔逊积矩相关系数（Pearson product-moment correlation coefficient，简称 PPMCC 或 PCCs），是用于度量两个变量 $X$ 和 $Y$ 之间的线性相关关系的指标。

皮尔逊相关系数的定义是两个变量之间的协方差和标准差的商。因此皮尔逊相关系数计算时要求每个变量所对应的数据之间标准差不为零。

$$
\begin{aligned}
\rho_{X,Y} &= \frac{\mathrm{cov}(X,Y)}{\sigma_X \sigma_Y} = \frac{E\left[(X-\mu_X)(Y-\mu_Y)\right]}{\sigma_X \sigma_Y} \\
&= \frac{E(XY)-E(X)E(Y)}{\sqrt{E(X^2)-(E(X))^2}\sqrt{E(Y^2)-(E(Y))^2}}
\end{aligned}
\tag{2-28}
$$

式（2-28）定义了总体相关系数，常用希腊小写字母 $\rho$ 作为代表符号。估算样本的协方差和标准差，可得到皮尔逊相关系数，常用英文小写字母 $r$ 代表：

$$
r = \frac{\sum_{i=1}^{n}(X_i-\overline{X})(Y_i-\overline{Y})}{\sqrt{\sum_{i=1}^{n}(X_i-\overline{X})^2}\sqrt{\sum_{i=1}^{n}(Y_i-\overline{Y})^2}} = \frac{n\sum X_iY_i - \sum X_i \sum Y_i}{\sqrt{n\sum X_i^2-(\sum X_i)^2}\sqrt{n\sum Y_i^2-(\sum Y_i)^2}}
\tag{2-29}
$$

皮尔逊相关的约束条件：

① 两个变量间有线性关系；

② 变量是连续变量；

③ 两个变量的总体均符合正态分布；

④ 两组数据来源于两个相互独立的事件。

### 2. 斯皮尔曼相关性系数

斯皮尔曼相关性系数，通常也叫斯皮尔曼秩相关系数。"秩"，可以理解为一种顺序或者等级，因此斯皮尔曼相关系数是衡量两个变量（$X$，$Y$）相应数据之间顺序（等级）线性相关关系的指标。其计算步骤如下：

首先对两个变量（$X$，$Y$）的数据进行排序，然后记下排序以后的位置（$X'$，$Y'$），（$X'$，$Y'$）的值就称为秩次，秩次的差值就是上面式（2-30）中的 $d_i$，$n$ 就是变量中数据的个数，最后带入公式就可求解结果。

$$
\rho = 1 - \frac{6\sum d_i^2}{n(n^2-1)}
\tag{2-30}
$$

由于斯皮尔曼相关性系数不受皮尔逊相关的约束条件束缚，因此适用的范围非常广。只要两个变量的观测值是成对的等级评定资料，或者是由连续变量观测资料转化得到的等级资料，不论两个变量的总体分布形态、样本容量的大小如何，都可以用斯皮尔曼等级相关来进行研究。

## 三、相关系数的假设检验

虽然样本相关系数 $r$ 可作为总体相关系数 $\rho$ 的估计值，但从相关系数 $\rho=0$ 的总体中抽出的样本，计算其相关系数 $r$，因为有抽样误差，故不一定是 0，要判断不等于 0 的 $r$ 值是来自 $\rho=0$ 的总体还是来自 $\rho\neq0$ 的总体，必须进行显著性检验。

### 1. 皮尔逊相关假设检验

皮尔逊相关假设检验是检验两样本数据之间是否存在相关性的方法。皮尔逊相关假设检验的前提是数据服从正态分布，故在进行皮尔逊相关假设检验前需要先对数据进行正态性检验。

检验假设是 $\rho=0$，$r$ 与 0 的差别是否显著要按该样本来自 $\rho=0$ 的总体概率而定。如果从相关系数 $\rho=0$ 的总体中取得某 $r$ 值的概率 $P>0.05$，我们就接受假设，95% 把握认为此 $r$ 值是从此总体中取得的，因此判断两变量间无显著关系；如果取得 $r$ 值的概率 $P\leq0.05$ 或 $P\leq0.01$，我们就在 $\alpha=0.05$ 或 $\alpha=0.01$ 水准上拒绝检验假设，认为该 $r$ 值不是来自 $\rho=0$ 的总体，而是来自 $\rho\neq0$ 的另一个总体，因此就判断两变量间有显著关系。

由于来自 $\rho=0$ 的总体的所有样本相关系数呈对称分布，故 $r$ 的显著性可用 T 检验来进行，步骤为：

(1) 建立检验假设，H0：$\rho=0$，双侧检验 H1：$\rho\neq0$，或单侧检验 H1：$\rho>0$ 或 $\rho<0$。

(2) 计算相关系数的 $r$ 的 $t$ 值和自由度 $v$。

$$t=\frac{r}{\sqrt{\dfrac{1-r^2}{n-2}}} \tag{2-31}$$

自由度 $v=n-2$。

其中，$n$ 为两变量数据组的数量。

(3) 根据 $t$ 值，查《统计分布数值表 $t$ 分布》(GB 4086.3—1983) 中 $t$ 分布函数表可得到备择假设 H1 的置信度。或者根据《统计分布数值表 $t$ 分布》(GB 4086.3—1983) 中 $t$ 分布分位数表，可以从 H0 所接受的概率出发，查出 $t$ 的临界值，若 $|t_{查}|>|t_{计算}|$，则接受 H0，否则拒绝 H0。

【注意】双侧检验时，对于显著性水平为 $\alpha$ 的事件，查表时概率取 $1-\alpha/2$。

### 2. 斯皮尔曼相关假设检验

斯皮尔曼（秩）相关假设检验是检验两样本数据排序之间是否存在相关性的方法。进行斯皮尔曼（秩）相关假设检验前无须进行正态性检验，其步骤如下：

(1) 建立检验假设 H0：$\rho=0$；双侧检验 H1：$\rho\neq0$；或单侧检验 H1：$\rho>0$ 或 $\rho<0$。

(2) 当样本量较少 ($n\leq30$) 时，按式 (2-31) 进行 T 检验。当样本量较大 ($n>30$) 时，计算相关系数的 $\rho$ 的 $Z$ 值：

$$Z-\rho\sqrt{n-1} \tag{2-32}$$

其中，$n$ 为两变量数据组的数量，$\rho$ 为斯皮尔曼相关系数。

(3) 根据 $Z$ 值，查《统计分布数值表 正态分布》(GB 4086.1—1983) 中正态分布函数表可得到备择假设 H1 的置信度。或者根据《统计分布数值表 正态分布》(GB 4086.1—1983) 中正态分布分位数表，可以从 H0 所接受的概率出发，查出 $Z$ 的临界值，若 $|Z_{查}|>|Z_{计算}|$，则接受 H0，否则拒绝 H0。注意双侧检验时，对于显著性水平为 $\alpha$ 的事件，查表时概率取 $1-\alpha/2$。

## 四、 WPS 进行相关性分析案例

【案例 1】某同学收集了 2021 年 3 月相同时刻、相近气象要素下的 $PM_{10}$ 的小时浓度数据和气温数据（表 2-10），用于研究气温和 $PM_{10}$ 浓度的相关性。

**表 2-10 $PM_{10}$ 小时浓度数据和气温数据**

| 气温/℃ | 23 | 22.6 | 20.9 | 20.7 | 23 | 18.7 | 25 | 24.6 | 22.1 |
|---|---|---|---|---|---|---|---|---|---|
| $PM_{10}$ 浓度/$(\mu g/m^3)$ | 78 | 49 | 71 | 78 | 85 | 45 | 78 | 49 | 71 |

WPS 进行相关
性分析案例视频

步骤：

① 打开 WPS 表格，输入数据。

② 在单元格输入"=CORREL(B1:J1,B2:J2)"计算 $PM_{10}$ 浓度与气温的相关性系数。也可使用 PEARSON（）函数计算。

③ 使用"COUNT（B1：J1）"统计样本数。

④ 根据式(2-31)输入"=B4/SQRT((1-B4^2)/(B5-2))"计算 $t$ 值。

⑤ 在单元格输入"=TDIST(B6,B5-2,1)"计算 T 检验的 $p$ 值，其中"1"表示单侧检验。

⑥ 由于显著性水平（$1-p$ 值）大于拒真概率 0.05，因此接受原假设 H0，故有 95% 把握认为"所求算的相关性系数与 0 无显著性差异"，即有 95% 把握认为"$PM_{10}$ 浓度与气温无关"。检验结果如图 2-28。

| ▲ | A | B | C | D | E | F | G | H | I | J |
|---|---|---|---|---|---|---|---|---|---|---|
| 1 | 气温/℃ | 23 | 22.6 | 20.9 | 20.7 | 23 | 18.7 | 25 | 24.6 | 22.1 |
| 2 | $PM_{10}$ 浓度/$(\mu g/m^3)$ | 78 | 49 | 71 | 78 | 85 | 45 | 78 | 49 | 71 |
| 3 | | | | | | | | | | |
| 4 | 相关性系数 | 0.243189395 | | | | | | | | |
| 5 | 样本数 | 9 | | | | | | | | |
| 6 | t 值 | 0.66333269 | | | | | | | | |
| 7 | 显著性水平 | 0.264174945 | | | | | | | | |
| 8 | 结论 | p值>0.05，则95%置信度下PM₁₀与温度的相关性系数与r=0无显著性差异，即两者无关 | | | | | | | | |

图 2-28 案例 1 检验结果

【案例 2】根据《环境空气质量评价技术规范（试行》(HJ 663—2013)，变化趋势评价适用于评价污染物浓度或环境空气质量综合状况在多个连续时间周期内的变化趋势，采用 Spearman 秩相关系数法评价。某同学采用斯皮尔曼相关系数进行 $PM_{2.5}$ 年度变化趋势评价，步骤如下：

① 打开 WPS 表格，输入数据，如图 2-29。

② 在单元格输入"=RANK(A2,A\$2:A\$10)"计算 2012 年相应的年份的降序秩次；在单元格输入"=RANK(B2,B\$2:B\$10)"计算 2012 年相应的 $PM_{2.5}$ 浓度的降序秩次；依次计算 2013～2020 年相应的年份的降序秩次和 $PM_{2.5}$ 浓度的降序秩次。

③ 在单元格输入"=(E2-D2)^2"计算 2012 年相应的秩差的平方 $d_i^2$，依次计算 2013～2020 年相应的年份的秩差的平方 $d_i^2$。

④ 在单元格输入"=1-6 * SUM(F:F)/COUNT(F:F)/(COUNT(F:F)^2-1)"计算斯皮尔曼相关系数。其中利用

| ▲ | A | B | C |
|---|---|---|---|
| 1 | 年份 | $PM_{2.5}$ 年均浓度 | |
| 2 | 2012 | 44 | |
| 3 | 2013 | 53 | |
| 4 | 2014 | 45 | |
| 5 | 2015 | 39 | |
| 6 | 2016 | 38 | |
| 7 | 2017 | 40 | |
| 8 | 2018 | 35 | |
| 9 | 2019 | 30 | |
| 10 | 2020 | 22 | |

图 2-29 案例 2 输入数据

count 函数统计数量 $n$。

⑤ 在单元格输入"＝I1/((1-I1^2)/(COUNT(F:F)-2))^0.5"计算斯皮尔曼相关系数 t 检验结果；在单元格输入"＝TDIST(ABS(I2),COUNT(F:F)-2,1)"计算 T 检验的 $p$ 值，其中"1"表示单侧检验。

⑥ 由于显著性水平小于拒真概率 0.05，因此拒绝原假设 H0，故 95％ 把握认为"2012～2020 年 $PM_{2.5}$ 平均浓度显著下降"的说法成立。检验结果如图 2-30。

| ⁌ | A | B | C | D | E | F | G | H | I | J | K | L | M |
|---|---|---|---|---|---|---|---|---|---|---|---|---|---|
| 1 | 年份 | $PM_{2.5}$年均浓度 | | 年份下降秩次 | | 浓度下降秩次 | 秩差d平方 | | 系数 | | -0.9 | | |
| 2 | 2012 | 44 | | 9 | | 3 | 36 | | t值 | | -5.462792808 | | |
| 3 | 2013 | 53 | | 8 | | 1 | 49 | | p值 | | 0.000471531 | | |
| 4 | 2014 | 45 | | 7 | | 2 | 25 | | | | | | |
| 5 | 2015 | 39 | | 6 | | 5 | 1 | | | | | | |
| 6 | 2016 | 38 | | 5 | | 6 | 1 | | | | | | |
| 7 | 2017 | 40 | | 4 | | 4 | 0 | | | | | | |
| 8 | 2018 | 35 | | 3 | | 7 | 16 | | | | | | |
| 9 | 2019 | 30 | | 2 | | 8 | 36 | | | | | | |
| 10 | 2020 | 22 | | 1 | | 9 | 64 | | | | | | |
| 11 | | | | | | | | | | | | | |

$$\rho = 1 - \frac{6\sum d_i^2}{n(n^2-1)}$$

$$t = \frac{r}{\sqrt{\dfrac{1-r^2}{n-2}}}$$

图 2-30　案例 2 检验结果

## 任务决策

根据任务需求，需要筛选出合适的数据组，然后计算相关性系数并对相关性系数进行检验，从而判断某个因素对污染物浓度的影响程度，完成分析报告，填写任务决策单。

### 任务决策单

| 项目名称 | 环境监测数据挖掘 | | | | |
|---|---|---|---|---|---|
| 任务名称 | 相关性分析 | | | 建议学时数 | 6 |
| 信息汇总 | | | | | |
| 任务分解 | 数据筛选依据 | 相关性系数 | T 检验 | 结果分析 | 备注 |
| | | | | | |
| | | | | | |
| | | | | | |
| 总结 | | | | | |

## 任务计划

根据任务决策过程中选定的方案，制订任务计划，填写任务计划单。

### 任务计划单

| 项目名称 | 环境监测数据挖掘 | | |
|---|---|---|---|
| 任务名称 | 相关性分析 | 建议学时数 | 6 |
| 计划方式 | 分组讨论、资料收集、技能学习等 | | |
| 序号 | 任务 | 时间 | 负责人 |
| 1 | | | |
| 2 | | | |
| 3 | | | |
| 4 | | | |
| 5 | | | |
| 小组分工 | | | |
| 计划评价 | | | |

**任务实施**

根据任务计划编制任务实施方案，并完成任务，填写任务实施单。

**任务实施单**

| 项目名称 | 环境监测数据挖掘 | | |
|---|---|---|---|
| 任务名称 | 相关性分析 | 建议学时数 | 6 |
| 实施方式 | 分组讨论、资料收集、技能学习、实践操作等 | | |
| 序号 | 实施步骤 | | |
| 1 | | | |
| 2 | | | |
| 3 | | | |
| 4 | | | |
| 5 | | | |
| 6 | | | |

 **任务检查与评价**

完成任务后，进行任务检查，可采用小组互评等方式进行任务评价，任务评价单如下。

**任务评价单**

| 项目名称 | 环境监测数据挖掘 |
|---|---|
| 任务名称 | 相关性分析 |
| 考核方式 | 过程考核、结果考核 |
| 说明 | 主要评价学生在项目学习过程中的操作方式、理论知识、学习态度、课堂表现、学习能力等 |

考核内容与评价标准

| 序号 | 内容 | 评价标准 | | | 成绩比例/% |
|---|---|---|---|---|---|
| | | 优 | 良 | 合格 | |
| 1 | 基本理论掌握 | 完全理解相关统计学原理及概念 | 熟悉相关统计学原理及概念 | 了解相关统计学原理及概念 | 30 |
| 2 | 实践操作技能 | 能够熟练进行相关性分析，能够快速完成报告，报告内容完整、格式规范 | 能够较熟练地进行相关性分析，能够较快地完成报告，报告内容完整、格式较规范 | 能够进行相关性分析，能够参与完成报告，报告内容较完整 | 30 |
| 3 | 职业核心能力 | 具有良好的自主学习能力和分析解决问题能力 | 具有较好的学习能力和分析解决问题能力 | 能主动学习并收集信息，具备一定的分析解决问题能力 | 10 |
| 4 | 工作作风与职业道德 | 具有严谨的科学态度和工匠精神，能够严格遵守相关制度文件 | 具有良好的科学态度和工匠精神，能够自觉遵守相关制度文件 | 具有较好的科学态度和工匠精神，能够遵守相关制度文件 | 10 |
| 5 | 小组评价 | 具有良好的团队合作精神和沟通交流能力，热心帮助小组其他成员 | 具有较好的团队合作精神和与人交流能力，能帮助小组其他成员 | 具有一定的团队合作精神，能配合小组完成项目任务 | 10 |
| 6 | 教师评价 | 包括以上所有内容 | 包括以上所有内容 | 包括以上所有内容 | 10 |
| | | 合计 | | | 100 |

 **教学反馈**

完成任务后，进行教学任务反馈，填写教学反馈单。

教学反馈单

| 项目名称 | 环境监测数据挖掘 | | | |
|---|---|---|---|---|
| 任务名称 | 相关性分析 | | 建议学时数 | 6 |
| 序号 | 调查内容 | | 是/否 | 反馈意见 |
| 1 | 知识点是否讲解清楚 | | | |
| 2 | 操作是否规范 | | | |
| 3 | 解答是否及时 | | | |
| 4 | 重难点是否突出 | | | |
| 5 | 课堂组织是否合理 | | | |
| 6 | 逻辑是否清晰 | | | |
| 本次任务的兴趣点 | | | | |
| 本次任务的成就点 | | | | |
| 本次任务的疑虑点 | | | | |

##  测试题

**判断题**

1. 当一个或几个相互联系的变量取一定的数值时，与之相对应的另一变量的值虽然不确定，但它仍按某种规律在一定的范围内变化，这时变量之间具有不确定性的相关关系。
（　　　）

2. 具有相关关系的因子之间不一定构成因果关系。（　　　）

3. 相关性系数是反映两个变量之间变化趋势的方向以及程度的指标，其范围为 0 到 1。
（　　　）

4. 相关系数进行双侧检验时，原假设为 $r=0$，即两因子不相关。（　　　）

5. 只要两个变量的总体均符合正态分布就可计算皮尔逊相关性系数。（　　　）

# 任务五　回归分析

## 任务描述

为了定量地分析某个因子对因变量的影响，在数据挖掘岗位上，小明常常需要根据数据建立回归模型，根据模型可以预测数据的变化，可以分析自变量对因变量的影响程度，也可以衡量自变量的敏感性。

## 任务要求

根据任务单要求进行任务计划及实施。

## 任务单

根据任务描述，本任务需要根据数据建立合适的回归模型。具体任务要求可参照任务单。

任务单

| 项目名称 | 环境监测数据挖掘 |
|---|---|
| 任务名称 | 回归分析 |
| 任务要求 | |

1. 任务开展要求：

(1)分组讨论任务实施方案,每组 3～5 人；

(2)所需资料自行收集。

2. 完成相关数据收集与整理。

3. 提交数据回归分析报告并汇报

| 任务准备 | |
|---|---|

1. 知识准备：

(1)直线型回归；

(2)非直线型回归；

(3)回归决定系数；

(4)一元回归和多元回归。

2. 工具及设备支持：

计算机

| 工作步骤 | |
|---|---|

1. 小组讨论分工。

2. 小组合作完成相关数据的收集与整理。

3. 小组合作完成回归模型的商定及模型参数的计算。

4. 小组分工完成报告的编写。

5. 小组分工完成汇报 PPT 的编制

| 总结与提高 | |
|---|---|

1. 自我总结：

(1)请对每个组员的工作作风进行相互评价；

(2)请分析组内分工的合理性。

2. 拓展提高：

通过提交报告,进一步明确报告编写的规范性

 任务资讯

在统计学中，回归分析是确定两种或两种以上变量间相互依赖的定量关系的一种统计分析方法。回归分析按照涉及的自变量的多少，分为一元回归和多元回归分析；按照因变量的多少，可分为简单回归分析和多重回归分析（多个因变量，例如空气质量优良率和空气质量综合指数都属于空气质量状况的评价指标）；按照自变量和因变量之间的关系类型，可分为线性回归分析和非线性回归分析。

## 一、直线型回归

直线型回归（通常又称为线性回归）是假设因变量与每一个自变量都是直线关系的回归方法。其回归方程为

$$Y=\beta_0+\beta_1X_1+\beta_2X_2+\cdots+\beta_nX_n+\varepsilon=\hat{Y}+\varepsilon \tag{2-33}$$

其中，$Y$ 是因变量实测值；$X_1 \sim X_n$ 是自变量；$n$ 为自变量数量；$\beta_0$ 是回归方程的截距；$\beta_1 \sim \beta_n$ 是自变量 $X_1 \sim X_n$ 相应的系数（或称斜率）。

值得注意的是 $\hat{Y}=\beta_0+\beta_1X_1+\beta_2X_2+\cdots+\beta_nX_n$ 常作为回归方程的表达式，$\hat{Y}$ 是因变量

的预测值，因此 $\varepsilon$ 常作为因变量的实测值与预测值之差，称为残差。

对数据进行线性回归就是找到一条回归方程的表达式使其残差最小，主要方法有：

### 1. 最小二乘法

最小二乘法（又称最小平方法）是一种数学优化技术。它通过最小化误差的平方和寻找数据的最佳函数匹配，也就是说利用最小二乘法进行数据回归就是使由因变量和自变量构成的每一组数据 $(Y，X_1，X_2，\cdots，X_n)$ 根据回归方程表达式计算后得到的残差的平方和最小，即求 $S_{\varepsilon^2} = \sum \varepsilon^2$ 的最小值，需要解如下以 $\beta_0$、$\beta_1 \sim \beta_n$ 是未知数的方程组。

$$\begin{cases} \dfrac{\partial S_{\varepsilon^2}}{\partial \beta_0} = 0 \\[2ex] \dfrac{\partial S_{\varepsilon^2}}{\partial \beta_1} = 0 \\[1ex] \vdots \\[1ex] \dfrac{\partial S_{\varepsilon^2}}{\partial \beta_n} = 0 \end{cases} \tag{2-34}$$

根据高斯—马尔可夫定理，在给定经典线性回归的假定下使用最小二乘法得到的回归方程表达式的参数 $\beta_0$、$\beta_1 \sim \beta_n$ 是该回归方程的最优参数。

由于中心极限定理——"任何随机误差（不包括系统误差），如果是由多种独立的微小误差相加组合而成的，那么它的分布一定趋近于正态分布"，而正态分布的最大概率点正好就是 $S_{\varepsilon^2}$ 的最小值点，因此最小二乘法被广泛用于数据建模领域。

### 2. 最大似然估计法

最大似然估计（maximum likelihood estimate，MLE）法也称为最大概似估计法或极大似然估计法。它是在已知因变量的概率分布情况下，通过它的概率函数，最大限度地利用给定样本的信息来估计总体的状况，从而达到估计出的回归方程表达式能最大可能地反映总体的情况，同时误差也是最小的。

其基本步骤是：

① 根据因变量的概率分布函数写出似然函数（概率连续相乘的形式）；

② 对似然函数取对数，并整理成相加的形式；

③ 求似然函数的极大值点，即对似然函数求偏导数，并令该偏导数为 0，得方程组；

④ 解似然方程组。

例如假设因变量服从正态分布，那么其残差 $\varepsilon$ 也服从正态分布，根据正态分布概率分布函数 $f(\varepsilon) = \dfrac{1}{\sqrt{2\pi\sigma^2}} \exp(-\dfrac{\varepsilon^2}{2\sigma^2})$，结合回归方程表达式得到其似然函数：

$$L = \prod_n \frac{1}{\sqrt{2\pi\sigma^2}} \exp[-\frac{(Y_i - \beta_0 - \beta_1 X_{1i} - \cdots - \beta_n X_{ni})^2}{2\sigma^2}] \tag{2-35}$$

对似然函数取对数整理得：

$$K = \ln(L) = \sum_n [\ln(\frac{1}{\sqrt{2\pi\sigma^2}}) - \frac{(Y_i - \beta_0 - \beta_1 X_{1i} - \cdots - \beta_n X_{ni})^2}{2\sigma^2}] \tag{2-36}$$

求 $\ln(L)$ 的极大值得到方程组：

$$\begin{cases} \dfrac{\partial K}{\partial \sigma}=0 \\ \dfrac{\partial K}{\partial \beta_0}=0 \\ \dfrac{\partial K}{\partial \beta_1}=0 \\ \quad\vdots \\ \dfrac{\partial K}{\partial \beta_n}=0 \end{cases} \tag{2-37}$$

解方程组求得的 $\beta_0$、$\beta_1 \sim \beta_n$ 与最小二乘法结果相同，说明最小二乘法是假设因变量服从正态分布时的最大似然估计。

最大似然估计法适用于已知因变量的概率分布情况的场合，因此也常用于解决指数回归、对数回归、幂指数回归、双曲线回归、逻辑回归、多项式回归、gamma 回归等非线性回归问题。

## 二、非直线型回归

非直线型回归（通常又称为非线性回归）是假设因变量与自变量之间呈现非直线关系的回归方法。其回归方程为：

$$Y=f(X_1,X_2,\cdots,X_n)+\varepsilon=\hat{Y}+\varepsilon \tag{2-38}$$

其中，$Y$ 是因变量实测值；$X_1 \sim X_n$ 是自变量；$n$ 为自变量数量；$f$ 代表非直线型函数。

非直线型函数主要有以下常见类型。

### 1. 利用数学方法可以变换成线性函数的非直线型函数

主要包括曲线模型和多项式模型，若因变量服从正态分布，那么可以对这些模型表达式进行数学变换后按线性回归的方法进行回归分析。常见非线性回归模型见表 2-11。

表 2-11　常见非线性回归模型

| 曲线方程 | 变换公式 | 变换后的线性方程 |
| --- | --- | --- |
| $\dfrac{1}{y}=a+\dfrac{b}{x}$ | $Y=\dfrac{1}{y}$<br>$X=\dfrac{1}{x}$ | $Y=a+bX$ |
| $y=ax^b$ | $Y=\ln(y)$<br>$X=\ln(x)$ | $Y=a'+bX$<br>$a'=\ln(a)$ |
| $y=a+b\ln(x)$ | $Y=y$<br>$X=\ln(x)$ | $Y=a+bX$ |
| $y=a\,\mathrm{e}^{bx}$ | $Y=\ln(y)$<br>$X=x$ | $Y=a'+bX$<br>$a'=\ln(a)$ |
| $y=a\,\mathrm{e}^{\frac{b}{x}}$ | $Y=\ln(y)$<br>$X=\dfrac{1}{x}$ | $Y=a'+bX$<br>$a'=\ln(a)$ |

### 2. 不能变换成线性函数的非直线型函数

若因变量不服从正态分布，那么在进行数学变换过程中往往会造成数据呈现异方差（方差不齐即 $\sigma^2 \neq 0$），因此不能转换成线性方程进行回归分析。

（1）逻辑分类函数 对"是/否""达标/超标"等因变量进行回归分析（logistic 回归）时，常常用"0""1"来代表因变量的实测值，用 Sigmoid 函数作为非直线型函数，如图 2-31。

Sigmoid 函数表达式如下。

$$f(x) = \frac{1}{1 + e^{-x}} \tag{2-39}$$

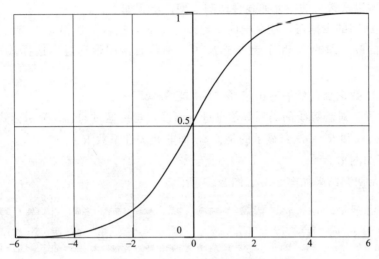

图 2-31 Sigmoid 函数示意图

（2）泊松回归模型如下。

$$f(x) = a \cdot \exp(bx) \tag{2-40}$$

由于此模型下因变量不服从正态分布，因此需要采用非线性回归模型进行拟合。

## 三、回归决定系数 $R^2$

决定系数，也称为判定系数或拟合优度。决定系数反映了因变量 $Y$ 的波动有多少百分比能被自变量 $X$ 的波动所描述，即表征因变量 $Y$ 的变异中有多少百分比，可由控制的自变量 $X$ 来解释。

意义：拟合优度越大，自变量对因变量的解释程度越高，自变量引起的变动占总变动的百分比越高，观察点在回归直线附近越密集。取值范围：0~1。

决定系数的计算公式如式(2-41) 或式(2-42)。

$$R^2 = 1 - \frac{SS_{res}}{SS_{tot}} = 1 - \frac{\sum_i (Y_i - \hat{Y}_i)^2}{\sum_i (Y_i - \overline{Y})^2} \tag{2-41}$$

$$R^2 = \frac{SS_{reg}}{SS_{tot}} = \frac{\sum_i (\hat{Y}_i - \overline{Y})^2}{\sum_i (Y_i - \overline{Y})^2} \tag{2-42}$$

式中 $R^2$——决定系数；

$SS_{res}$——残差平方和；

$SS_{tot}$——总平方和；

$SS_{reg}$——回归平方和。

## 四、 WPS 进行一元线性回归

一元回归针对的是自变量只有一个的场景，回归方程中，只有一个因变量 $Y$，和一个自变量 $X$。在 WPS 中，通过为散点图添加趋势线，即可建立一元线性回归模型以及常见的一元非线性回归模型。步骤如下：

WPS 进行一元
线性回归视频

① 选择要回归的数据对，注意把因变量作为 $Y$ 轴，把自变量作为 $X$ 轴。若系统所绘制的散点图的 $X$ 和 $Y$ 数据选反了，则可右击图形通过"选择数据"修改。

② 点击图中数据点，然后右击选择"添加趋势线"。

③ 点击设置，对趋势线的类型等信息进行修改，也可通过勾选"显示公式""显示 $R$ 平方值"来查看公式和 $R^2$。注意显示的是 $R^2$，而非相关性系数 $R$。

④ 美化回归图形。

关键操作及回归结果如图 2-32、图 2-33 所示。

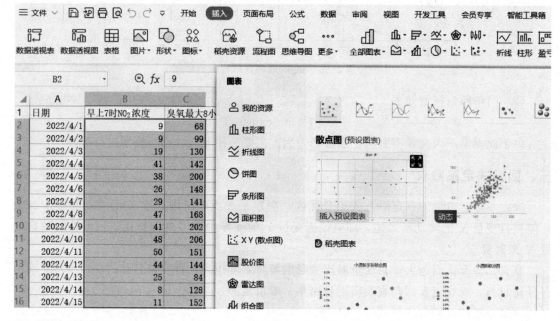

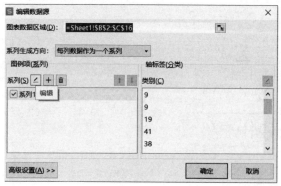

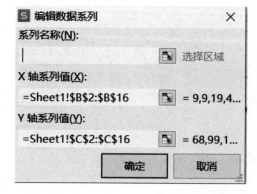

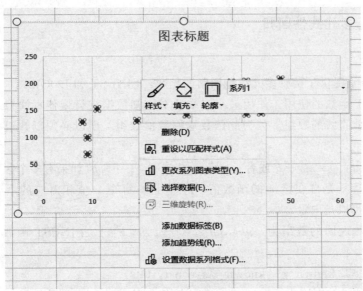

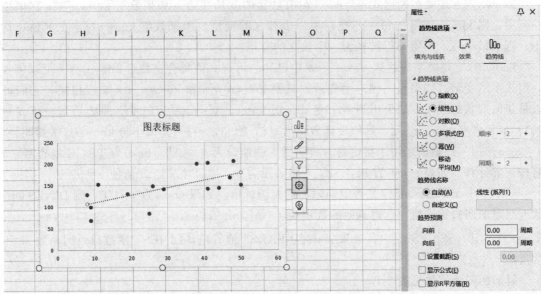

图 2-32　一元线性回归关键操作

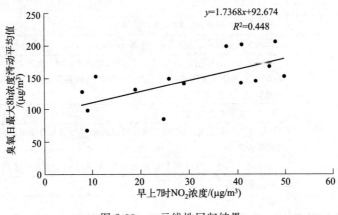

图 2-33　一元线性回归结果

## 五、 WPS 进行多元线性回归

### 1. 相关函数

WPS 中，分别提供了两种多元线性回归的函数：LINEST 和 LOGEST。

WPS 进行多元
线性回归视频

（1）LINEST 函数的使用　使用最小二乘法对已知数据进行最佳直线拟合，并返回描述此直线的数组。因为此函数返回数值数组，所以必须以数组公式的形式输入。

直线的公式为：$y=mx+b$ 或者 $y=m_1x_1+m_2x_2+\cdots+b$（如果有多个区域的 $x$ 值）。

式中，因变量 $y$ 是自变量 $x$ 的函数值。$m$ 值是与每个 $x$ 值相对应的系数，$b$ 为常量。注意 $y$、$x$ 和 $m$ 可以是向量。

LINEST 函数返回的数组为 $\{mn，m_{n-1}，\cdots，m_1，b\}$。LINEST 函数还可返回附加回归统计值。

**语法：**LINEST(known_y's,known_x's,const,stats)。

known_y's 是关系表达式 $y=mx+b$ 中已知的 $y$ 值集合。如果数组 known_y's 在单独一列中，则 known_x's 的每一列被视为一个独立的变量。如果数组 known-y's 在单独一行中，则 known-x's 的每一行被视为一个独立的变量。

known-x's 是关系表达式 $y=mx+b$ 中已知的可选 $x$ 值集合。数组 known_x's 可以包含一组或多组变量。如果只用到一个变量，只要 known_y's 和 known_x's 维数相同，它们可以是任何形状的区域。如果用到多个变量，则 known_y's 必须为向量（即必须为一行或一列）。如果省略 known_x's，则假设该数组为 $\{1，2，3，\cdots\}$，其大小与 known_y's 相同。

const 为一逻辑值，用于指定是否将常量 $b$ 强制设为 0。如果 const 为 TRUE 或省略，$b$ 将按正常计算。如果 const 为 FALSE，$b$ 将被设为 0，并同时调整 $m$ 值使 $y=mx$。

stats 为一逻辑值，指定是否返回附加回归统计值。如果 stats 为 TRUE，则 LINEST 函数返回附加回归统计值，这时返回的数组为：$\{m_n,m_{n-1},\cdots,m_1,b;\text{se}_n,\text{se}_{n-1},\cdots,\text{se}_1,\text{se}_b;$ $R^2,\text{se}_y;F,d_f;\text{SS}_{\text{reg}},\text{SS}_{\text{resid}}\}$。如果 stats 为 FALSE 或省略，LINEST 函数只返回系数 $m$ 和常量 $b$。

附加回归统计值见表 2-12。

表 2-12　附加回归统计值说明

| 统计值 | 说明 |
|---|---|
| $\text{se}_1,\text{se}_2,\cdots,\text{se}_n$ | 系数 $m_1,m_2,\cdots,m_n$ 的标准误差值 |
| $\text{se}_b$ | 常量 $b$ 的标准误差值（当 const 为 FALSE 时，$\text{se}_b=\#N/A$） |
| $R^2$ | 判定系数。$Y$ 的估计值与实际值之比，范围在 0 到 1 之间。如果为 1 则样本有很好的相关性，$Y$ 的估计值与实际值之间没有差别。如果判定系数为 0，则回归公式不能用来预测 $Y$ 值 |
| $\text{se}_y$ | $Y$ 估计值的标准误差 |
| $F$ | F 统计或 F 检验值。使用 F 统计可以判断因变量和自变量之间是否偶尔发生过可观察到的关系 |
| $d_f$ | 自由度。用于在统计表上查找 $F$ 临界值，用来判断模型的置信度 |
| $\text{SS}_{\text{reg}}$ | 回归平方和 |
| $\text{SS}_{\text{resid}}$ | 残差平方和 |

图 2-34 显示了附加回归统计值返回的顺序，需要使用 INDEX 函数调用。

| | A | B | C | D | E | F |
|---|---|---|---|---|---|---|
| 1 | $m_n$ | $m_{n-1}$ | ... | $m_2$ | $m_1$ | $b$ |
| 2 | $se_n$ | $se_{n-1}$ | ... | $se_2$ | $se_1$ | $se_b$ |
| 3 | $R^2$ | $se_y$ | | | | |
| 4 | $F$ | $d_f$ | | | | |
| 5 | $SS_{reg}$ | $SS_{resid}$ | | | | |

图 2-34　附加回归统计值矩阵

**说明：**

① 可以使用斜率和 $y$ 轴截距描述任何直线。

斜率：通常记为 $m$，如果需要计算斜率，则选取直线上的两点，$(x_1，y_1)$ 和 $(x_2，y_2)$；斜率等于 $(y_2-y_1)/(x_2-x_1)$。

$y$ 轴截距：通常记为 $b$，直线的 $y$ 轴的截距为直线通过 $y$ 轴时与 $y$ 轴交点的数值。

直线的公式为 $y=mx+b$。如果知道了 $m$ 和 $b$ 的值，将 $y$ 或 $x$ 的值代入公式就可计算出直线上的任意一点。

② 当只有一个自变量 $x$ 时，可直接利用下面函数得到斜率和 $y$ 轴截距值。

斜率：=INDEX(LINEST(known_y's,known_x's),1)。

$y$ 轴截距：=INDEX(LINEST(known_y's,known_x's),2)。

③ 数据的离散程度决定了 LINEST 函数计算的精确度。数据越接近线性，LINEST 模型就越精确。LINEST 函数使用最小二乘法来判定最适合数据的模型。当只有一个自变量 $x$ 时，$m$ 和 $b$ 是根据式(1-28) 和式(1-31) 计算出的。

④ 直线和 LINEST 可用来计算与给定数据拟合程度最高的直线。

⑤ 回归分析时，WPS 表格计算每一点的 $y$ 的估计值和实际值的平方差。这些平方差之和称为残差平方和。然后 WPS 表格计算 $y$ 的实际值和平均值的平方差之和。称为总平方和（回归平方和+残差平方和）。残差平方和与总平方和的比值越小，判定系数 $R^2$ 的值就越大。$R^2$ 是表示回归分析公式的结果反映变量间关系的程度的标志。

⑥ 对于返回结果为数组的公式，必须以数组公式的形式输入。

⑦ 当需要输入一个数组常量（如 known_x's）作为参数时。以逗号作为同一行中数据的分隔符，以分号作为不同行数据的分隔符。分隔符可能因"区域设置"中或"控制面板"的"区域选项"中区域设置的不同而有所不同。

【注意】如果 $y$ 的回归分析预测值超出了用来计算公式的 $y$ 值的范围，它们可能是无效的。

（2）LOGEST 函数的使用　计算最符合数据的指数回归拟合曲线，并返回描述该曲线的数值数组的函数。

**语法：**LOGEST(known_y's,[known_x's],[const],[stats])。

known_y's 必需。关系表达式 $y=bm^x$ 中已知的 $y$ 值集合。如果数组 known_y's 在单独一列中，则 known_x's 的每一列被视为一个独立的变量。如果数组 known_y's 在单独一行中，则 known_x's 的每一行被视为一个独立的变量。

known_x's 可选。关系表达式 $y=bm^x$ 中已知的 $x$ 值集合，为可选参数。数组 known_x's 可以包含一组或多组变量。如果仅使用一个变量，那么只要 known_x's 和 known_y's 具有相同的维数，则它们可以是任何形状的区域。如果使用多个变量，则 known_y's 必须是向量（即具有一列高度或一行宽度的单元格区域）。如果省略 known_x's，则假设该数组为{1,2,3,…}，其大小与 known_y's 相同。

const 可选。一个逻辑值，用于指定是否将常量 $b$ 强制设为 1。如果 const 为 TRUE 或省略，$b$ 将按正常计算。如果 const 为 FALSE，则常量 $b$ 将设为 1，而 $m$ 的值满足公式 $y = m^x$。

stats 可选。一个逻辑值，用于指定是否返回附加回归统计值。如果 stats 为 TRUE，函数 LOGEST 将返回附加的回归统计值，因此返回的数组为 $\{m_n, m_{n-1}, \cdots, m_1, b; \mathrm{se}_n, \mathrm{se}_{n-1}, \cdots, \mathrm{se}_1, \mathrm{se}_b; R^2, \mathrm{se}_y; F, d_f; \mathrm{SS}_{\mathrm{reg}}, \mathrm{SS}_{\mathrm{resid}}\}$。如果 stats 为 FALSE 或省略，则函数 LOGEST 只返回系数 $m$ 和常量 $b$。

说明：

① 由数据绘出的图越近似于指数曲线，则计算出来的曲线就越符合原来给定的数据。

② 正如 LINEST 函数一样，LOGEST 函数返回一组描述数值间相互关系的数值数组，但 LINEST 函数是用直线来拟合数据，而 LOGEST 函数则以指数曲线来拟合数据。

③ 当仅有一个自变量 $x$ 时，可直接用下面的公式计算出 $y$ 轴截距 $b$ 的值：INDEX(LOGEST(known_y's,known_x's),2)。可用 $y = bm^x$ 公式来预测 $y$ 的值。

④ 当输入一个数组常量（如 known_x's）作为参数时，请使用逗号分隔同一行中的各值，使用分号分隔各行。分隔符可能会因区域设置的不同而有所不同。

⑤ 应注意的一点是：如果由回归公式所预测的 $y$ 值超出用来计算回归公式的 $y$ 的取值区间，则该值可能无效。

**2. 操作步骤**

以臭氧最大 8h 浓度滑动平均值为因变量，以早上 7:00 NO$_2$ 浓度、早上 7:00 PM$_{10}$ 浓度、早上 7:00 PM$_{2.5}$ 浓度等三个因子为自变量，建立多元线性模型步骤如下：

（1）输入数据，以臭氧最大 8h 浓度滑动平均值作为因变量 $Y$，分别把早上 7:00 NO$_2$ 浓度、早上 7:00 PM$_{10}$ 浓度、早上 7:00 PM$_{2.5}$ 浓度等三个因子作为自变量 $X_1$、$X_2$ 和 $X_3$。

（2）在单元格输入"=INDEX(LINEST(E2:E16,B2:D16,TRUE,FALSE),1)"或"=INDEX(LINEST(E2:E16,B2:D16,TRUE,TRUE),1,1)"求算 $X_3$ 相应的系数 $m_3$。

（3）类似地求算 $X_2$ 相应的系数 $m_2$、$X_1$ 相应的系数 $m_1$ 和截距 $b$。

（4）在单元格输入回归方程"=1.86*D2+0.47*C2-1.05*B2+98.98"分别计算预测值，并拖拉填充。

（5）在 K 列计算残差，例如第一组数据的残差为"=E2-J2"。

（6）在 L 列计算因变量 $Y$ 的平均值=AVERAGE（$E$2：$E$16）。

（7）在单元格输入"=1-SUMXMY2(E2:E16,J2:J16)/SUMXMY2(E2:E16,L2:L16)"或者"=INDEX(LINEST(E2:E16,B2:D16,TRUE,TRUE),3,1)"计算决定系数 $R^2$。

（8）在单元格输入"=INDEX(LINEST(E2:E16,B2:D16,TRUE,TRUE),4,1)"计算 F 检验值、输入"=INDEX(LINEST(E2:E16,B2:D16,TRUE,TRUE),4,2)"计算自由度，再统计因子数。

（9）在单元格输入"=FDIST(H13,H15,H14)"求算回归方程的显著性水平。根据显著性水平小于 0.05，说明在 95% 置信度内所得回归方程成立。

多元线性回归方程计算结果如图 2-35 所示。

| | A | B | C | D | E | F | G | H | I | J | K | L |
|---|---|---|---|---|---|---|---|---|---|---|---|---|
| 1 | 日期 | 早上7时NO2浓度 | 早上7时PM10浓度 | 早上7时PM2.5浓度 | 臭氧最大8小时浓度滑动平均值 | | Y=m3*X3+m2*X2+m1*X1+b | | | 预测值 | 残差 | Y的平均值 |
| 2 | 2022/4/1 | 9 | 4 | 2 | 68 | | | | | 95.13 | -27.13 | 144.2 |
| 3 | 2022/4/2 | 9 | 4 | 3 | 99 | | m3 | 1.86 | 1.86 | 96.99 | 2.01 | 144.2 |
| 4 | 2022/4/3 | 19 | 27 | 18 | 130 | | | | | 125.2 | 4.8 | 144.2 |
| 5 | 2022/4/4 | 41 | 83 | 27 | 142 | | m2 | 0.47 | 0.47 | 145.16 | -3.16 | 144.2 |
| 6 | 2022/4/5 | 38 | 72 | 42 | 200 | | | | | 171.04 | 28.96 | 144.2 |
| 7 | 2022/4/6 | 26 | 58 | 38 | 148 | | m1 | -1.05 | -1.05 | 169.62 | -21.62 | 144.2 |
| 8 | 2022/4/7 | 29 | 60 | 40 | 141 | | | | | 171.13 | -30.13 | 144.2 |
| 9 | 2022/4/8 | 47 | 75 | 45 | 168 | | b | 98.98 | 98.98 | 168.58 | -0.58 | 144.2 |
| 10 | 2022/4/9 | 41 | 76 | 43 | 202 | | | | | 171.63 | 30.37 | 144.2 |
| 11 | 2022/4/10 | 48 | 80 | 45 | 206 | | r2 | 0.60 | 0.60 | 169.88 | 36.12 | 144.2 |
| 12 | 2022/4/11 | 50 | 90 | 52 | 151 | | | | | 185.5 | -34.5 | 144.2 |
| 13 | 2022/4/12 | 44 | 62 | 38 | 144 | | F检验值 | 5.45 | | 152.6 | -8.6 | 144.2 |
| 14 | 2022/4/13 | 25 | 35 | 15 | 84 | | 自由度 | 11.00 | | 117.08 | -33.08 | 144.2 |
| 15 | 2022/4/14 | 8 | 10 | 6 | 128 | | 因子数 | 3.00 | | 106.44 | 21.56 | 144.2 |
| 16 | 2022/4/15 | 11 | 17 | 12 | 152 | | 显著性水 | 0.02 | | 117.74 | 34.26 | 144.2 |

图 2-35　多元线性回归方程计算结果

（10）以真实值为横坐标和以预测值为纵坐标建立 Q-Q 图。首先选择数据绘制散点图，然后添加新的数据系列，使图中显示对角线。选择数据点添加趋势线，显示方程和 $R^2$。最后增加轴标题并美化图形。关键操作和绘制好的 Q-Q 图如图 2-36 和图 2-37。

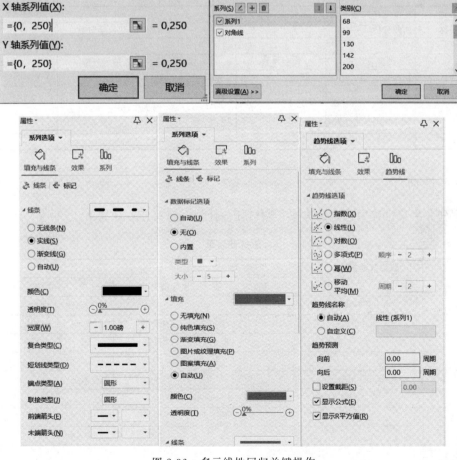

图 2-36　多元线性回归关键操作

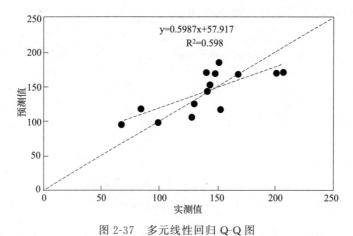

图 2-37　多元线性回归 Q-Q 图

### 任务决策

根据任务需求，需要筛选出合适的数据组，然后选择合适的回归模型并计算模型参数，根据模型的偏导数就可以衡量某个因素的敏感度，完成分析报告，填写任务决策单。

**任务决策单**

| 项目名称 | 环境监测数据挖掘 | | | | |
|---|---|---|---|---|---|
| 任务名称 | 回归分析 | | 建议学时数 | | 6 |
| 信息汇总 | | | | | |
| 任务分解 | 模型表达式 | 模型参数 | F 检验 | 结果分析 | 备注 |
| | | | | | |
| | | | | | |
| | | | | | |
| 总结 | | | | | |

### 任务计划

根据任务决策过程中选定的方案，制订任务计划，填写任务计划单。

**任务计划单**

| 项目名称 | 环境监测数据挖掘 | | |
|---|---|---|---|
| 任务名称 | 回归分析 | 建议学时数 | 6 |
| 计划方式 | 分组讨论、资料收集、技能学习等 | | |
| 序号 | 任务 | 时间 | 负责人 |
| 1 | | | |
| 2 | | | |
| 3 | | | |
| 4 | | | |
| 5 | | | |
| 小组分工 | | | |
| 计划评价 | | | |

## 任务实施

根据任务计划编制任务实施方案，并完成任务，填写任务实施单。

**任务实施单**

| 项目名称 | 环境监测数据挖掘 | | |
|---|---|---|---|
| 任务名称 | 回归分析 | 建议学时数 | 6 |
| 实施方式 | 分组讨论、资料收集、技能学习、实践操作等 | | |
| 序号 | 实施步骤 | | |
| 1 | | | |
| 2 | | | |
| 3 | | | |
| 4 | | | |
| 5 | | | |
| 6 | | | |

## 任务检查与评价

完成任务后，进行任务检查，可采用小组互评等方式进行任务评价，任务评价单如下。

**任务评价单**

| 项目名称 | 环境监测数据挖掘 | | | |
|---|---|---|---|---|
| 任务名称 | 回归分析 | | | |
| 考核方式 | 过程考核、结果考核 | | | |
| 说明 | 主要评价学生在项目学习过程中的操作方式、理论知识、学习态度、课堂表现、学习能力等 | | | |

**考核内容与评价标准**

| 序号 | 内容 | 评价标准 | | | 成绩比例/% |
|---|---|---|---|---|---|
| | | 优 | 良 | 合格 | |
| 1 | 基本理论掌握 | 完全理解相关统计学原理及概念 | 熟悉相关统计学原理及概念 | 了解相关统计学原理及概念 | 30 |
| 2 | 实践操作技能 | 能够熟练建立回归模型并完成模型检验，能够快速完成报告，报告内容完整、格式规范 | 能够较熟练地建立回归模型并完成模型检验，能够较快地完成报告，报告内容完整、格式较规范 | 能够建立回归模型并完成模型检验，能够参与完成报告，报告内容较完整 | 30 |
| 3 | 职业核心能力 | 具有良好的自主学习能力和分析解决问题能力 | 具有较好的学习能力和分析解决问题能力 | 能较主动学习并收集信息，具备一定的分析解决问题能力 | 10 |
| 4 | 工作作风与职业道德 | 具有严谨的科学态度和工匠精神，能够严格遵守相关制度文件 | 具有良好的科学态度和工匠精神，能够自觉遵守相关制度文件 | 具有较好的科学态度和工匠精神，能够遵守相关制度文件 | 10 |
| 5 | 小组评价 | 具有良好的团队合作精神和沟通交流能力，热心帮助小组其他成员 | 具有较好的团队合作精神和与人交流能力，能帮助小组其他成员 | 具有一定的团队合作精神，能配合小组完成项目任务 | 10 |
| 6 | 教师评价 | 包括以上所有内容 | 包括以上所有内容 | 包括以上所有内容 | 10 |
| | 合计 | | | | 100 |

## 教学反馈

完成任务后，进行教学任务反馈，填写教学反馈单。

**教学反馈单**

| 项目名称 | 环境监测数据挖掘 | | |
|---|---|---|---|
| 任务名称 | 回归分析 | 建议学时数 | 6 |
| 序号 | 调查内容 | 是/否 | 反馈意见 |
| 1 | 知识点是否讲解清楚 | | |
| 2 | 操作是否规范 | | |
| 3 | 解答是否及时 | | |
| 4 | 重难点是否突出 | | |
| 5 | 课堂组织是否合理 | | |
| 6 | 逻辑是否清晰 | | |
| 本次任务的兴趣点 | | | |
| 本次任务的成就点 | | | |
| 本次任务的疑虑点 | | | |

## 测试题

### 一、填空题

对数据进行回归就是找到一条回归方程的表达式使其残差最小，主要方法有_____和_____。

### 二、判断题

1. 最大似然估计法适用于已知因变量的概率分布情况的场合，因此也常用于解决指数回归、对数回归、幂指数回归、双曲线回归、逻辑（logistic）回归、多项式回归、Gamma回归等非线性回归问题。（　　）

2. 利用数学方法可以把非直线型函数变换成线性函数，从而按直线型回归方法进行回归。（　　）

3. 拟合优度越大，自变量对因变量的解释程度越高。（　　）

4. 决定系数的取值范围为－1至1。（　　）

# 环境监测数据可视化

## 📖 学习目标

| 知识目标 | 1. 掌握数据可视化的工作方法和技能，能按客户的要求制作图表；<br>2. 理解优秀图表的来源、图表美学基础、图表的类型和优势；<br>3. 熟悉数据可视化工具的使用、图表的制作方法；<br>4. 了解数据可视化相关新技术 |
|---|---|
| 能力目标 | 能使用 WPS 完成图表的绘制、使用 Fine BI 制作数据大屏 |
| 素质目标 | 1. 培养美学素养、数据安全意识、严谨的科学态度和精益求精的工匠精神；<br>2. 提升与人交流、与人合作、信息处理的能力 |

## 📖 引导案例

小明经过一段时间在数据挖掘岗位的锻炼后，被安排到环境监测数据可视化部门，需要学习各类图表的制作及美化，让客户读懂数据的意义，为公司各部门的技术文档编制和数据展示工作等提供支持。

尽管工作烦琐，但小明发扬劳动精神和钉钉子精神，日积月累提升审美水平，精益求精修改可视化结果，最终成长为公司的劳动模范。

数据可视化是指将数据以视觉的形式来呈现，以便于更容易地解释数据模式、趋势、统计数据和数据相关性，因此数据可视化是数据探索的重要手段。

## 任务一　检索数据可视化模板

## 📋 任务描述

小明需要展示一组数据，领导让他找一些优秀的案例来参考。小明需要清楚去哪里找、找出来的图表怎么制作，并具备鉴赏图表的能力。

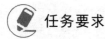 **任务要求**

根据任务单要求进行任务计划及实施。

 **任务单**

根据任务描述，本任务需要以一张图表为例说明该图表是如何制作并点评该图表。具体任务要求可参照任务单。

任务单

| 项目名称 | 环境监测数据可视化 |
|---|---|
| 任务名称 | 检索数据可视化模板 |
| 任务要求 | |
| 1. 任务开展要求：<br>(1)分组讨论任务实施方案，每组 3～5 人；<br>(2)所需资料自行收集。<br>2. 完成图表检索、图表制作工具和方法检索，并鉴赏该图表。<br>3. 提交某图表的制作及鉴赏报告并汇报 | |
| 任务准备 | |
| 1. 知识准备：<br>(1)数据可视化工具；<br>(2)优秀数据图表来源；<br>(3)图表美学基础。<br>2. 工具及设备支持：<br>计算机 | |
| 工作步骤 | |
| 1. 小组讨论分工。<br>2. 小组合作完成图表的收集与整理。<br>3. 小组合作完成图表制作工具和方法检索以及鉴赏结论的商定。<br>4. 小组分工完成报告的编写。<br>5. 小组分工完成汇报 PPT 的编制 | |
| 总结与提高 | |
| 1. 自我总结：<br>(1)请对每个组员的工作作风进行相互评价；<br>(2)请分析组内分工的合理性。<br>2. 拓展提高：通过提交报告，进一步明确报告编写的规范性 | |

 **任务资讯**

## 一、数据可视化工具

数据可视化，就是将相对抽象的数据通过可视的、交互的方式进行展示，从而形象而又直观地表达出数据蕴含的信息和规律。简单来说，就是把复杂无序的数据用直观的图像展示出来，从而清晰地发现数据中潜藏的规律。数据可视化，不仅仅是统计图表。本质上，任何能够借助于图形的方式展示事物原理、规律、逻辑的方法都叫数据可视化。

早期的数据可视化作为咨询机构、金融企业的专业工具，其应用领域较为单一，应用形态较为保守。步入大数据时代，各行各业对数据的重视程度与日俱增，随之而来的是对数据进行一站式整合、挖掘、分析、可视化的需求日益迫切，数据可视化呈现出愈加旺盛的生命力，表现之一就是视觉元素越来越多样，从朴素的柱状图/饼状图/折线图，扩展到地图、气泡图、树图、仪表盘等各式图形。表现之二是可用的开发工具越来越丰富，从专业的数据库/财务软件，扩展到基于各类编程语言的可视化库，相应的应用门槛也越来越低。

一方面数据赋予可视化以价值；另一方面可视化增加数据的灵性，两者相辅相成，帮助企业从信息中提取知识、从知识中收获价值。使用数据可视化的优势是显而易见的，它的传递速度快，数据显示具有多维性，可以更直观地展示信息。而且由于大脑记忆能力的限制，我们对数据的记忆很难维持，但是数据可视化把抽象的数据图形化，就能加深我们的理解和记忆。

### 1. Excel 可视化分析工具

Excel 是微软 Microsoft Office 办公软件中的一款电子表格软件，是我们常用的可视化分析工具。Excel 通过电子表格工作簿来存储数据和分析数据。

从 Excel 2016 版开始嵌入了 Power BI 系列的插件，包括：Power Query、Power Pivot、Power View 和 Power Map 等数据建模和查询分析工具。

Excel 可通过编写函数公式来清洗、处理和分析数据，通过条件格式、数据图表、迷你图、动态透视图、三维地图等方式多样化显示数据。

### 2. Fine BI 可视化分析工具

Fine BI 是帆软软件有限公司推出的一款商业智能产品，本质是通过分析企业已有的信息化数据，发现并解决问题，辅助决策。

Fine BI 的定位是业务人员/数据分析师自主制作仪表板，进行探索分析。可视化探索分析面向分析人员，让他们能够以最直观快速的方式，了解自己的数据，发现数据问题的模块。

利用它只需要进行简单的拖拽操作，选择自己需要分析的字段，几秒内就可以看到自己的数据，通过层级的收起和展开，下钻上卷，可以迅速地了解数据的汇总情况。

### 3. Tableau 可视化分析工具

Tableau 也是一款具备数据可视化能力的 BI 产品，可以在本地运行 Tableau Desktop，也可以选择公共云或通过 Tableau 托管。

与 Fine BI 相同，Tableau 定位也是敏捷和自助式分析，它能够根据业务需求对报表进行迁移和开发，实现业务分析人员独立自主、简单快速、以界面拖拽式的操作方式对业务数据进行联机分析处理、即时查询等功能。

### 4. Power BI 可视化分析工具

Power BI 是微软推出的一款的数据分析和可视化工具，它能实现数据分析的所有流程，包括对数据的获取、清洗、建模和可视化展示，从而帮助个人或企业对数据进行分析，用数据驱动业务，作出正确的决策。

Power BI 简单且快速，连接多种数据源，通过实时仪表板和报告将数据变为现实，把复杂的数据转化成简洁的视图，并在整个组织中共享洞察，或将其嵌入到应用或网站中。

Power BI 也可进行丰富的建模和实时分析及自定义开发，因此它既是个人报表和可视化工具，还可用作组项目、部门或整个企业背后的分析和决策引擎。

## 二、优秀数据图表来源

### 1. 参考官方图表

例如查阅《中国生态环境状况公报》，登录 http：//www.mee.gov.cn/hjzl/，查找文档，参考里面的图表样式（图 3-1）。

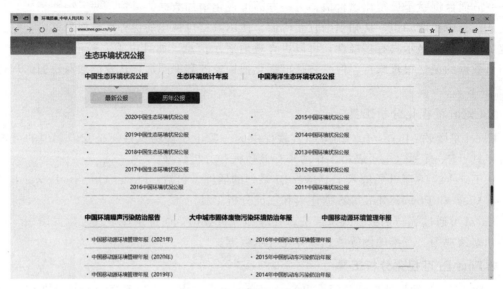

图 3-1　生态环境状况公报

### 2. 参考同行图表

参加行业相关会议，参考同行优秀数据图，例如汇报 PPT 或 poster 的图表（图 3-2）。

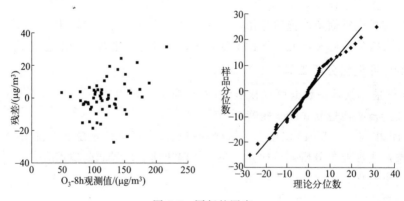

图 3-2　同行的图表

## 三、图表美学基础

### 1. 信息美学

美学是一个定性的概念，它在不同的领域，概念、内容和表征不同。例如，在平面设计中，美学是以图形或图像为依据的组合设计。在产品设计中，美学是技术、形式、生态、特异、体验美。实践证明，精心设计的可视化图表可以用简单的感知推断代替认知计算，并改善理解、记忆和决策能力。如果可视化图表非常具有美学吸引力，则能吸引更多的用户耐心地去理解数据，有利于让非专业人士理解专业数据。

信息美学是研究信息价值的艺术科学，本质上属美学范畴。从美学的审美性质来讲，信息美学既是信息传播的媒介在美学学科内的生动演绎，又是对美学领域中信息存在状态和规律的对象化研究。

信息美学主要关注三大问题：表达抽象数据、提供交互界面、利用视觉吸引力吸引用户。其模型如图 3-3 所示。

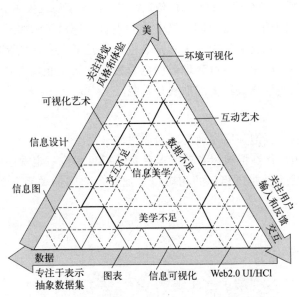

图 3-3　信息可视化背景下信息美学领域模型

（1）数据维度　在该模型中，数据维度专注于表达抽象数据集，通过选择有效的视觉映射，向受众提供数据并促进对数据的洞察力。抽象数据包括定量（数字）和定性（非数字）数据，统称其为数据集，它是具有不同性质（类型）的多个数据变量。

在进行数据到可视化的映射时，需要考虑时序数据的特征和不同可视化元素的准确性、可辨认性、可分离性、视觉突出性。图形属性的信息传达绩效差别如图 3-4。

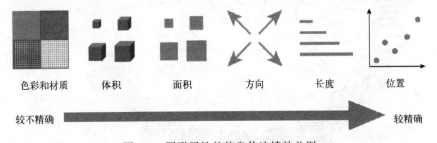

图 3-4　图形属性的信息传达绩效差别

（2）交互维度　通过过滤、缩放等方式探索数据，用户可以更好地参与对数据的理解与分析，同时缓解可视化空间与海量数据间的矛盾。

可视化中的交互设计具有两大目标：可用性与体验性。交互设计的中的美不仅仅是促使用户使用图表，而且要引导用户发挥创造力。为了提升审美情感体验并且保证图表的可用性与可理解性，需要达到交互设计可用性的原则，包括可视原则、反馈原则、受限原则、一致原则。而体验性设计则从可用性的物质需求转化到用户的情感需求。体验性是将用户体验升华的途径，比如成就感、满足感。满足可用性的情况下，在设计中增添互动元素，如优雅的转换、触摸的愉悦感等等，可以提升用户的读图体验。

（3）美观维度　美感的客观构成元素是结构和颜色，因此可视化中的美观可分为两个层次：整体协调美和色彩美。

第一层是整体协调美，人在视觉上追求稳定，用户可以从稳定的画面中获得安定感和舒适感。可视化设计由于经常呈现在较大的显示设备上，对画面平衡感的要求更加苛刻。对可视化空间合理组织和安排，对可视化元素相互间、整体上共同构成平衡都会影响可视化空间的稳定感。

第二层是色彩美。可视化设计中，色彩是最重要的元素之一，把握好可视化元素的色彩搭配，可以使图表具有活泼感。通过合理运用色彩搭配和语义也能吸引用户关注目标信息，加强用户长时间记忆，使信息表达更加准确和直观。

### 2. 图表配色

颜色的属性包括色调、饱和度（纯度）和透明度（亮度）。

色调，也称作色相，指红橙黄绿青蓝紫等色系。把色相按一定顺序排列成圆形便得到了色相环（图 3-5），根据颜色在色相环的相对位置把颜色之间的关系分为邻近色、对比色和

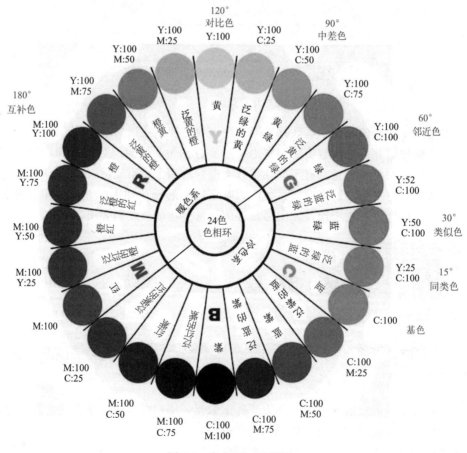

图 3-5　色相环（见彩插）

互补色。其中，与基色相差 60°以内的颜色称为邻近色，与基色相差 120°～180°的颜色称为对比色，与基色恰好相差 180°的颜色称为互补色。此外，色相环中包含红、橙和黄色半圆内的颜色属于暖色，包含在绿、蓝和紫色半圆内的颜色属于冷色。

饱和度，也称作纯度，指色彩的鲜艳程度。在色彩学中，原色饱和度最高，随着饱和度降低，色彩变得暗淡直至成为无彩色，即失去色相的色彩。例如，亮度不同的色条：紫红、深红、玫瑰红、大红、朱红、橘红，在颜色的亮度上就差异明显。

透明度，也称作亮度，指颜色的明暗和深浅程度。例如，明度不同的色条：淡蓝、浅蓝、中蓝、深蓝，在颜色的明度上逐渐加深。

图表配色的原则有：

① 减法原则　所谓减法原则，即尽量减少颜色种类或者使用与主色调接近的颜色。虽然一般会给一个类别分配一种颜色，但是若图中颜色种类太多，那么会分散用户的注意力，此外，若一个图表只有一种颜色，那么用户可能会觉得颜色过于单调，此时使用亮度不同的一组颜色会更好。图表配色进行减法前后的对比如图 3-6 所示。

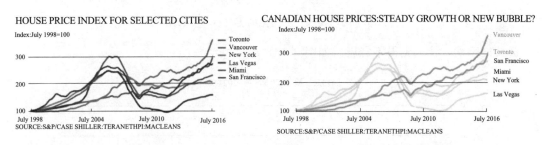

图 3-6　图表配色进行减法前（左图）和减法后（右图）对比（见彩图）

② 一致性原则　一致性包括数字指标一致性（颜色梯度增长与数值增长一致）、指标颜色一致性（指标类别与颜色一一对应）、色彩系统一致性（所有颜色应当和谐）、语义颜色一致性（例如，红色可用于指示热量分布，棕色表示干旱指数，蓝色表示降水）。

③ 有序性原则　围绕让内容有序，可以从图表配色与内容排序两方面展开。如图 3-7。

图 3-7　无序图表（左图）和有序图表（右图）对比（见彩图）

常见的配色误区有：

① 闪亮的霓虹色　很多人以为闪亮的霓虹色会让图表显得更加突出，但是这些颜色容易使眼睛疲劳，无法聚焦到图表的关键数据上。使用这种配色的图表数据难于阅读，不好识别，和暗色调的背景搭配的时候，这种晃眼的感觉尤其明显，如图 3-8。而如果用霓虹色作为背景，那么这个图表几乎没法看清。

② 高饱和度配色　图表如若使用一些高饱和度的色彩搭配，会产生一种"震颤效应"，会让人觉得两种色彩之间会产生模糊、震颤或者发出光晕的视觉效果。这些高饱和度配色的

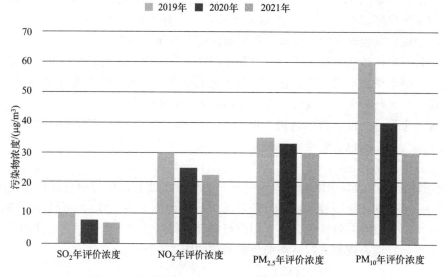

图 3-8　配色误区——闪亮的霓虹色（见彩图）

图表极具侵略性，让人觉得不舒服。如图 3-9。

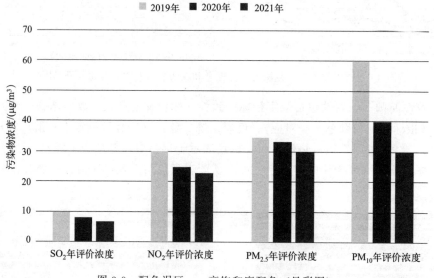

图 3-9　配色误区——高饱和度配色（见彩图）

③ 亮度接近的配色　浅色＋浅色这种"小清新"图表，浅色的图形和浅色数字或者背景叠加在一起，让图表中的数据几乎没法看清楚，最终缺失可读性，让用户忽视图表中的重要指标和关键数据。如图 3-10。

同理，亮色＋亮色和深色＋深色的搭配也会造成图表数据失去辨识度。如图 3-11。

**3. 图表布局**

数据展示图的应用场景包括科技论文、分析报告等文字为主的场景以及数据大屏、PPT 报告等以图表为主的场景。所展示的图一般包括曲线图、示意图和结构图、框图和流程图以及照片等。

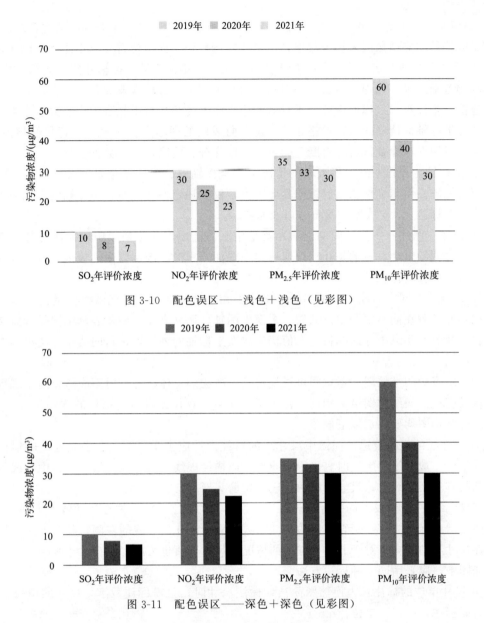

图 3-10 配色误区——浅色＋浅色（见彩图）

图 3-11 配色误区——深色＋深色（见彩图）

（1）曲线图 曲线图一般由 6 个部分组成，包括图序、图题、标目、标值、坐标轴、图注等。曲线图一般有横、纵坐标，坐标轴旁要标明量和单位，同时在图中或图旁要有图例及图例说明。

① 图序和图题 在科技论文、分析报告等场景中，均要按照插图在正文中出现的先后顺序用阿拉伯数字连续编写插图的序号，如图 1、图 2 等，排版时应在正文中提及后再插入（先文后图）并且图离正文中提及之处不能太远。图题应简短精练，准确概括图主题内容，具有较好的说明性和专指性。一个系列的分图需要使用（a）（b）（c）等字母连续标注，图序、图题一并在图正下方标明。

② 标目 标目能指示横、纵坐标轴的物理意义，一般是由物理量名称（符号）以及对应的单位组成。一般物理量与单位是以"量名称或量符号/单位"的形式表示，而复合单位要用括号括起来，比如"压力/MPa""$p$/MPa""$\rho$/（kg·m$^{-3}$）"等形式，一般不能采用

"量（单位）"等其他形式。其中，百分号"％"同样以单位形式来处理，如"含水率/％"。物理量的符号均应遵循国家标准规定，以斜体字母标注，而单位符号以正体字母标注。

③ 标值　标值是表达坐标轴定量数值的尺度，应排在横纵坐标轴外侧，紧靠标值短线。坐标轴的范围选择要合理，需要充分表达数据却不冗余。标值应避免刻度过密，以至于数值前后连接，难以辨识。标值一般要进行规整化，而不能直接将不规整的实测数值作为坐标标值。通常坐标轴标值的间隔要严格相等，避免曲线图的图形严重失真；但若数值相差太大，可以合理运用对坐标轴进行"打断"的技巧，以充分、清晰地表达数据。

④ 坐标轴　在已明确标值大小的情况下，坐标轴就已表述了增量的方向，不应再重复使用箭头标志。而当坐标轴没有指明具体数值，仅表述定性变量时，坐标轴的末端应采用箭头形式，并标注 $x$，$y$ 或物理量符号以及原点 $O$。

⑤ 图注　图注（图例及图例说明）就是用来简洁地表达出插图中所标注的各种符号及需要特别说明的事项，目的是让用户明白图。图注要求简洁准确，表述规范，既可放在坐标轴内，也可放在坐标轴外。

⑥ 适当合并同类曲线　为了突出对比效果和优化版面，可以把由参变量引起的数条函数曲线合并绘制在同一幅图中，共用一个横坐标轴，而分立左右两条表示不同物理意义的纵坐标轴，此时右侧纵坐标的标目与标值仍应放在坐标轴的外侧，标目的编排方法仍与左侧纵坐标的相同。

（2）示意图与结构图　示意图可以呈现某一事物的总体状态，但不能清晰地呈现事物细微结构及变化。而结构图恰好相反，常用于呈现某一物体或者机械部件的详细结构及组成。示意图与结构图均要注意以下规范。

① 尺寸线的规范表达　插图中尺寸线的粗细设计应主次分明、合乎规范，达到整体美观的效果。一般描绘轮廓线时宜采用粗线条，而描绘虚线、尺寸线、指引线、中心线等辅助性线条时宜采用细线条。尺寸线的两端应采用箭头形式。

② 数字标注位置及方向的规范表达　线性尺寸的数字一般标注在尺寸线上方或中断处，其方向有两种标注方法：竖直方向的尺寸，数字应标注在尺寸线的左侧，其余方向的均平行标注在尺寸线的上方；对于非水平方向的情况，尺寸数值也可以标注在尺寸线的中断处。在一张插图中，应采用同一种标注方法。

③ 尺寸单位的标注　为使插图简洁，标注尺寸时，只需标注数字，尺寸的单位一般在图题后面标注，如"（单位：mm）"。

（3）框图与流程图　框图一般由数个图框及连接线组成，能清晰地表达一个事项和各部分、各环节之间的逻辑关系；流程图同样是由数个图框和流程线组成。图框表示的是各种事项的内容，框内以文字和符号表示，流程线表示的是事项的逻辑顺序或先后次序。绘制图时需要注意以下问题。

① 一般使用的图框宜在 8～10 个，若数量过多，会使读者难以快速理解逻辑关系。

② 每个图框内的事项内容尽量以简短的功能性名称表示，并且与正文表述内容及指定的术语一致。

③ 尽量使整个图整洁明了，只显示主要作用和相互作用，其他作用可不在图中体现。

④ 在正文中描述该图时，以图中的先后顺序描述整张图。

（4）照片　照片图能反映事物的外貌形态和特征，因此多用来作为需要分清深浅浓淡、层次多变的插图，以便于读者更直观、形象、清晰地观察。照片图由于是原实物照片的翻版，所以形象逼真，立体感强，但不能描述抽象的逻辑关系和假想的模型体态。使用照片图时应注意以下要求。

① 图片表达清晰，图中元素都要清晰无误，不能出现多个元素堆在一起难以分辨的情况，对比度要合适，以黑白图为主，分辨率要达到 600dpi。

② 图片中需要另外标注文字、数字或符号时，建议使用电脑编辑工具适当添加，调整标注大小及字体统一，使图片更清晰明了、美观协调。

③ 照片中涉及尺寸比例时，比例尺大小应根据图大小同时缩放排版。

（5）特殊插图　对于其他插图，例如地理信息图，尤其是中国地图，在绘制过程中，有很多易出现问题的地方，主要是地图图幅范围、行政区划界线、重要岛屿、地图注记和地理要素等方面易存在问题，例如南海诸岛、中印边境如何表示，港澳台地图图幅范围如何表示，还有各种境界线区分等。因此，当作者绘图涉及中国全景地图时，必须在标准地图服务系统（http：//bzdt. ch. mnr. gov. cn/）下载模板，并注明审图号。

需要注意的是，地理信息图一般都具备图例，图例的说明与图中的点、线、面等地物和颜色要相对应，即图中有多少种信息图例中就应该有对应的个数和种类说明；同时，图例的表示形式也要与地图中的表达保持完全一致，包括符号的大小形状、线条的粗细颜色等方面都需一致。

对于数据大屏、PPT 报告等以图表为主的场景，图表布局还要注意以下几点：

① 聚焦　设计者应该通过适当的排版布局，将用户的注意力集中到可视化结果中最重要的区域，从而将重要的数据信息凸显出来，抓住用户的注意力，提升用户信息解读的效率。人眼扫描模式布局如图 3-12。

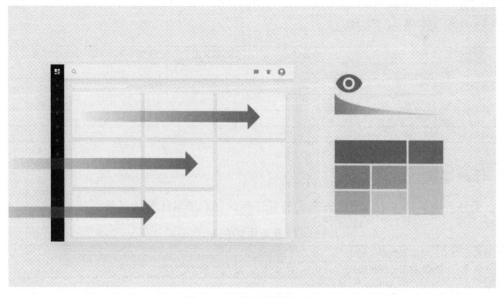

图 3-12　人眼扫描模式布局

② 平衡　要合理地利用可视化的设计空间，在确保重要信息位于可视化空间视觉中心的情况下，保证整个页面的不同元素在空间位置上处于平衡，提升设计美感。例如，核心业务指标安排在中间位置、占较大面积，多为动态效果丰富的地图；而次要指标位于屏幕两侧，多为各类图表。此外，辅助分析的内容可以通过钻取联动、轮播显示。数据大屏布局模式如图 3-13。

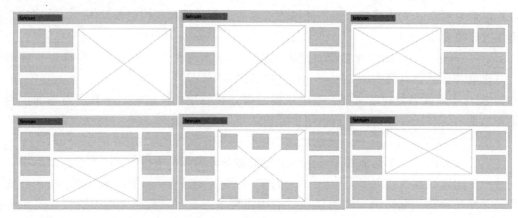

图 3-13　数据大屏布局模式

③ 简洁　在可视化整体布局中，应当以数据的呈现为重点，避免过于复杂或影响数据呈现效果的冗余元素。

## 任务决策

根据任务需求，需要完成图表检索、图表制作工具和方法检索，并鉴赏该图表，完成分析报告，填写任务决策单。

**任务决策单**

| 项目名称 | 环境监测数据可视化 | | | | |
|---|---|---|---|---|---|
| 任务名称 | 检索数据可视化模板 | | | 建议学时数 | 4 |
| 信息汇总 | | | | | |
| 任务分解 | 图表 | 图表优点 | 图表缺点 | 绘制工具及方法 | 备注 |
| | | | | | |
| | | | | | |
| | | | | | |
| | | | | | |
| 总结 | | | | | |

## 任务计划

根据任务决策过程中选定的方案，制订任务计划，填写任务计划单。

**任务计划单**

| 项目名称 | 环境监测数据可视化 | | |
|---|---|---|---|
| 任务名称 | 检索数据可视化模板 | 建议学时数 | 4 |
| 计划方式 | 分组讨论、资料收集、理论学习等 | | |
| 序号 | 任务 | 时间 | 负责人 |
| 1 | | | |
| 2 | | | |
| 3 | | | |
| 4 | | | |
| 5 | | | |
| 小组分工 | | | |
| 计划评价 | | | |

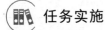 **任务实施**

根据任务计划编制任务实施方案，并完成任务，填写任务实施单。

任务实施单

| 项目名称 | 环境监测数据可视化 | | |
|---|---|---|---|
| 任务名称 | 检索数据可视化模板 | 建议学时数 | 4 |
| 实施方式 | 分组讨论、资料收集、理论学习等 | | |
| 序号 | 实施步骤 | | |
| 1 | | | |
| 2 | | | |
| 3 | | | |
| 4 | | | |
| 5 | | | |
| 6 | | | |

**任务检查与评价**

完成任务后，进行任务检查，可采用小组互评等方式进行任务评价，任务评价单如下。

任务评价单

| 项目名称 | 环境监测数据可视化 |
|---|---|
| 任务名称 | 检索数据可视化模板 |
| 考核方式 | 过程考核、结果考核 |
| 说明 | 主要评价学生在项目学习过程中的操作方式、理论知识、学习态度、课堂表现、学习能力等 |

考核内容与评价标准

| 序号 | 内容 | 评价标准 | | | 成绩比例/% |
|---|---|---|---|---|---|
| | | 优 | 良 | 合格 | |
| 1 | 基本理论掌握 | 完全理解图表美学基础 | 熟悉图表美学基础 | 了解图表美学基础 | 30 |
| 2 | 实践操作技能 | 能够熟练完成图表检索、图表制作工具和方法检索，并鉴赏该图表，报告内容完整、格式规范 | 能够较熟练地完成图表检索、图表制作工具和方法检索，并鉴赏该图表，报告内容完整、格式较规范 | 能够完成图表检索、图表制作工具和方法检索，并鉴赏该图表，报告内容较完整 | 30 |
| 3 | 职业核心能力 | 具有良好的美学素养、自主学习能力和分析解决问题能力 | 具有较好的美学素养、学习能力和分析解决问题能力 | 能主动学习并收集信息，具备一定的分析解决问题能力和美学素养 | 10 |
| 4 | 工作作风与职业道德 | 具有严谨的科学态度和工匠精神，能够严格遵守相关制度文件 | 具有良好的科学态度和工匠精神，能够自觉遵守相关制度文件 | 具有较好的科学态度和工匠精神，能够遵守相关制度文件 | 10 |
| 5 | 小组评价 | 具有良好的团队合作精神和沟通交流能力，热心帮助小组其他成员 | 具有较好的团队合作精神和与人交流能力，能帮助小组其他成员 | 具有一定的团队合作精神，能配合小组完成项目任务 | 10 |
| 6 | 教师评价 | 包括以上所有内容 | 包括以上所有内容 | 包括以上所有内容 | 10 |
| 合计 | | | | | 100 |

**教学反馈**

完成任务后，进行教学任务反馈，填写教学反馈单。

教学反馈单

| 项目名称 | 环境监测数据可视化 | | |
|---|---|---|---|
| 任务名称 | 检索数据可视化模板 | 建议学时数 | 4 |
| 序号 | 调查内容 | 是/否 | 反馈意见 |
| 1 | 知识点是否讲解清楚 | | |
| 2 | 操作是否规范 | | |
| 3 | 解答是否及时 | | |
| 4 | 重难点是否突出 | | |
| 5 | 课堂组织是否合理 | | |
| 6 | 逻辑是否清晰 | | |
| 本次任务的兴趣点 | | | |
| 本次任务的成就点 | | | |
| 本次任务的疑虑点 | | | |

 **测试题**

**一、简答题**

1. 简述数据可视化的目的。

2. 查一查目前市场上有哪些国产的数据可视化工具，并介绍其功能。

3. 简述数据大屏布局的注意事项。

**二、填空题**

1. 信息美学主要关注三大问题：_____、提供交互界面、利用视觉吸引力吸引用户。

2. 颜色的属性包括色调、_____和透明度（亮度）。

**三、判断题**

在图表中利用同类色可以提高图表的辨识度。（　　）

# 任务二　绘制数据图表

 **任务描述**

小明在岗位中需要按客户的要求根据数据的特点熟练利用各种可视化工具绘制图表。

 **任务要求**

根据任务单要求进行任务计划及实施。

 **任务单**

根据任务描述，本任务需要理解各类图表的优缺点并熟练运用可视化工具绘制图表。具体任务要求可参照任务单。

**任务单**

| 项目名称 | 环境监测数据可视化 |
|---|---|
| 任务名称 | 绘制数据图表 |

**任务要求**

1. 任务开展要求：
(1)分组讨论任务实施方案，每组 3~5 人；
(2)所需资料自行收集。
2. 完成相关数据收集与整理。
3. 按要求根据数据的特点绘制优美图表，制作数据大屏。
4. 提交图表分析报告并汇报

**任务准备**

1. 知识准备：
(1)图表的类型；
(2)WPS 绘制箱形图；
(3)使用 Fine BI 制作数据大屏；
2. 工具及设备支持：
计算机

**工作步骤**

1. 小组讨论分工。
2. 小组合作完成相关数据的收集与整理。
3. 小组合作完成图表类型的商定，绘制图表和制作数据大屏。
4. 小组分工根据图表完成数据分析报告的编写。
5. 小组分工完成汇报 PPT 的编制

**总结与提高**

1. 自我总结：
(1)请对每个组员的工作作风进行相互评价；
(2)请分析组内分工的合理性。
2. 拓展提高：
通过提交报告，进一步明确报告编写的规范性

 **任务资讯**

# 一、图表的类型

图表可分为比较类、占比类、趋势或关联类、分布类等类型，可根据目的选择适合的图表。不同目的适合的图表类型见表 3-1。

**表 3-1　图表类型**

| 使用图表的目的 | 适合的图表类型 |
|---|---|
| 比较 | 普通柱形图、对比柱形图、分组柱形图、堆积柱形图、分区折线图、雷达图、词云图、聚合气泡图、南丁格尔玫瑰图 |
| 占比 | 饼图、矩形块图、百分比堆积柱形图、多层饼图、仪表盘图 |
| 趋势或关联 | 折线图、范围面积图、普通面积图、散点图、瀑布图 |
| 分布 | 散点图、地图、热力区域图、漏斗图 |

## 1. 比较类

（1）普通柱形图　普通柱形图使用垂直柱子显示类别之间的数值比较。柱形图的其中一个轴显示正在比较的类别，而另一个轴代表对应的刻度值。

特点：不适合对超过 10 个类别的数据进行比较，且分类标签过长时建议使用条形图。

场景举例：2011～2017 年合同金额对比。如图 3-14。

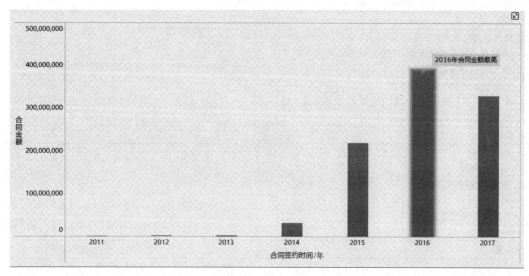

图 3-14　普通柱形图

（2）对比柱形图　对比柱形图使用正向和反向的柱子显示类别之间的数值比较。其中一个轴显示正在比较的类别，而另一轴代表对应的刻度值。

特点：用于展示包含相反含义的数据的对比，若不是相反含义的建议使用分组柱形图。

场景举例：选举时 A 党与 B 党在不同地区获得的票数对比。如图 3-15。

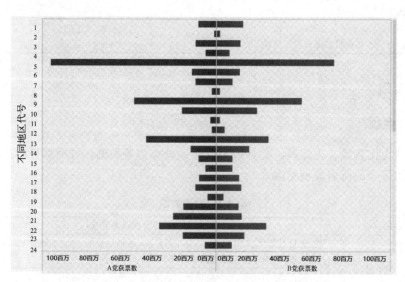

图 3-15　对比柱形图

（3）分组柱形图　分组柱形图经常用于相同分组下，不同类数据的比较。用柱子高度显示数值比较，用颜色来区分不同类的数据。

特点：相同分组下，数据的类别不能过多。

场景举例：对 2018 年第一季度每月饮料、日用品、零食的销售额作对比。如图 3-16。

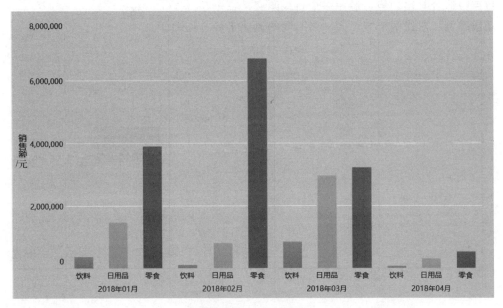

图 3-16　分组柱形图

（4）堆积柱形图　堆积柱形图可以对分组总量进行对比，也可以查看每个分组包含的每个小分类的大小及占比，因此非常适合处理部分与整体的关系。

**特点**：适合展示总量大小，但不适合对不同分组下同个类别进行对比。

**场景举例**：对比周一至周日的访问量，并显示出每天同学们从哪些渠道访问的数目和占比。如图 3-17。

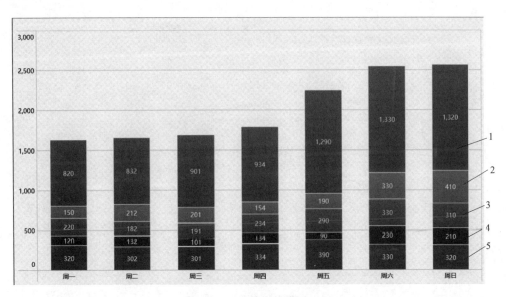

图 3-17　堆积柱形图

1—搜索引擎；2—视频广告；3—联盟广告；4—邮件营销；5—直接访问

（5）分区折线图　分区折线图能将多个指标分隔开，反映事物随时间或有序类别而变化的趋势。

**特点**：适合对比趋势，避免多个折线图交叉在一起。

**场景举例**：对比两个城市同一段时间的风速走势。如图 3-18

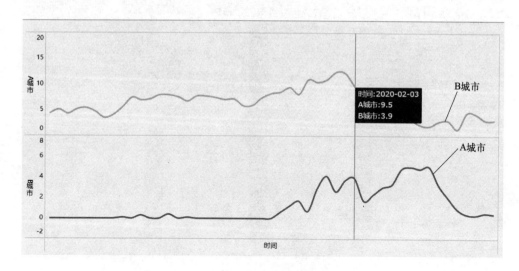

图 3-18　分区折线图

（6）雷达图　雷达图又叫蜘蛛网图，它的每个变量都有一个从中心向外发射的轴线，所有的轴之间的夹角相等，同时每个轴有相同的刻度。

**特点**：雷达图非常适合展示性能数据，但变量过多会降低图表的可阅读性。

**场景举例**：对市面上两款手机的性能进行对比。如图 3-19。

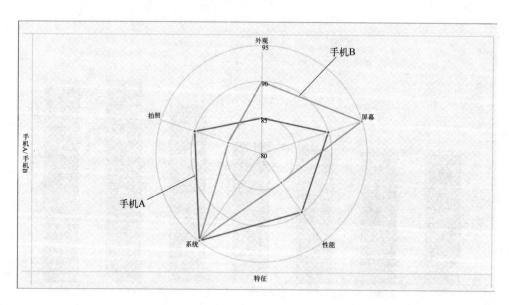

图 3-19　雷达图

（7）词云图　词云图是文本大数据可视化的重要方式，常用于将大量文本中的高频语句和词汇高亮展示，快速感知最突出的文字。常用于网站高频搜索字段的统计。

**特点**：不适合数据量多的文本数据，也不适合数据区分度不大的数据处理。

**场景举例：** 用词云展示搜索关键词，搜索次数越多的关键词字体越大。如图 3-20。

图 3-20　词云图

（8）聚合气泡图　聚合气泡图中，维度定义各个气泡，度量定义气泡的大小、颜色。

**特点：** 不适合区分度不大的数据。

**场景举例：** 用聚合气泡图展示各省招生人数，招生人数最多的江苏省气泡面积最大。如图 3-21。

（9）南丁格尔玫瑰图　南丁格尔玫瑰图的作用与柱形图类似，主要用于比较，将数值大小映射到玫瑰图的半径。

**特点：** 适用于数据比较相近时的情况。

**场景举例：** 回款金额的大小映射到每个省份的弧度和半径上，最终形成了玫瑰图。如图 3-22。

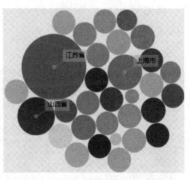

图 3-21　聚合气泡图（见彩图）

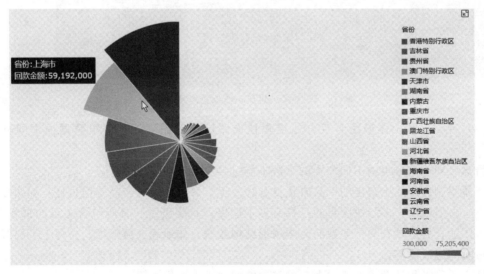

图 3-22　南丁格尔玫瑰图（见彩图）

### 2. 占比类

（1）饼图　饼图一般通过颜色区分类别，幅度的大小对比数据，并且可以展示各类别与整体之间的占比关系。

**特点**：类别数量不能过多，且不适合区分度不大的数据。

**场景举例**：合同金额和回款金额的占比。如图3-23。

（2）矩形块图　矩形块图适合展现具有层级关系的数据，能够直观体现同级之间的比较。父级节点嵌套子节点，每个节点分成不同面积大小的矩形，使用面积的大小来展示节点对应的属性。

**特点**：非常适合带权的树形数据，对比各分类的大小关系以及相对于整体的占比关系。

**场景举例**：展示2011～2017年的合同金额情况，2016年的合同金额最大。如图3-24。

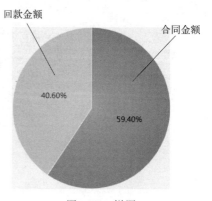

图 3-23　饼图

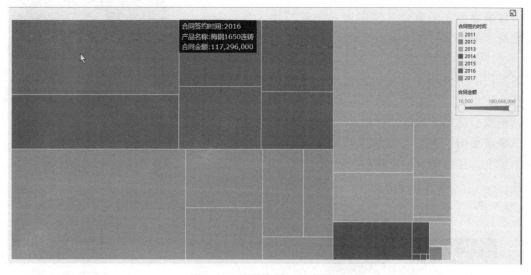

图 3-24　矩形块图（见彩图）

（3）百分比堆积柱形图　百分比堆积柱形图用于对比同一个分组数据内不同分类的占比。

**特点**：同一个分组内不同分类的个数不能过多。

**场景举例**：产线生产出的产品有优良各种等级，每个产线的产品等级占比。如图3-25。

（4）多层饼图　多层饼图指的是具有多个层级，且层级之间具有包含关系的饼状图表。多层饼图适合展示具有父子关系的复杂树形结构数据，如地理区域数据、公司上下层级、季度月份时间层级等等。

**特点**：层级和类别都不能过多，过多导致切片过小干扰阅读。

**场景举例**：内圈不同颜色的弧度分别映射每个区域的销售额，外圈浅色切块代表该区域下不同品牌的销售额。如图3-26。

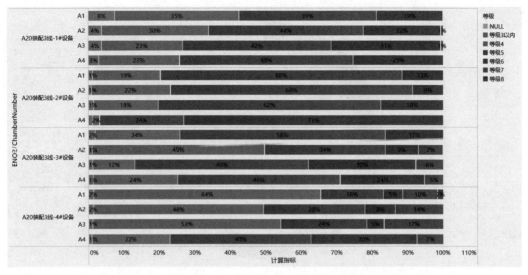

图 3-25 百分比堆积柱形图（见彩图）

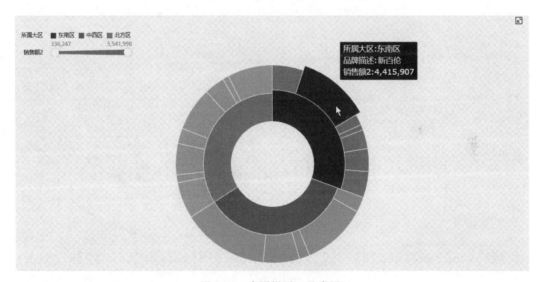

图 3-26 多层饼图（见彩图）

（5）仪表盘图 仪表盘图设定目标值，然后用于展示速度、温度、进度、完成率、满意度等，很多情况下也用来表示占比。

**特点：**只适合单个指标的数据展示。

**场景举例：**图 3-27 显示了 top10 门店销售额占总销售额的情况。

### 3. 趋势或关联

（1）折线图 折线图可以非常方便地体现事物随时间或其他有序类别而变化的趋势，可分析多组数据随时间变化的相互作用和相互影响，从而可以总结获得一些结论和经验，还可对比多组数据在同一个时间的大小。

**特点：**折线数量不能过多，会导致图表可读性变差。

**场景举例：**各类燃料使用量历史变化曲线图。如图 3-28。

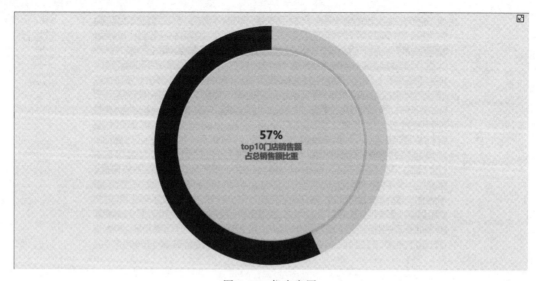

图 3-27    仪表盘图

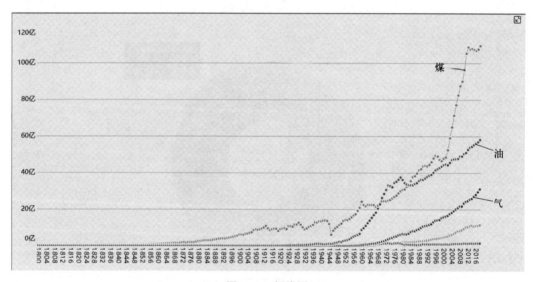

图 3-28    折线图

（2）范围面积图    范围面积图用来展示持续性数据，可很好地表示趋势、累积、减少以及变化。

**特点：**展示两个连续变量的差值的变化趋势。

**场景举例：**图 3-29 展示了访问次数和跳出次数的变化趋势，并通过面积的变化映射出两者差值量（非跳出次数）的变化趋势。

（3）普通面积图    普通面积图是在折线图的基础上进化而来，也能很方便地体现事物随时间或其他有序类别而变化的趋势。由于有面积填充，所以比折线图更能体现趋势变化。

**特点：**面积线最好不要超过五条。

**场景举例：**用两条面积线分别表示"合同金额"和"回款金额"，不仅能展示出 2011～

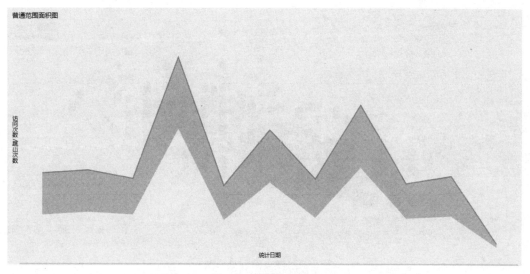

图 3-29　范围面积图

2017 年的走势，还可以展示出回款金额对合同金额的占比关系。如图 3-30。

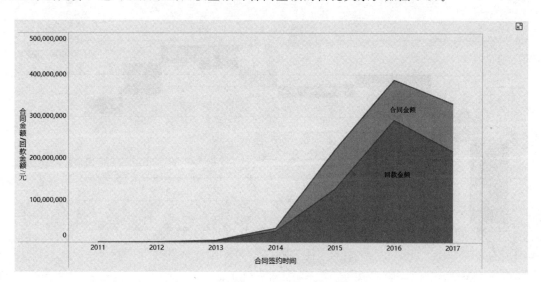

图 3-30　普通面积图

（4）散点图　散点图可以显示数据集群的形状，分析数据的分布。通过观察散点的分布特点，可以推断变量的相关性，在 Fine BI 中可以通过数据拟合完成。

**特点**：散点图在有比较多数据时，才能更好地体现数据分布。

**场景举例**：散点图完成后，可以通过拟合来分析数据的相关性。从图 3-31 可以看出，身高和体重大体上呈正相关，但相关性没有很强。

（5）瀑布图　瀑布图显示加上或减去值时的累计汇总，通常用于分析一系列正值和负值对初始值（例如净收入）的影响。

**特点**：通过悬空的柱形图，可以更直观地展现数据的增减变化。

**场景举例**：逐月收支情况，如图 3-32。

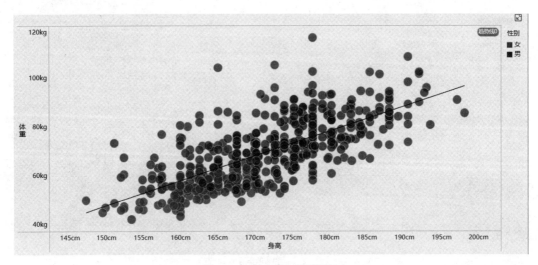

图 3-31　散点图（见彩图）

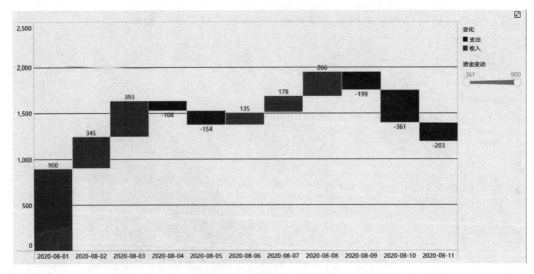

图 3-32　瀑布图（见彩图）

**4. 分布**

（1）散点图　散点图可以显示数据集群的形状，分析数据的分布。通过观察散点的分布特点，可以推断变量的相关性。

**特点**：散点图在有比较多数据时，才能更好地体现数据分布。

**场景举例**：利用散点图和警戒线，可以看出身高和体重都超出平均的大多是男生。如图3-33。

（2）热力区域图　热力区域图以特殊高亮的方式展示坐标范围内各个点的权重情况。

**特点**：效果柔化，不适合精确的数据表达，主要用于看分布情况。

**场景举例**：展示每月 24h 的气温分布。如图 3-34。

（3）地图　地图组件可将数据反映在地理位置上，Fine BI 提供多种地图组件，包括热力地图、区域地图、流向地图、点地图等。

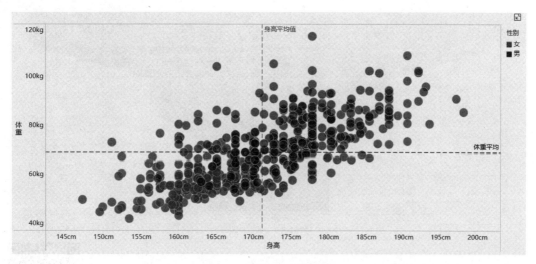

图 3-33 散点图（见彩图）

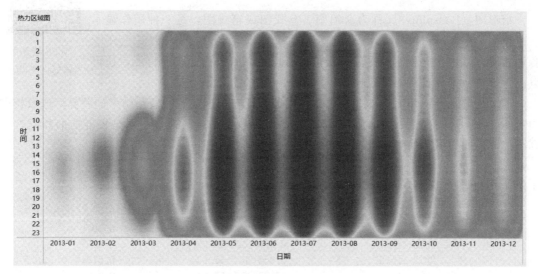

图 3-34 热力区域图（见彩图）

**特点**：非常直观地观察不同区域的数据关系。

**场景举例**：各个城市的 $O_3$-8h 浓度大小映射在颜色上，绿色表示 $O_3$-8h 浓度达到"优"等级，黄色表示 $O_3$-8h 浓度达到"良"等级，橙色表示 $O_3$-8h 浓度达到"轻度污染"等级。

**【注意】**要规范使用地图。《关于严格遵守使用中国地图有关规定的通知》中明确重申公开出版展示的地图（包括书刊插图，电影电视、舞台设计用图以及展示用的各类示意图）应特别注意南海诸岛、中印边界走向、钓鱼岛以及香港和澳门特别行政区区界的正确画法。广东省地图必须包括东沙群岛。

（4）漏斗图　漏斗图又称倒三角图，漏斗图从上到下，有逻辑上的顺序关系，经常用于流程分析，比如分析哪个环节的流失率异常。

**特点**：上下之间必须是有逻辑顺序关系的，若是无逻辑关系建议使用柱形图对比。

**场景举例**：观察从搜索到交易成功的人数变化，并定位对比每一步流失人数。如图 3-35。

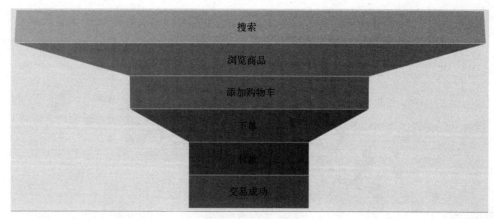

图 3-35　漏斗图

## 二、 WPS 绘制箱形图

WPS 绘制
箱形图视频

箱形图（Box-plot）又称为盒须图、盒式图或箱线图，是一种用作显示一组数据分散情况资料的统计图，因形状如箱子而得名。箱形图被广泛用于各种领域，常用于显著性对比分析。它主要反映原始数据分布的特征，还可以进行多组数据分布特征的比较。

本次任务是对比环境空气一氧化碳在线分析仪在校准前后的监测结果的差异，选取校准前后 20 天的 CO 24h 浓度平均值为研究对象，将数据组分两列，一列是校准前的数据，一列是校准后的数据。如图 3-36 所示。

| | A | B | C | D |
|---|---|---|---|---|
| 1 | 校准日 | 11月30日 | | |
| 2 | 校准前20天 | CO 24h 均值 | 校准后20天 | CO 24h 均值 |
| 3 | 2022-11-10 | 0.72 | 2022-12-01 | 0.507 |
| 4 | 2022-11-11 | 0.804 | 2022-12-02 | 0.609 |
| 5 | 2022-11-12 | 0.955 | 2022-12-03 | 0.678 |
| 6 | 2022-11-13 | 0.83 | 2022-12-04 | 0.728 |
| 7 | 2022-11-14 | 0.85 | 2022-12-05 | 0.813 |
| 8 | 2022-11-15 | 0.951 | 2022-12-06 | 0.754 |
| 9 | 2022-11-16 | 1.108 | 2022-12-07 | 0.525 |
| 10 | 2022-11-17 | 1.141 | 2022-12-08 | 0.61 |
| 11 | 2022-11-18 | 1.071 | 2022-12-09 | 0.582 |
| 12 | 2022-11-19 | 0.996 | 2022-12-10 | 0.536 |
| 13 | 2022-11-20 | 1.098 | 2022-12-11 | 0.589 |
| 14 | 2022-11-21 | 1.116 | 2022-12-12 | 0.843 |
| 15 | 2022-11-22 | 0.959 | 2022-12-13 | 0.74 |
| 16 | 2022-11-23 | 1.136 | 2022-12-14 | 0.62 |
| 17 | 2022-11-24 | 1.26 | 2022-12-15 | 0.416 |
| 18 | 2022-11-25 | 1.322 | 2022-12-16 | 0.52 |
| 19 | 2022-11-26 | 1.227 | 2022-12-17 | 0.586 |
| 20 | 2022-11-27 | 1.148 | 2022-12-18 | 0.384 |
| 21 | 2022-11-28 | 1.118 | 2022-12-19 | 0.482 |
| 22 | 2022-11-29 | 1.115 | 2022-12-20 | 0.479 |

图 3-36　原始数据截图

**1. 计算箱形图的关键参数（上边缘、上四分位数、中位数、下四分位数、下边缘、异常值等）**

在单元格输入"＝MEDIAN（B3：B22）"计算校准前的中位数；输入"＝PERCENTILE（B3：B22，0.25）"计算校准前的下四分位数；输入"＝PERCENTILE（B3：B22，0.75）"计算校准前的上四分位数，输入"＝N3－1.5＊（N4－N3）"计算校准前的下边缘，输入"＝N4＋1.5＊（N4－N3）"计算校准前的上边缘。此外，可以计算最大值和最小值以及用 small、large 函数来求取异常值。（不过使用 WPS 无法把这些异常值在图中反映出来）

校准后的参数计算过程同上。

**2. 利用"开盘-盘高-盘低-收盘"股价图绘制箱形图的雏形**

正确引用箱形图的参数，由于股价图的模型数据类型是日期、开盘-盘高-盘低-收盘，因此设置 2 个日期，以代表校准前和校准后的数据。开盘与下四分位数对应，盘高与上边缘对应，盘低与下边缘对应，收盘与上四分位数对应。

框选日期、开盘-盘高-盘低-收盘等数据，插入股价图，如图 3-37。

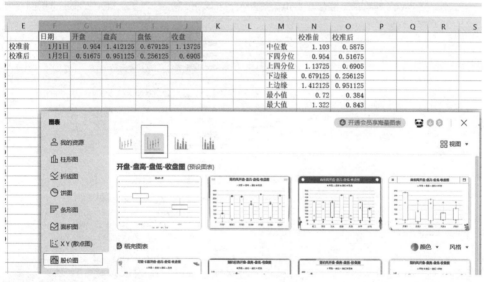

图 3-37　插入股价图

**3. 添加中位数点**

右击图表，点击"选择数据"，然后"添加"，把中位数添加进图中，然后移动"中位数"这项数据成倒数第二项。

在图例中找到"中位数"，然后右击，选择"设置数据系列格式"，设置中位数标记的样式。如图 3-38。

**4. 修改坐标轴信息**

把"校准前""校准后"两行文字复制粘贴到日期下，替换原来的"1 月 1 日""1 月 2 日"，从而完成图表中 X 轴的标签信息的修改。如图 3-39。

**5. 美化图表**

美化后的箱形图如图 3-40。

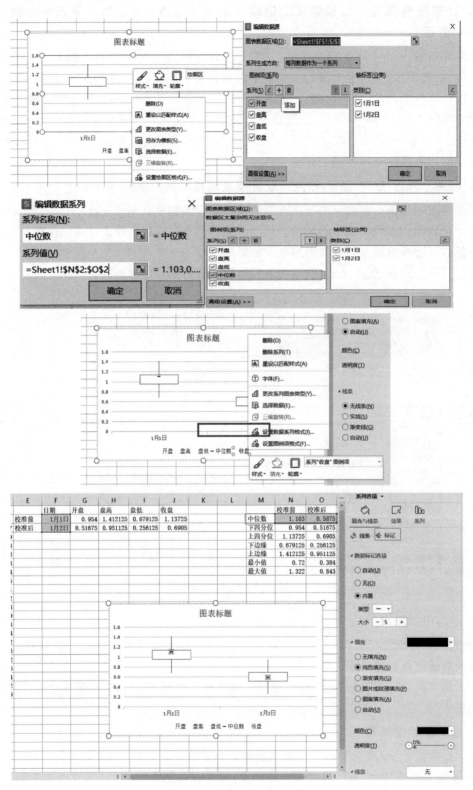

图 3-38　添加中位数点操作

校准前

| | C | D | E | F | G | H | I | J | K | L | M | N | O |
|---|---|---|---|---|---|---|---|---|---|---|---|---|---|
| | | | | 日期 | 开盘 | 盘高 | 盘低 | 收盘 | | | | 校准前 | 校准后 |
| | 校准后20天 | CO 24小时均值 | 校准前 | 校准前 | 0.954 | 1.412125 | 0.679125 | 1.13725 | | | 中位数 | 1.103 | 0.5875 |
| 2 | 2022-12-01 | 0.507 | 校准后 | 校准后 | 0.51675 | 0.951125 | 0.256125 | 0.6905 | | | 下四分位 | 0.954 | 0.51675 |
| 4 | 2022-12-02 | 0.609 | | | | | | | | | 上四分位 | 1.13725 | 0.6905 |
| 5 | 2022-12-03 | 0.678 | | | | | | | | | 下边缘 | 0.679125 | 0.256125 |
| 3 | 2022-12-04 | 0.728 | | | | | | | | | 上边缘 | 1.412125 | 0.951125 |
| 5 | 2022-12-05 | 0.813 | | | | | | | | | 最小值 | 0.72 | 0.384 |
| 1 | 2022-12-06 | 0.754 | | | | | | | | | 最大值 | 1.322 | 0.843 |
| 8 | 2022-12-07 | 0.525 | | | | | | | | | | | |
| 1 | 2022-12-08 | 0.61 | | | | | | | | | | | |
| 1 | 2022-12-09 | 0.582 | | | | | | | | | | | |
| 6 | 2022-12-10 | 0.526 | | | | | | | | | | | |
| 8 | 2022-12-11 | 0.589 | | | | | | | | | | | |
| 6 | 2022-12-12 | 0.843 | | | | | | | | | | | |
| 9 | 2022-12-13 | 0.74 | | | | | | | | | | | |
| 6 | 2022-12-14 | 0.62 | | | | | | | | | | | |
| 6 | 2022-12-15 | 0.416 | | | | | | | | | | | |
| 2 | 2022-12-16 | 0.52 | | | | | | | | | | | |
| 7 | 2022-12-17 | 0.586 | | | | | | | | | | | |
| 8 | 2022-12-18 | 0.384 | | | | | | | | | | | |
| 8 | 2022-12-19 | 0.482 | | | | | | | | | | | |
| 5 | 2022-12-20 | 0.479 | | | | | | | | | | | |

图表标题（校准前、校准后；开盘　盘高　盘低　中位数　收盘）

图 3-39　修改坐标轴信息

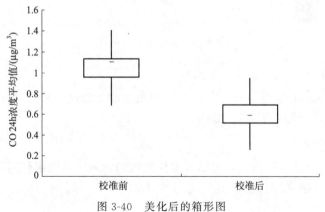

图 3-40　美化后的箱形图

## 三、使用 Fine BI 制作数据大屏

Fine BI 是帆软软件有限公司推出的一款商业智能（Business Intelligence）产品。

Fine BI 是新一代大数据分析的 BI 工具，旨在帮助企业的业务人员充分了解和利用他们的数据。Fine BI 凭借强劲的大数据引擎，用户只需简单拖拽便能制作出丰富多样的数据可视化信息，自由地对数据进行分析和探索，让数据释放出更多未知潜能。

使用 Fine BI 制作
数据大屏——
效果及数据准备

### 1. 导入数据

登录 Fine BI，在"数据准备"中选择一个业务包，点击"添加表＞Excel 数据集"，选择你要上传到 Fine BI 的 Excel，可上传 csv、xls、xlsx 三种格式。Fine BI 会自动展开 Excel 中的所有 sheet，可以勾选所需要的表。最后点击"确定"完成上传。同样的操作，也可以把数据库 db 文件导入系统。如图 3-41、图 3-42 所示。

图 3-41　导入数据表格

图 3-42　导入数据库文件

### 2. 新建仪表板

仪表板是数据大屏的载体，在"仪表板"中点击"新建仪表板"，修改好名称和位置信息后，点击"确定"。如图 3-43（a）。

### 3. 设置仪表板样式

点击界面上方"仪表板样式"，可以设置仪表板的背景、修改组件间隙设置。设置完成点击"确定"。如图 3-43（b）。

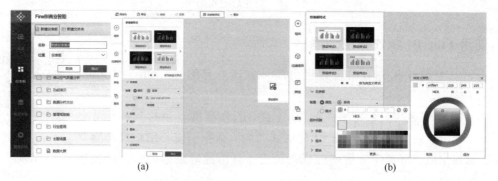

(a)　　　　　　　　　　　(b)

图 3-43　新建仪表板操作（a）和设置仪表板样式（b）

### 4. 设置数据大屏主题

在"其他"中通过添加"文本组件""图片组件"等设置数据大屏的主题。如图 3-44。

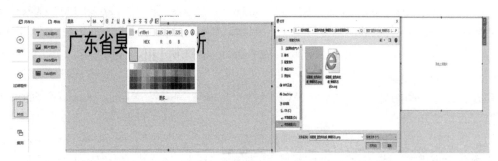

图 3-44 设置数据大屏主题

### 5. 添加"过滤组件"

通过添加过滤组件，提高数据大屏互动性。本例的目标是查询每一天的臭氧浓度分布，因此可以添加"日期面板"。设置过滤组件的字段为"日期"。如图 3-45。

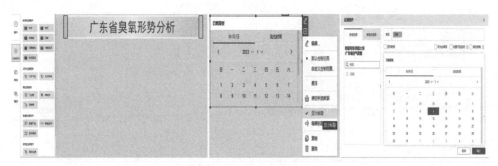

图 3-45 添加"过滤组件"

### 6. 添加地图

本例的目的是制作一个能显示某一天臭氧浓度并根据 HJ 633—2012 着色的地图。

（1）添加"组件"，选择关联的数据表。

（2）在"维度"中选择"城市名称"，通过"地理角色"中"城市"完成信息匹配。

（3）在"图表类型"选择"区域地图"，将"城市名称（经度）"拖到横轴，将"城市名称（纬度）"拖到纵轴。

（4）为了根据 $O_3$-8h 浓度值进行着色并标注出城市名称和臭氧数值，把指标"$O_3\_8h$"拖到颜色，把"城市名称"和"$O_3\_8h$"拖到标签，把"日期"拖拉到"细粒度"和"结果过滤器"。注意，细粒度要改成"口"。

（5）根据 HJ 633—2012 设置颜色区间和各区间的颜色。

（6）编辑标题内容。

（7）设置组件样式，尤其是标题背景颜色和组件背景。

使用 Fine BI 制作
数据大屏——
地图分布图
制作视频

### 7. 添加"仪表盘图"

本例的目的是制作一个能显示某一天臭氧超标城市数的仪表盘图。

（1）添加"组件"，选择关联的数据表。选择"仪表盘图"。

使用 Fine BI 制作
数据大屏——
仪表盘制作视频

（2）复制指标"$O_3\_8h$"，重命名成"$O_3\_8h$超160"。对指标"$O_3\_8h$超160"选择明细过滤，使指标中不符合条件的数值不参与统计。为指标"$O_3\_8h$超160"添加过滤条件"大于160"。

（3）添加"计算字段"，名称为"超标城市数"，函数为"$IF(NVL(COUNT\_AGG(O_3\_8h超160)，COUNT\_AGG(O_3\_8h))=21,0,COUNT\_AGG(O_3\_8h超160))$"，统计$O_3$-8h浓度超过$160\mu g/m^3$的城市数。使用NVL函数可以让$O_3$-8h浓度超过$160\mu g/m^3$的城市数为0时，正常显示数值。

（4）把指标"超标城市数"拖到"指标值""颜色""标签"处，设置目标值为"21"，颜色中渐变方案选择"热力1"，修改标签的"内容格式"，输入内容，然后设置字体样式。

（5）在"结果过滤器"中"为日期（年月日）添加过滤条件"，点击"添加条件（且）"选择"过滤组件值"中的"日期面板"。

操作界面如图3-46。

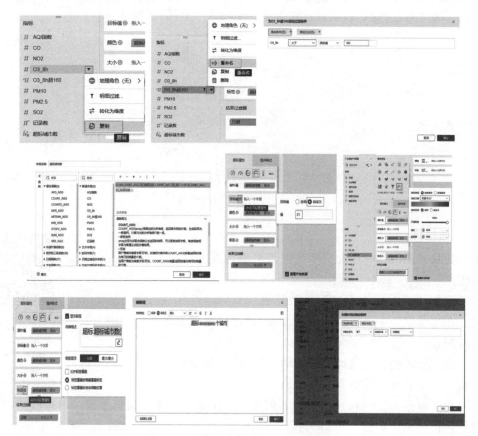

图3-46　添加"仪表盘图"操作细节

## 8. 添加排序的"柱状图"

本例的目的是制作一个能显示某一天臭氧浓度的城市排序图，并把超标城市凸显出来。

（1）添加"组件"，选择关联的数据表。选择"多系列柱形图"。

（2）把维度"城市名称"拖到横轴，把指标"$O_3\_8h$"拖到纵轴、颜色和标签栏，把维度"日期"拖到"细粒度"和"结果过滤器"，修改细粒度成"日"。

使用Fine BI制作
数据大屏——
排序柱状图视频

（3）点击横轴的"城市名称"的三角形符号设置分类轴，设置轴标签的格式，然后在"升序"中选择"$O_3\_8h$"。点击纵轴的"$O_3\_8h$"的三角形符号设置分类轴，不勾选"显示轴标签""显示轴标题"。

（4）根据 HJ 633—2012 设置颜色区间和各区间的颜色。

（5）修改标签的"内容格式"，选择标签内容修改标签字体颜色。

操作界面如图 3-47。

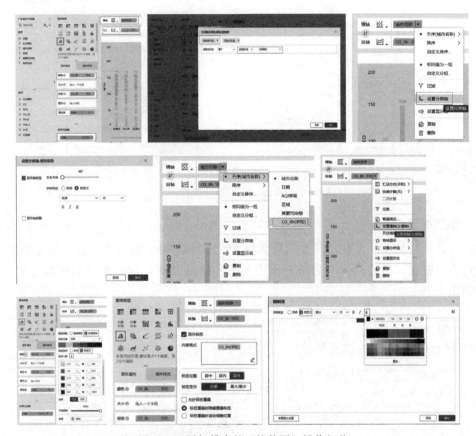

图 3-47　添加排序的"柱状图"操作细节

### 9. 添加"词云图"

本例的目标是制作一个能突出某一天臭氧浓度高的城市的词云图。

（1）添加"组件"，选择关联的数据表。选择"词云图"。

（2）把指标"$O_3\_8h$"拖拉到颜色栏，并根据 HJ 633—2012 设置颜色区间和各区间的颜色。

（3）把指标"$O_3\_8h$"拖拉到大小栏，并设置文字的大小。若觉得不同文字大小的对比度不大，可以通过添加"计算字段"，使用指数函数来提高对比度，例如"$POWER(10,O_3\_8h)$"，此时需要把"计算字段"拖拉到大小栏。

使用 Fine BI 制作
数据大屏——
词云图视频

（4）修改组件样式，为了保证图表完整显示，需要勾选"查看所有数据"并在"自适应显示"选择"整体适应"。

操作界面如图 3-48。

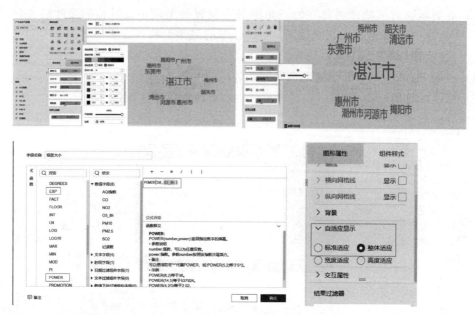

图 3-48  添加"词云图"操作细节

## 10. 合理布局

通过设置组件处于悬浮状态，并调整其叠放次序（顺序），合理布局，并美化数据大屏。通过创建公共链接，把数据大屏交用户使用。通过导出 PDF，能把大屏的内容输出为文档报告。如图 3-49。

图 3-49  创建公共链接和导出文档

使用 Fine BI 制作
数据大屏——发布
产品给客户操作视频

使用 WPS 制作互动图表视频

## 四、使用 WPS 制作互动图表

在 WPS 中，可以通过数据透视表和数据透视图制作互动图表，可进行数据探索，尤其适用于团队在讨论数据挖掘结果的场景。

### 1. 建立数据透视表

在"插入"中点击"数据透视表"。选择原始数据区域，然后通过"字段列表"添加字段。如图 3-50 中，筛选器是"AQI 等级"，这样就能一边讨论数据一边筛选数据，便于交流。在"日期"栏中通过"组选择""取消选择"结合统计项的"字段设置"就能快速统计。通过点击"日期"，也能快速筛选月份数据，从而快速地统计数据组的相关性之类的指标。

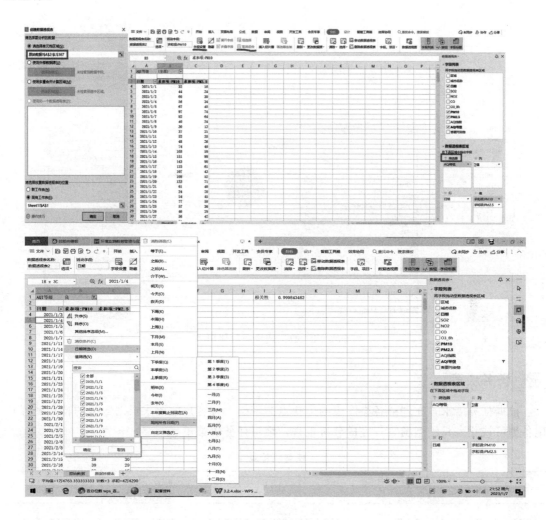

图 3-50　数据透视表的使用

### 2. 建立数据透视图

在"插入"中点击"数据透视图"。选择原始数据区域，然后通过"字段列表"添加字段。如图 3-51 中，筛选器是"日期"，可快速分析每个月的首要污染物分布情况。值得注意的是在"字段列表"的"首要污染物"点击三角形可以进行筛选，从而在饼图中排除空气质量为优的情况。最后在图表属性栏对图表进行美化。

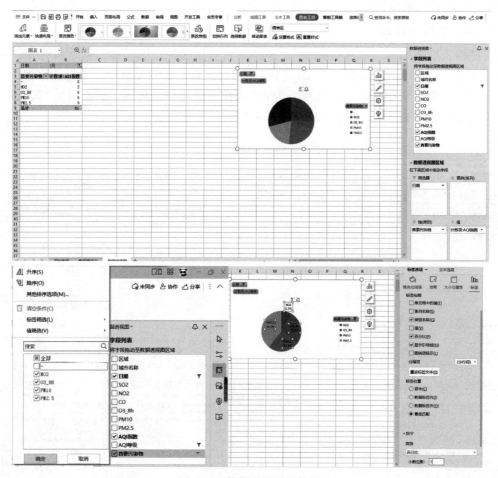

图 3-51　数据透视图的使用

### 任务决策

根据任务需求，在理解各类图表的优缺点的基础上按客户的要求根据数据的特点熟练利用各种可视化工具绘制图表，完成分析报告，填写任务决策单。

**任务决策单**

| 项目名称 | 环境监测数据可视化 | | | |
|---|---|---|---|---|
| 任务名称 | 绘制数据图表 | | 建议学时数 | 10 |
| 信息汇总 | | | | |
| 任务分解 | 客户要求 | 数据形式 | 图表类型 | 制作工具及方法 | 备注 |
| | | | | | |
| | | | | | |
| | | | | | |
| 总结 | | | | | |

### 任务计划

根据任务决策过程中选定的方案，制订任务计划，填写任务计划单。

**任务计划单**

| 项目名称 | 环境监测数据可视化 | | |
|---|---|---|---|
| 任务名称 | 绘制数据图表 | 建议学时数 | 10 |
| 计划方式 | 分组讨论、资料收集、技能学习等 | | |
| 序号 | 任务 | 时间 | 负责人 |
| 1 | | | |
| 2 | | | |
| 3 | | | |
| 4 | | | |
| 5 | | | |
| 小组分工 | | | |
| 计划评价 | | | |

## 任务实施

根据任务计划编制任务实施方案，并完成任务，填写任务实施单。

**任务实施单**

| 项目名称 | 环境监测数据可视化 | |
|---|---|---|
| 任务名称 | 绘制数据图表 | 建议学时数 | 10 |
| 实施方式 | 分组讨论、资料收集、技能学习、实践操作等 | |
| 序号 | 实施步骤 | |
| 1 | | |
| 2 | | |
| 3 | | |
| 4 | | |
| 5 | | |
| 6 | | |

## 任务检查与评价

完成任务后，进行任务检查，可采用小组互评等方式进行任务评价，任务评价单如下。

**任务评价单**

| 项目名称 | 环境监测数据可视化 |
|---|---|
| 任务名称 | 绘制数据图表 |
| 考核方式 | 过程考核、结果考核 |
| 说明 | 主要评价学生在项目学习过程中的操作方式、理论知识、学习态度、课堂表现、学习能力等 |

考核内容与评价标准

| 序号 | 内容 | 评价标准 | | | 成绩比例/% |
|---|---|---|---|---|---|
| | | 优 | 良 | 合格 | |
| 1 | 基本理论掌握 | 完全理解图表类型及优缺点 | 熟悉图表类型及优缺点 | 了解图表类型及优缺点 | 30 |
| 2 | 实践操作技能 | 能够熟练运用可视化工具绘图并依图分析数据,报告内容完整、格式规范 | 能够较熟练地运用可视化工具绘图并依图分析数据,报告内容完整、格式较规范 | 能够运用可视化工具绘图并参与分析,报告内容较完整 | 30 |
| 3 | 职业核心能力 | 具有良好的自主学习能力和分析解决问题能力 | 具有较好的学习能力和分析解决问题能力 | 能主动学习并收集信息,具备一定的分析解决问题能力 | 10 |

| 考核内容与评价标准 | | | | | |
|---|---|---|---|---|---|
| 序号 | 内容 | 评价标准 | | | 成绩比例/% |
| | | 优 | 良 | 合格 | |
| 4 | 工作作风与职业道德 | 具有严谨的科学态度和工匠精神,能够严格遵守相关制度文件 | 具有良好的科学态度和工匠精神,能够自觉遵守相关制度文件 | 具有较好的科学态度和工匠精神,能够遵守相关制度文件 | 10 |
| 5 | 小组评价 | 具有良好的团队合作精神和沟通交流能力,热心帮助小组其他成员 | 具有较好的团队合作精神和与人交流能力,能帮助小组其他成员 | 具有一定的团队合作精神,能配合小组完成项目任务 | 10 |
| 6 | 教师评价 | 包括以上所有内容 | 包括以上所有内容 | 包括以上所有内容 | 10 |
| 合计 | | | | | 100 |

## 教学反馈

完成任务后,进行教学任务反馈,填写教学反馈单。

### 教学反馈单

| 项目名称 | 环境监测数据可视化 | | |
|---|---|---|---|
| 任务名称 | 绘制数据图表 | 建议学时数 | 10 |
| 序号 | 调查内容 | 是/否 | 反馈意见 |
| 1 | 知识点是否讲解清楚 | | |
| 2 | 操作是否规范 | | |
| 3 | 解答是否及时 | | |
| 4 | 重难点是否突出 | | |
| 5 | 课堂组织是否合理 | | |
| 6 | 逻辑是否清晰 | | |
| 本次任务的兴趣点 | | | |
| 本次任务的成就点 | | | |
| 本次任务的疑虑点 | | | |

## 测试题

### 一、简答题

对数据进行趋势分析时,常用哪些图表?

### 二、填空题

箱形图常见于_____分析。

### 三、判断题

1. 在 Fine BI 中需要勾选"查看所有数据"并在"自适应显示"选择"整体适应"才能让图表在缩放过程中仍显示所有数据。( )

2. 在 WPS 中,可以通过数据透视表和数据透视图制作互动图表。( )

# 测试题参考答案

扫描二维码可查看测试题参考答案。

测试题参考答案

# 参考文献

［1］ WPS 学堂．https：//www.wps.cn/learning/course/index/cg/6.

［2］ 倪楠．时序数据可视化中信息美学的度量［D］．华中科技大学，2020.DOI：10.27157/d.cnki.ghzku.2020.003041.

［3］ 谢玲娴，刘媛．科技期刊论文图表规范化及合理布局探讨［J］．黄冈师范学院学报，2021，41（06）：229-233.

［4］ Fine BI 文档．https：//help.fanruan.com/finebi/.

［5］ 王云峰．统计学原理——理论与方法［M］．上海：复旦大学出版社，2013.

［6］ 贾俊平．统计学［M］．北京：中国人民大学出版社，2011.